"十三五"普通高等教育规划教材

风力发电机组结构及原理

赵万清　主　编
皮玉珍　副主编
赵晓烨　编　写
孟祥萍　主　审

中国电力出版社
CHINA ELECTRIC POWER PRESS

内容提要

本书为风力发电技术系列教材。本书主要介绍了大型风力发电机组的结构及其原理的基本知识。全书共分9章，包括概述，风轮的结构及原理，风力发电机组的主传动和制动系统，风力发电机组偏航、变桨距和液压系统，风力发电机组的控制系统，风力发电机组的发电系统，风力发电机组的辅助系统，风力发电系统的并网，风力发电机组的保护系统。

本书可作为普通高等院校、高职高专院校相关专业的教学和参考资料，也可作为从事风力发电机设计、制造与使用人员自学和培训教材，也可作为风电爱好者的自学读物。

图书在版编目（CIP）数据

风力发电机组结构及原理 / 赵万清主编 .—北京：中国电力出版社，2019.1（2019.8重印）
“十三五”普通高等教育规划教材
ISBN 978-7-5198-2225-5

Ⅰ. ①风… Ⅱ. ①赵… Ⅲ. ①风力发电机－发电机组－高等学校－教材 Ⅳ. ① TM315

中国版本图书馆 CIP 数据核字（2018）第 155539 号

出版发行：中国电力出版社
地　　址：北京市东城区北京站西街 19 号（邮政编码 100005）
网　　址：http://www.cepp.sgcc.com.cn
责任编辑：乔　莉（010-58382535）　柳　璐
责任校对：王小鹏
装帧设计：王红柳
责任印制：钱兴根

印　　刷：北京天宇星印刷厂
版　　次：2019 年 1 月第一版
印　　次：2019 年 8 月北京第二次印刷
开　　本：787 毫米 ×1092 毫米　16 开本
印　　张：10.5
字　　数：258 千字
定　　价：38.00 元

前　言

随着现代工业的飞速发展，人类对能源的需求也越来越大，而常规能源日趋匮乏，因此，开发利用新能源以实现能源的持续发展，从而保证经济的可持续发展和社会的不断进步，最终实现人、资源、环境的协调发展倍受各国政府重视。而风力发电，以其无污染、可再生、技术成熟，备受世人青睐。

本书图文并茂，以“功能块”为基本单元安排全书结构，主要介绍了大型风力发电机组的基本知识，包括大型风力发电机组的相关理论、定义、机构和工作机理，还包括运行、监控以及维护等应用方面的部分内容。为了便于阅读和理解，在保证内容完整的前提下，本书注重介绍如何解决应用中的实际问题，而非高深的数学推证和复杂的设计理论，力求能使读者全面掌握风力发电机组的结构和原理，了解风力发电机组的使用方法。

本书第 1、3 章由赵万清工程师主编，第 2、4、5、7、9 章由皮玉珍编写，第 6、8 章由赵晓烨编写。李姝玉、王健、刘旭慧在本书编写过程中帮忙整理资料，在此表示感谢。

本书涉及的学科比较多，要对这些内容都进行深入浅出的表述十分艰难，我们为此做了最大的努力。由于编者水平及时间有限，书中难免存在不足之处，恳请读者批评指正。

编　者

2018 年 10 月

目　录

1 概　　述

本章主要介绍风力发电机组的结构、分类、工作原理以及典型的大中型风力发电机组。

1.1 风力发电机组的结构和分类

1.1.1 风力发电机组的整体结构

水平轴风力发电机组可分为叶轮（风轮）、机舱、塔筒和基础四大部分，如图 1-1 所示。其中，机舱是机组的核心部分。

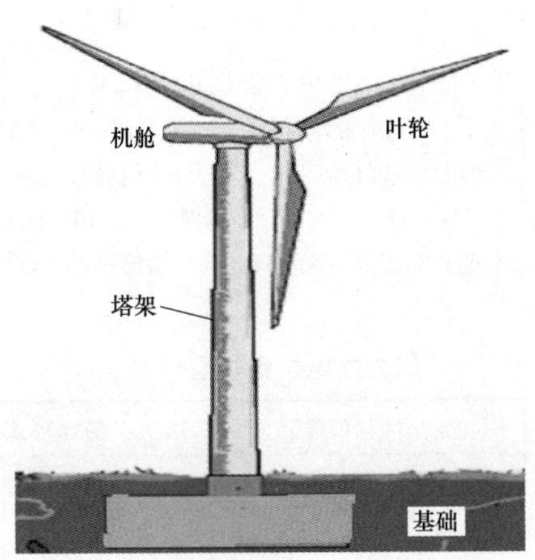

图 1-1　风力发电机组的基本结构

叶轮由叶片和轮毂组成。叶片具有空气动力外形，在气流作用下产生力矩驱动风轮转动，通过轮毂将转矩输入到主传动系统。机舱由底盘、整流罩和机舱罩组成，底盘上安装除主控制器以外的主要部件。机舱罩后部的上方装有风速和风向传感器，舱壁上有隔声和通风装置等，底部与塔架连接。塔架支撑机舱达到所需要的高度，其上安置发电机和主控制器之间的动力电缆、控制和通信电缆，还装有供操作人员上下机舱的扶梯，大型机组还设有电梯。基础为钢筋混凝土结构，根据当地地质情况设计成不同的形式。其中心预置与塔架连接的基础部件，保证将风力发电机组牢牢地固定在基础上，基础周围还要设置预防雷击的接地装置。

1.1.2 大中型风力发电机组基本结构

大中型风力发电机组基本结构如图 1-2 所示。

1.1.3 传统风力发电机组的分类

表 1-1 为风力发电机组机型分类表。传统的风力发电机组的类型主要从两个方面来分，一是按功率大小来分，二是按结构形式来分。下面主要介绍第二种分类方法。

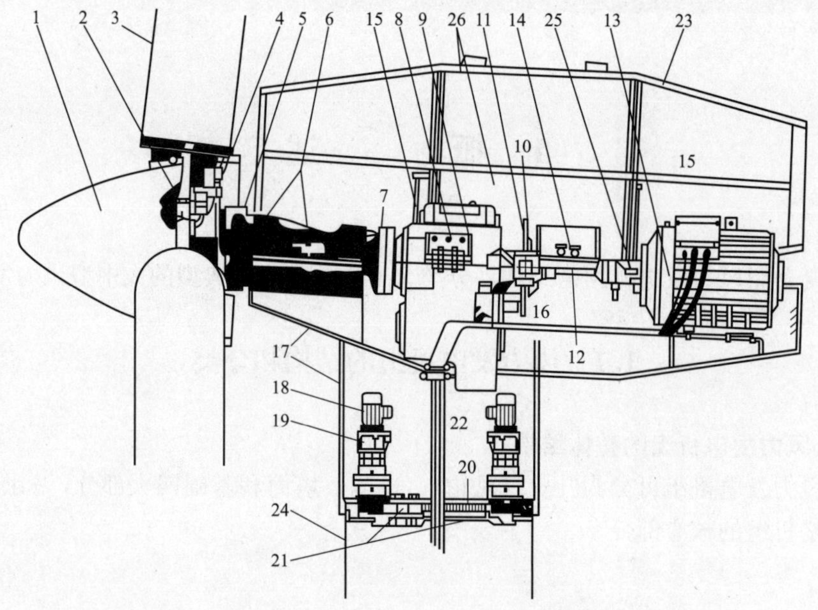

图 1-2 大中型风力发电机组基本结构

1—导流罩；2—轮毂；3—叶片；4—叶尖刹车控制系统；5—集电环；6—主轴；7—收缩盘；8—锁紧装置；9—齿轮箱；10—刹车片；11—刹车片厚度检测器；12—万向联轴器；13—发电机；14—安全控制箱；15—舱盖开启阀；16—刹车汽缸；17—机舱；18—偏航电机；19—偏航齿轮；20—偏航圆盘；21—偏航锁定；22—主电缆；23—风向风速仪；24—塔筒；25—震动传感器；26—舱盖

表 1-1 **风力发电机组机型分类**

功率	风轮轴方向		功率调节方式			传动形式			转速变化		
				变桨距		有齿轮					
	水平	垂直	定桨距	主动失速	普通变距	高传动比	低传动比	直接驱动	定速	多态定速	变速
0.1～1kW 小型	常见	少见	常见	无	无	无	无	有	有	无	无
1～100kW 中型	常见	少见	常见	有	有	有	无	无	有	有	少见
100～1000kW 大型	常见	少见	常见	常见	常见	常见	少见	少见	有	有	常见
1000kW 以上特大型	常见	少见	少见	少见	常见	常见	少见	常见	少见	少见	常见

1. 按装机容量分

（1）小型 0.1～1kW。

（2）中型 1～100kW。

（3）大型 100～1000kW。

（4）特大型 1000kW 以上。

2. 按风轮轴方向分

（1）水平轴风力发电机。水平轴风力机是风轮轴基本上平行于风向的风力发电机。工作时，风轮的旋转平面与风向垂直。图 1-3 所示为高速和低速水平轴风力机形式。风轮上的叶片是径向安置的，与旋转轴相垂直，并与风轮的旋转平面成一角度 φ（安装角）。

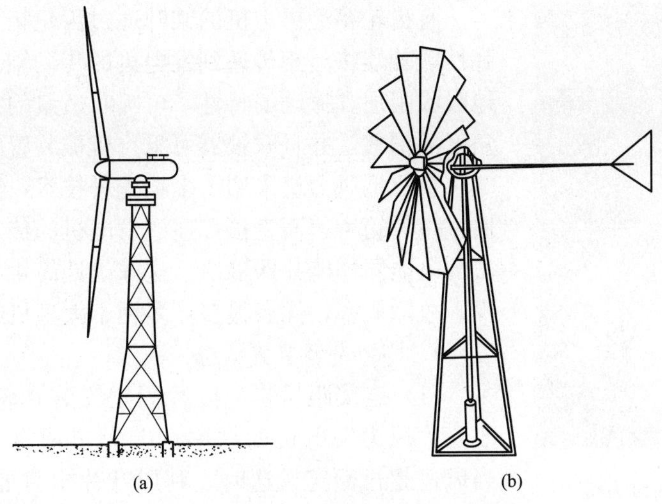

图 1-3 水平轴风力机

(a) 高速风力机；(b) 低速风力机

(2) 垂直轴风力发电机。垂直轴风力机是风轮轴垂直于风向的风力机，如图 1-4 所示。其主要特点是可以接收来自任何方向的风，因而当风向改变时，无需对风。由于不需要调向装置，使它们的结构更简单。垂直轴风力机的另一个优点是齿轮箱和发电机可以安装在地面上。但垂直轴风力发电机需要大量材料，占地面积大，目前商用大型风力发电机组采用较少。

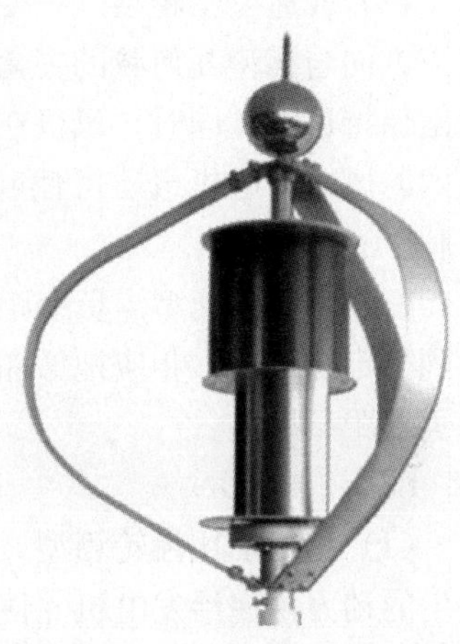

图 1-4 垂直轴风力发电机

3. 根据桨叶受力方式分类

可分为升力型风力机和阻力型风力机。升力型风力机主要是利用叶片上所受升力来转换风能的，是目前的主要形式。阻力型风力机主要是利用叶片上所受阻力来转换风能的，较少采用。

4. 根据桨叶数量分类

可分为单叶片、双叶片、三叶片和多叶片型风力机，其中常用的是三叶片型风力机。

5. 根据风轮设置位置分类

可分为上风向风力机和下风向风力机。

上风向风力机是风轮在塔架前面迎着风向旋转的风力机，大部分风力机采用上风向。上风向风力机必须有某种调向装置来保持风轮迎风。对小型风力机，这种对风装置采用尾舵；而对于大型风力机，则利用风向传感元件及伺服电动机组成的传动机构。

下风向风力机是风轮在塔架的下风位置顺着风向旋转的风力机，一般用于小型风力机。下风向风力机则能够自动对准风向，从而免除了调向装置。但对于下风向风力机，由于一部分空气通过塔架后再吹向风轮，这样塔架就干扰了流过叶片的气流而形成所谓塔影效应，致使性能有所降低，如图 1-5 所示。

6. 根据机械传动方式分类

可分为有齿轮箱型风力机和无齿轮箱直驱型风力机。

图 1-5 下风向风力机

有齿轮箱型风力机的桨叶通过齿轮箱及其高速轴及万能弹性联轴器将转矩传递到发电机的传动轴，联轴器具有很好地吸收阻尼和振动的特性，可吸收适量的径向、轴向和一定角度的偏移，并且联轴器可阻止机械装置的过载。

直驱型风力机采用了多项先进技术，桨叶的转矩可以不通过齿轮箱增速而直接传递到发电机的传动轴，使风力机发出的电能同样能并网输出。这样设计简化了装置的结构，减少了故障概率，优点很多，多用于大型机组上。

7. 按功率调节方式分

(1) 定桨距风机。叶片固定安装在轮毂上，角度不能改变，风力发电机的功率调节完全依靠叶片的气动特性。当风速超过额定风速时，利用叶片本身的空气动力特性减小旋转力矩（失速）或通过偏航控制维持输出功率相对稳定。

(2) 普通变桨距型（正变距）风机。这种风机当风速过高时，通过减小叶片翼型上合成气流方向与翼型几何弦的夹角（攻角），改变风力发电机组获得的空气动力转矩，能使功率输出保持稳定。同时，风机在起动过程也需要通过变距来获得足够的起动转矩。采用变桨距技术的风力发电机组还可使叶片和整机的受力状况大为改善，这对大型风力发电机组十分有利。

(3) 主动失速型（负变距）风机。这种风机的工作原理是以上两种形式的组合。当风机达到额定功率后，相应地增加攻角，使叶片的失速效应加深，从而限制风能的捕获，因此称为负变距型风机。

8. 按传动形式分

(1) 高传动比齿轮箱型。风力发电机组中的齿轮箱的主要功能是将风轮在风力作用下所产生的动力传递给发电机并使其得到相应的转速。风轮的转速较低，通常达不到发电机发电的要求，必须通过齿轮箱齿轮副的增速作用来实现，故也将齿轮箱称为增速箱。

(2) 直接驱动型。应用多极同步风力发电机让风力发电机直接拖动发电机转子运转在低速状态，这就没有了齿轮箱所带来的噪声、故障率高和维护成本大等问题，提高了运行可靠性。

(3) 中传动比齿轮箱（半直驱）型。这种风机的工作原理是以上两种形式的综合。中传动比型风机减少了传统齿轮箱的传动比，同时也相应地减少了多极同步风力发电机的极数，从而减小了发电机的体积。

9. 按转速变化分

(1) 定速。定速风力发电机组是指其发电机的转速是恒定不变的，它不随风速的变化而变化，始终在一个恒定不变的转速下运行。

(2) 多态定速。多态定速风力发电机组中包含着两台或多台发电机，根据风速的变化，可以有不同大小和数量的发电机投入运行。

(3) 变速。变速风力发电机组中的发电机工作在转速随风速时刻变化的状态下。目前，主流的大型风力发电机组都采用变速恒频运行方式。

10. 按风力发电机组的主要参数分

风力发电机组最主要的参数是风轮直径（或风轮扫掠面积）和额定功率。风轮直径决定机组能够在多大的范围内获取风中蕴含的能量。额定功率是正常工作条件下，风力发电机组的设计要达到的最大连续输出电功率。风轮直径应当根据不同的风况与额定功率匹配，以获得最大的年发电量和最低的发电成本，配置较大直径风轮供低风速区选用，配置较小直径风轮供高风速区选用。

1.1.4 无叶片风力机

传统风力机具有较大的叶片，旋转速度可达到320km/h。虽然看上去非常壮观，但它们也会对鸟类生命构成威胁，并且产生巨大的噪声。2015年，西班牙一家公司设计了一款无叶片风力发电机——Vortex Bladeless，如图1-6所示。

图1-6 Vortex Bladeless的形状

这种风力机由一根固定的桅杆、一台发电机（没有彼此连接的活动部件）和半刚性的玻璃纤维圆柱体组成，其工作原理是利用结构的振荡捕获风的动能，从而利用感应发电机或压电发电机将风的动能转变成电能输出。

与传统风力发电机相比，这种无叶片发电机有很多优点。它占地面积更小，不会发出任何的噪声；它的发电机接近地面，便于组装和维护；它取消了机舱、轮毂、变速器、叶片、制动装置、转向系统和支撑结构等，制造成本大大降低，可减少53%，并且运输、制造和组织的过程也将简化；它将塔和发电机集成进一个结构，避免了机械部件的磨损和摩擦撕裂，部件或传动装置无需拆除维护及添加润滑油，使维护成本减少80%，且持续工作的时间更长。产生同等数量的能源时，这种无叶片发电机比传统风力发电机所需要的成本低近40%。

1.2 风力发电机组的工作原理

把风的动能转变成机械能，再把机械能转化为电能，这就是风力发电。风力发电所需的装置，称为风力发电机组。

在风力发电机组中，存在着两种物质流。一种是能量流，另一种是信息流。两者的相互作用，使机组完成发电功能。由于各种风力发电机组的结构不同，其工作原理也存在差异。图1-7所示是比较典型的风力机组的工作原理示意。

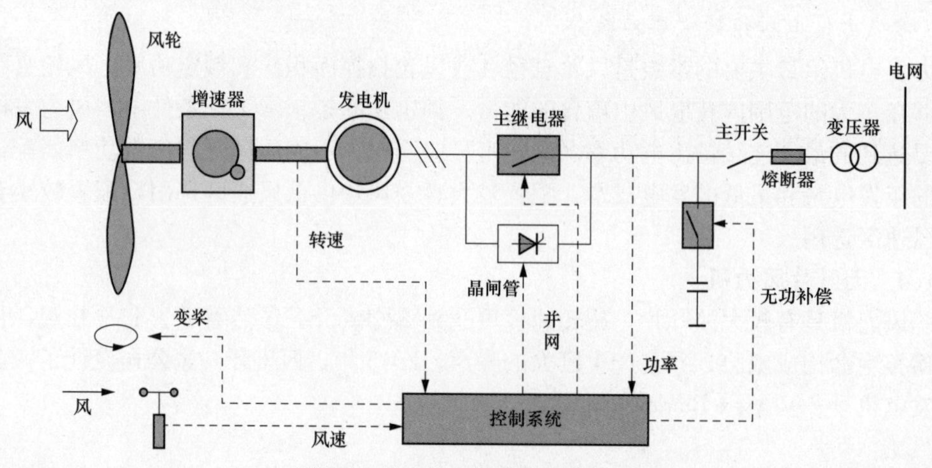

图 1-7 风力发电机组的工作原理

1. 能量流

当风以一定的速度吹向风力机时，在风轮上产生的力矩驱动风轮转动。将风的动能变成风轮旋转的动能，两者都属于机械能。风轮的输出功率为

$$P_1 = M_1 \Omega_1 \tag{1-1}$$

式中 P_1——风轮的输出功率，W；

M_1——风轮的输出转矩，N·m；

Ω_1——风轮的角速度，rad/s。

风轮的输出功率通过主传动系统传递。主传动系统可能使转矩和转速发生变化，于是有

$$P_2 = M_2 \Omega_2 = M_1 \Omega_1 \eta_1 \tag{1-2}$$

式中 P_2——主传动系统的输出功率，W；

M_2——主传动系统的输出转矩，N·m；

Ω_2——主传动系统的输出角速度，rad/s；

η_1——主传动系统的总效率。

主传动系统将动力传递给发电系统，发电机把机械能变为电能。发电机的输出功率为

$$P_3 = \sqrt{3} U_N I_N \cos\varphi_N = P_2 \eta_2 \tag{1-3}$$

式中 P_3——发电系统的输出功率，W；

U_N——定子三相绕组上的线电压，V；

I_N——流过定子绕组的线电流，A；

$\cos\varphi_N$——功率因数；

η_2——发电系统的总效率。

对于并网型风电机组，发电系统输出的电流经变压器升压后，即可输入电网。

2. 信息流

信息流的传递是围绕控制系统进行的。控制系统的功能是过程控制和安全保护。过程控制包括起动、运行、暂停、停止等。在出现恶劣的外部环境和机组零部件突然失效时应该紧急停机。风速、风向、风力发电机的转速、发电功率等物理量通过传感器变成电信号传给控制系统，它们是控制系统的输入信息。控制系统随时对输入信息进行加工和比较，及时地发出控制指令，这些指令是控制系统的输出信息。

对于变桨距风机，当风速大于额定风速时，控制系统发出变桨距指令，通过变桨距系统改变风轮叶片的桨距角，从而控制风电机组输出功率。在起动和停止的过程中，也需要改变叶片的桨距角。

对于变速型风机，当风速小于额定风速时，控制系统可以根据风的大小发出改变发电机转速的指令，以便使风力发电机最大限度地捕获风能。

当风轮的轴向与风向偏离时，控制系统发出偏航指令，通过偏航系统校正风轮轴的指向，使风轮始终对准来风方向。当需要停机时，控制系统发出停机指令，除了借助变桨距制动外，还可以通过安装在传动轴上的制动装置实现制动。实际上，在风电机组中，能量流和信息流组成了闭环控制系统。同时，变桨距系统、偏航系统等也组成了若干闭环的子系统，实现相应的控制功能。

1.3 典型的大中型风力发电机组

目前在风力发电机组中，两种最有竞争能力的结构形式是异步发电机双馈式机组和永磁同步发电机直接驱动式机组，大容量的机组大多采用这两种结构。下面分别介绍几种典型的大中型风力发电机组的结构和特点。

1.3.1 双馈式风力发电机组

传统的风力发电机组多应用异步发电机。风轮的转速范围是 12～200r/min，而发电机转速为 1000～1500r/min，风力发电机和发电机之间必须用增速箱连接。在风力发电中，当风力发电机组与电网并网时，要求机组发电的频率与电网的频率保持一致。

双馈式风力发电机组就是采用双馈异步发电机，转子通过变流器并网的一种变速恒频机组。双馈式风力发电机组的结构如图 1-8 所示，这是一种变桨距、变速型双馈式风力发电机组的内部结构。它的基本组成部分包括变桨距系统（设在轮毂之中。对于电力变距系统来说，包括变距电机、变距控制器、电池盒）、发电系统（包括发电机、变流器）、主传动系统

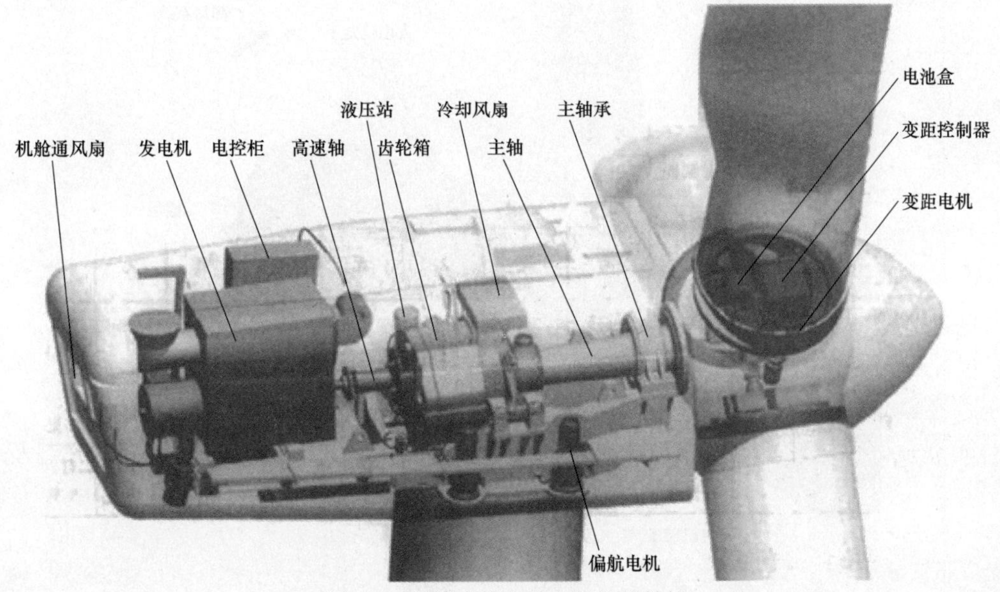

图 1-8 双馈式风力发电机组的结构

(包括主轴及主轴承、齿轮箱、高速轴和联轴器)、偏航系统（包括电动机、减速器、变距轴承和制动机构)、控制系统（包括传感器、电气设备、计算机控制系统和相应软件）和液压系统（包括液压站、输油管和执行机构)。

双馈风力发电机组的风轮将风能转变为机械转动的能量，经过齿轮箱增速驱动异步发电机，应用励磁变流器励磁而将发电机的定子电能输入电网。如果超过发电机同步转速，转子也处于发电状态，通过变流器向电网馈电。

齿轮箱可以将较低的风轮转速变为较高的发电机转速，同时也使得发电机易于控制，实现稳定的频率和电压输出。

发电机常采用交流励磁双馈型发电机。它的结构类似绕线转子异步发电机，只是转子绕组上加有集电环和电刷，这样，转子的转速与励磁的频率有关，从而使得双馈型发电机的内部电磁关系既不同于普通异步发电机又不同于同步发电机，但它却同时具有异步机和同步机的某些特性。

交流励磁变速恒频双馈发电机组的优点：允许发电机在同步速±30%转速范围内运行，简化了调整装置，减少了调速时的机械应力，同时使机组控制更加灵活、方便，提高了机组运行效率；需要变频控制的功率仅是发电机额定容量的一部分，使变频装置体积减小，成本降低，投资减少；可以实现有功、无功功率的独立调节。

交流励磁变速恒频双馈发电机组的缺点：双馈风力发电机组必须使用齿轮箱，然而随着发电机组功率的升高，齿轮箱成本变得很高，且易出现故障，需要经常维护，同时齿轮箱也是风力发电系统产生噪声污染的一个主要因素；当低负荷运行时，效率低；发电机转子绕组带有集电环、电刷，增加维护和故障率；控制系统结构复杂。

1.3.2 直驱式永磁风力发电机组

风力发电机组也可以用多极永磁发电机直接连接风力发电机，这就是直接驱动发电机组。电力电子器件的发展促进了直驱式永磁风力发电机的研发和应用。

直接驱动式风力发电机组的结构如图 1-9 所示。

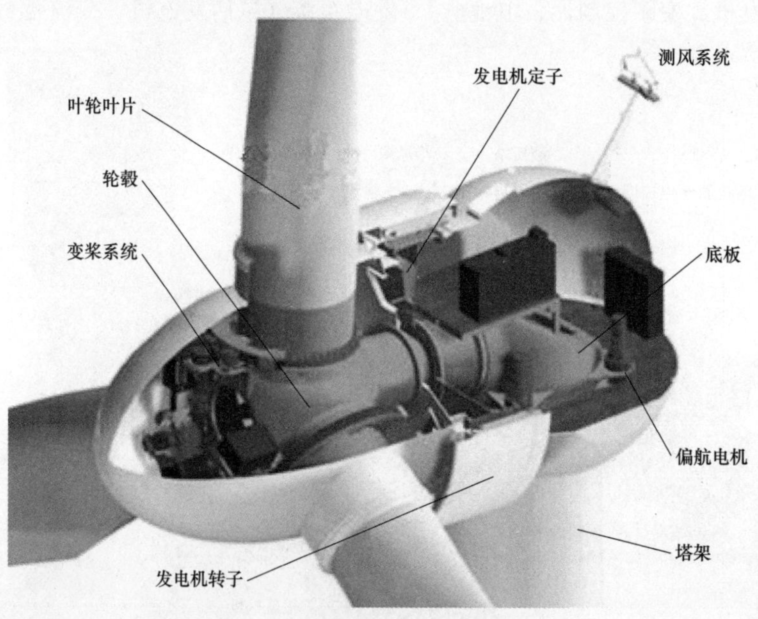

图 1-9 直驱式风力发电机组的结构

直驱永磁风力发电机组的发电机轴直接连接到风轮上，转子的转速随风速而改变，其交流电的频率也随之变化，经过大功率电力电子变流器，将频率不定的交流电整流成直流电，再逆变成与电网同频率的交流电输出。变速恒频控制是由定子电路实现的，因此变流器的容量与系统的额定容量相同。

直驱型风力发电机组的优点：由于传动系统部件的减少，提高了机组的可靠性，降低了噪声；永磁发电技术及变速恒频技术的采用提高了风电机组的效率；利用变速恒频技术，可以进行无功功率补偿。

直驱型风力发电机组的缺点：采用的多极低速永磁同步发电机，电机直径大，制造成本高；随着机组设计容量的增大，给电机设计、加工制造带来困难；定子绕组绝缘等级要求较高；采用全容量逆变装置，变流器设备投资大，增加控制系统成本；由于结构简化，使机舱重心前倾，设计和控制上难度加大。

1.3.3　半直驱（中传动比齿轮箱）型机组

这种机型的风力发电机采用了一级行星齿轮传动和适当增速比，把行星齿轮副与发电机集成在一起，构成了发电机单元。它采用单级变速装置以提高发电机转速，同时配以类似于直驱风电机的多极永磁同步发电机，介于高传动比齿轮箱型和直接驱动型之间（故又称半直驱机型）。发电机单元的主轴承与轮毂直接相连接。发电机单元经过大功率电力电子变换器，将频率不定的交流电整流成直流电，再逆变成与电网同频率的交流电输出。

半直驱型机组的主要部件包括风轮叶片、轮毂、变桨系统、一级行星增速器集成多级低速发电机、变流器、控制器、偏航系统、测风系统、底板、塔架等，如图 1-10 所示。

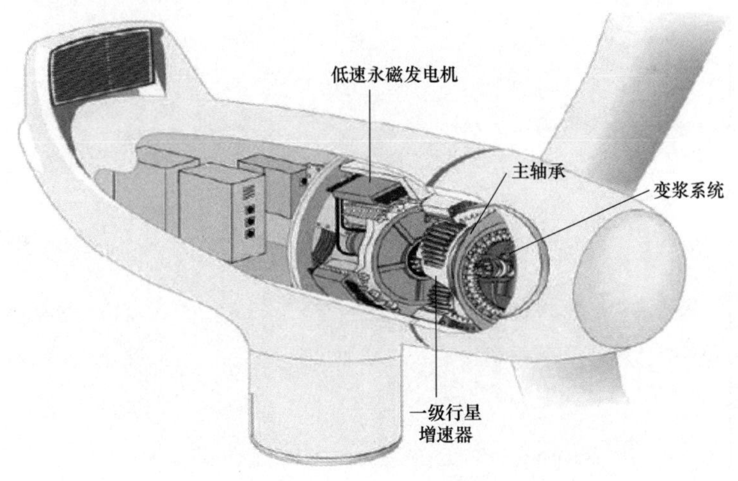

图 1-10　半直驱（中传动比齿轮箱）型机组的结构

半直驱型机组一级行星齿轮副的增速比一般只有双馈型风机的 1/10 左右，风轮和发电机单元直接相连接，使风机所用的部件减少；发电机转速高，体积比直驱形式的风机有了较大的缩小，重量明显减轻。这些特点决定了半直驱型机组一方面能够提高齿轮箱的可靠性与使用寿命，同时相对直驱发电机而言，能够兼顾对应的发电机设计，改善大功率直驱发电机设计与制造条件。

思考题

1. 风力发电机组由哪几部分组成？
2. 风力发电机组有哪些分类方式？
3. 无叶片风力机有什么特点？
4. 风力发电机组的工作原理是什么？
5. 典型的大中型风力发电机组都有哪些？
6. 双馈式风力发电机组常采用什么发电机？它有什么特点？
7. 直驱式风力发电机组的结构是什么样的？
8. 根据转速变化，主流的大型风力发电机组都采用什么运行方式？
9. 半直驱（中传动比齿轮箱）型机组的结构是怎样的？
10. 变桨距、变速型的风力发电机组由哪几部分组成？

2 风轮的结构及原理

风轮是一种能将风的动能转换成另一种形式能量的旋转机械。本章介绍风轮的结构及其工作特性。

2.1 风轮的结构

2.1.1 水平轴风轮

水平轴式风轮有两叶、三叶、多叶式，顺风式和迎风式，扩散器式和集中器式，如图 2-1 所示。

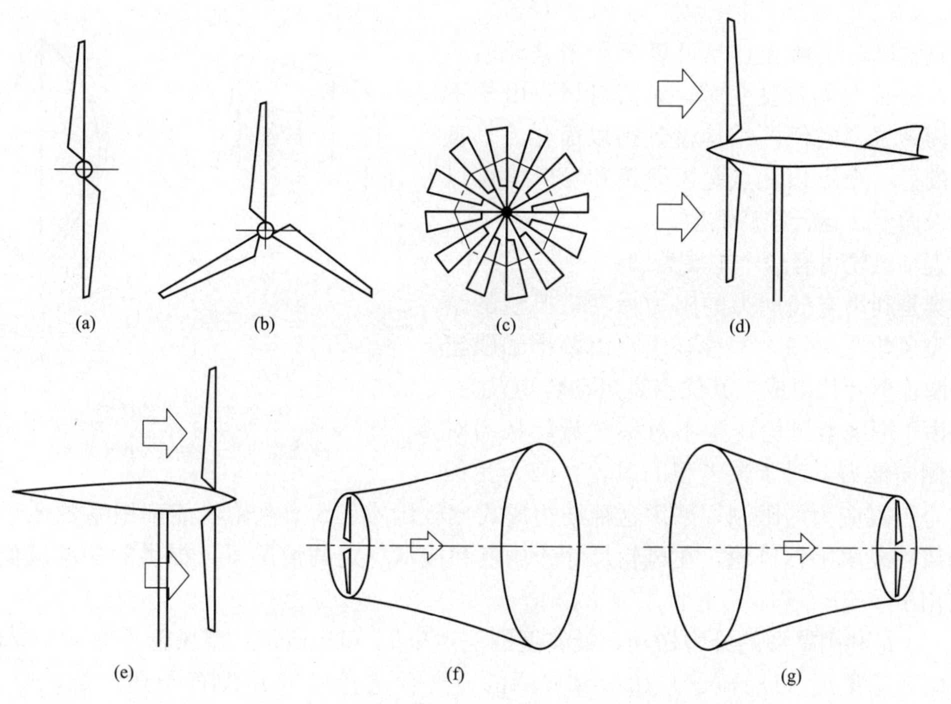

图 2-1 水平轴式翼式风轮桨叶

(a) 两叶式；(b) 三叶式；(c) 多叶式；(d) 迎风式；(e) 顺风式；(f) 扩散器式；(g) 集中器式

水平轴风轮围绕一根水平轴旋转，工作时，风轮的旋转平面与风向垂直，如图 2-2 所示。

风轮上的叶片是径向安置的，垂直于旋转轴，与风轮的旋转平面成一角度 φ（安装角）。风轮叶片数目的多少视风轮的用途而定。用于风力发电的大型风轮叶片数一般取 1～4 片

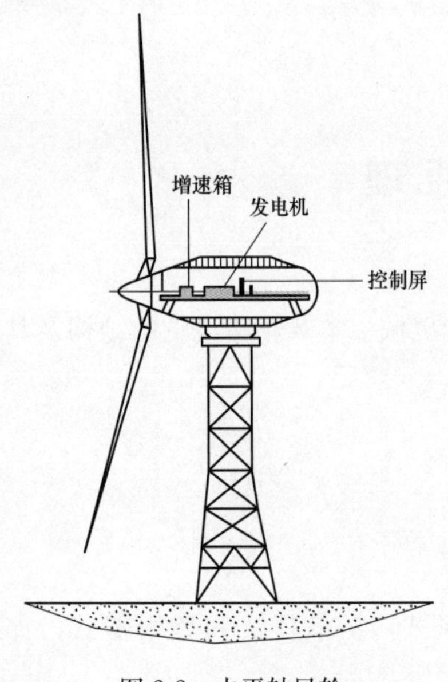

图 2-2 水平轴风轮

(大多为 2 片或 3 片)，而用于风力提水的小型、微型风轮叶片数一般取 12～24 片。

叶片数多的风轮通常称为低速风轮，它在低速运行时，有较高的风能利用系数和较大的转矩。它的起动力矩大，起动风速低，因而适用于提水。

叶片数少的风轮通常称为高速风轮，它在高速运行时有较高的风能利用系数，但起动风速较高。由于其叶片数很少，在输出同样功率的条件下，比低速风轮要轻得多，因此适用于发电。

水平轴风轮有两个主要优势：一是风轮实度（叶片在风轮旋转平面上投影面积的总和与风轮扫掠面积的比值）较低，进而能量成本低于垂直轴机组；二是风轮扫掠面的平均高度可以更高，利于增加发电量。

2.1.2 垂直轴风轮

垂直轴风轮的风轮围绕一个垂直轴旋转，如图 2-3 所示。

垂直轴风轮主要优点是可以接受来自任何方向的风，因而当风向改变时，无需对风。由于不需要调向装置，它们的结构设计得以简化。垂直轴风轮的另一个突出优点是齿轮箱和发电机可以安装在地面上，运行维修简便。

垂直轴风轮可有两个主要类别。

一类是利用空气动力的阻力做功，典型的结构是 S 型风轮［见图 2-3（a)]。它由两个轴线错开的半圆柱形叶片组成，其优点是启动转矩较大，缺点是由于围绕着风轮产生不对称气流，从而对它产生侧向推力。对于较大型的风轮，因为受偏转与安全极限应力的限制，采用这种结构形式比较困难。S 型风轮风能利用系数低于高速垂直轴风轮或水平轴风轮，在风轮尺寸、质量和成本一定的情况下，提供的功率较低，因而不宜用于发电。

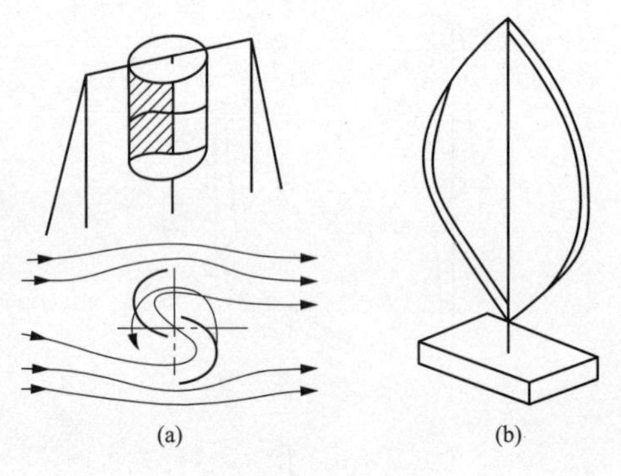

图 2-3 垂直轴风轮
(a) S 型风轮；(b) 达里厄型风轮

另一类是利用翼形的升力做功，最典型的是达里厄（Darrieus）型风轮［见图 2-3（b)]，它是法国人达里厄（Darrieus）1925 年发明的。当时这种风轮并没有受到注意，直到 20 世纪 70 年代石油危机后，才得到加拿大国家科学研究委员会和美国圣地亚国家实验室的重视，进行了大量的研究，现在是水平轴风轮的主要竞争者。达里厄风轮有多种形式，如图 2-4 所示的 H 型、Δ 型、菱形、Y 型和 φ 型等。基本上是直叶片和弯叶片两种，以 H 型风轮和 φ 型风轮为典型。叶片具是翼形剖面，空气绕叶片流动产生的合力形成转矩。

H 型风轮结构简单，但这种结构造成的离心力使叶片在其连接点处产生严重的弯曲应力。另外，直叶片需要采用横杆或拉索支撑，这些支撑将产生气动阻力，降低效率。

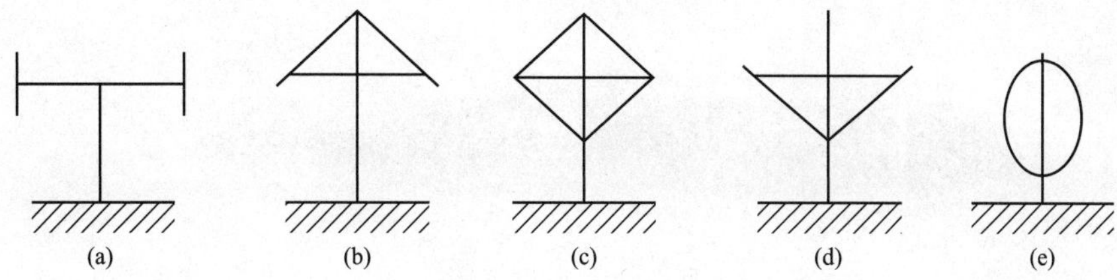

图 2-4　达里厄型风轮的风轮结构形式

(a) H 型风轮；(b) Δ 型风轮；(c) 菱形风轮；(d) Y 型风轮；(e) φ 型风轮

φ 型风轮所采用的弯叶片只承受张力，不承受离心力载荷，从而使弯曲应力减至最小。由于材料可承受的张力比弯曲应力要强，所以对于相同的总强度，φ 型叶片比较轻，运行速度比直叶片高。但 φ 型叶片不便采用变桨距方法实现自启动和控制转速。另外，对于高度和直径相同的风轮，φ 型转子比 H 型转子的扫掠面积要小一些。

目前，主要的两种类型发电风轮中，水平轴高速风轮占绝大多数。

2.2　叶　　片

2.2.1　叶片的构造

叶片是风轮关键零部件之一。叶片是具有空气动力形状，接受风能使风轮绕其轴转动的主要构件。风轮叶片基本上由两个部分组成，如图 2-5 所示。

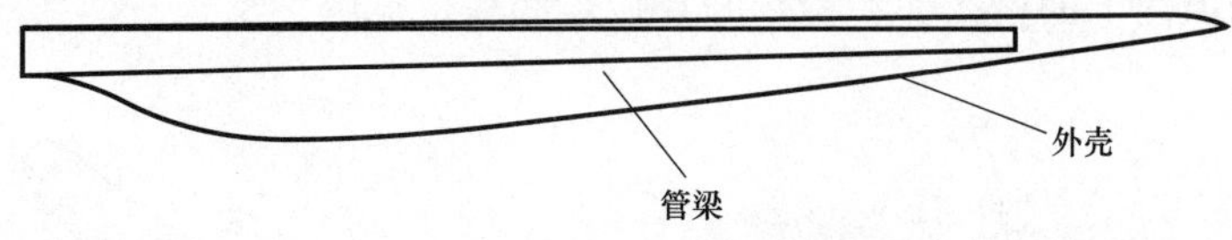

图 2-5　管梁和外壳示意

(1) 中心管梁。叶片的结构件，由叶片内的一根空心管组成。

(2) 外壳。叶片的气动部件，构成叶片的壳体，为叶片提供特有的气动外形。

各叶片可分为以下区域，如图 2-6 所示。

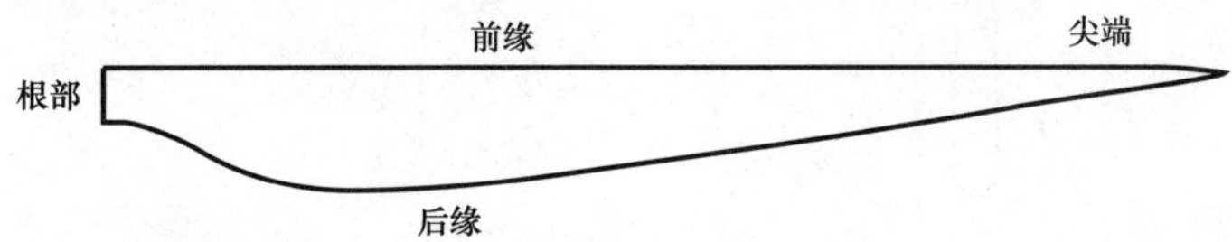

图 2-6　从上方观察的叶片示意

(1) 根部。叶片连接至风轮机转子的底部部位。

(2) 尖端。根部的另一端。

(3) 前缘。较圆缓的边缘。

(4) 后缘。较锋锐的边缘。

由玻璃纤维增强型有机复合材料制成的风轮叶片结构及避雷系统如图 2-7 所示。中心管梁的主要功能是提供结构性阻力。它安装在两个外壳件之间，而两个外壳件为叶片提供气动外形。外壳分为上壳体和下壳体。上壳体安装后朝向杆部，下壳体构成叶片特有的气动外形。

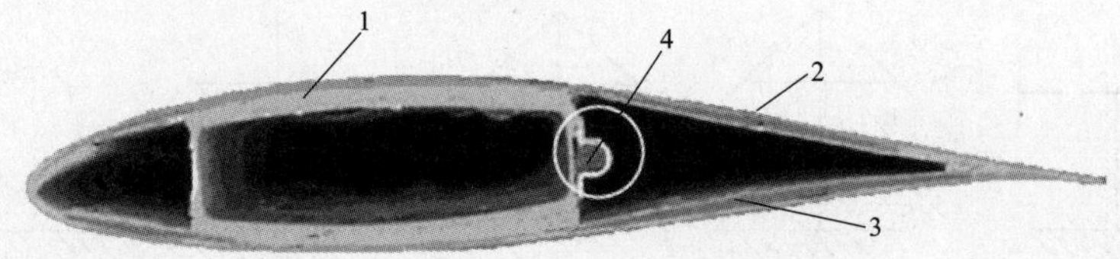

图 2-7 叶片断面图

1—中心管梁；2—上壳体；3—下壳体；4—根部

管梁受到意外损坏主要会影响叶片阻力，而外壳受损主要会影响到气动效率，但是，外壳损坏若发生扩展也会影响到结构阻力。因此，不要忽略常规的风轮操作所引起的叶片损坏。每个叶片都带有一个避雷系统，能够将雷电能量从尖端（接闪器）传导至根部，然后再通过风轮结构释放到地面。该系统的正常操作对叶片的完整性至关重要。

叶片的外涂层可保护叶片层压板免受外界因素的侵扰，尤其是湿气和紫外线。某些叶片还在前缘贴有保护带。此外，叶片带有必要的排水装置，可排出内部的积水，这些积水主要由冷凝或停机造成。若不将其排出，一旦受到雷电影响会因水分蒸发而造成失衡或结构损坏。

关于叶片，有以下基本术语：

1. 叶尖

叶片距离风轮回转轴线的最远点称为叶尖。

2. 叶片投影面积

叶片在风轮扫掠面上的投影面积称为叶片投影面积，见图 2-8。

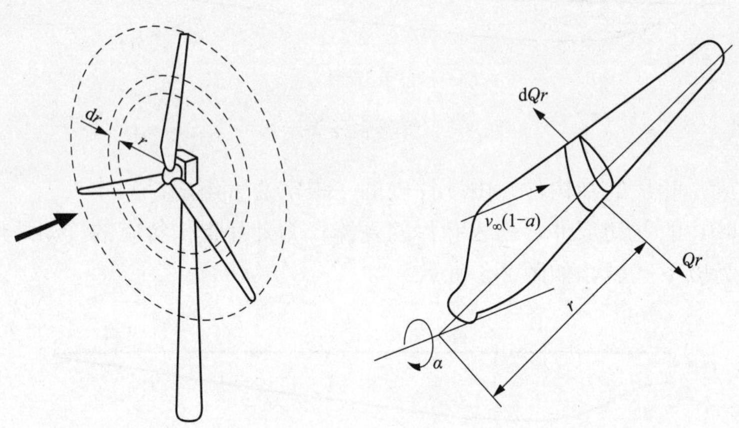

图 2-8 叶片投影面积

3. 叶片翼型

翼型也叫叶片剖面，是指用垂直于叶片长度方向的平面去截叶片而得到的截面形状。叶片的几何特征如图 2-9 所示。

（1）中弧线。翼型表面内切圆圆心连接起来的光滑曲线（图 2-9 中虚线）。

（2）前缘。翼型中弧线的最前点（A 点）。

（3）后缘。翼型中弧线的最后点（B 点）。

（4）几何弦。连接前缘与后缘的直线（AB 线段），用 c 表示。

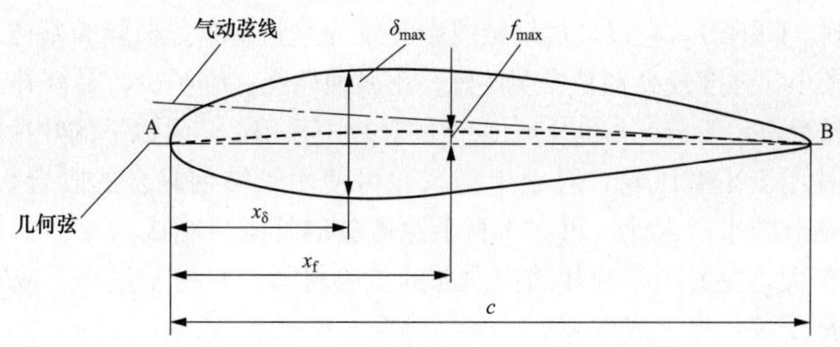

图 2-9 叶片的几何特征

(5) 平均几何弦。叶片投影面积与叶片长度的比值。

(6) 气动弦线。通过后缘使翼型升力为零的直线。气流与气动弦线平行时，翼型获得的升力为零。

(7) 厚度。垂直于几何弦的直线被翼型周线所截取的长度，最大值为 δ_{max}，通常用来表示翼型的厚度。最大厚度点到前缘的距离用 x_δ 表示，其相对值为 $\bar{x}_\delta = x_\delta / c$。

(8) 相对厚度。厚度的最大值与几何弦长的比值，$\bar{\delta} = \delta_{max}/c$，取值范围为 3%～20%，常用的为 10%～15%。

(9) 弯度。中弧线与几何弦线的距离，最大值为 f_{max}。

4. 叶片安装角

叶根确定位置处翼型几何弦与叶片旋转平面所夹的角度称为叶片安装角。

5. 叶片扭角

叶片尖部几何弦与根部几何弦夹角的绝对值称为叶片几何扭角，如图 2-10 所示。

6. 叶片几何攻角

翼型上合成气流方向与翼型几何弦的夹角称为几何攻角，用 α 表示，如图 2-11 所示。

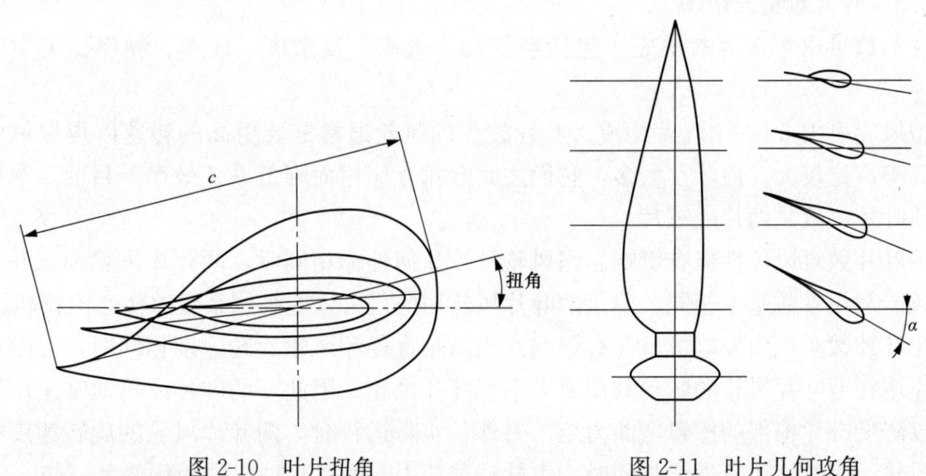

图 2-10 叶片扭角　　图 2-11 叶片几何攻角

2.2.2 叶片材料

用于制造叶片的材料必须强度高、质量小，并且在恶劣气象条件下物理、化学性能稳定。实践中，叶片由复合材料、木材、钢和铝等制成。

(1) 目前世界上绝大多数叶片都采用复合材料。复合材料包括玻璃纤维增强材料（GFRP）

和碳纤维增强材料（CFRP），它以玻璃纤维或碳纤维为增强材料，树脂为基体。这种材料的优点是：相对密度较小，强度较高；易成型性好；耐腐蚀性强；维护少，易修补。CFRP 强度高、质量小，但价格昂贵，一般只在长度 40m 以上的叶片中采用，40m 以下的叶片使用很少。

（2）木制叶片用于小型风轮，对于中型风轮可使用黏结剂黏合的胶合板，如图 2-12 所示。木叶片必须绝对防水，为此，可在木材上涂敷玻璃纤维树脂或清漆。木材在大型风轮中使用的范围也在扩大，主要用于叶片结构内部的夹心材料。木材质量小，成本低，阻尼特性优良；其缺点是易受潮，加工成本高。

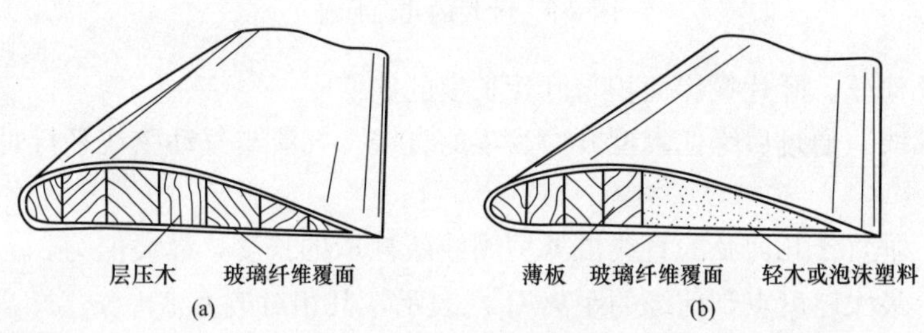

图 2-12 木制叶片的构造

(a) 层压木料叶片；(b) 薄木板与其他材料的复合

（3）钢材主要用于叶片内部结构的连接件，很少用于叶片的主体结构。这是因为钢材相对密度大、疲劳强度低，要使钢板弯曲非常困难。低速风轮的叶片多由镀锌铁板制成。

对于小型风轮，如叶轮直径小于 5m，选择材料通常关心的是效率而不是质量、硬度和叶片的其他特性，常用整块优质木材加工制成，表面涂上保护漆，其根部与轮毂相接处使用良好的金属接头并用螺栓拧紧。对于大型风轮，叶片特性通常较难满足，所以对材料的选择更为重要。

2.2.3 叶片数量及影响

叶片的数量由很多因素决定，包括空气动力效率、复杂度、成本、噪声、美学要求等因素。

大型风轮可由 2～3 个叶片构成。叶片较少的风轮通常需要更高的转速以提取风中的能量，因此噪声比较大。但叶片太多，它们之间会相互作用而降低系统效率。目前，水平轴风轮的风轮叶片一般是两片或三片。

风轮叶片数对风轮性能有影响。当风轮叶片几何外形相同时，两叶片风轮和三叶片风轮的最大风能利用系数基本相同，但是两叶片风轮对应最大风能利用系数的转速比较高。

风轮叶片数对风力发电机载荷有影响。当风轮直径和风轮旋转速度相同时，对刚性轮毂来说，作用在两叶片风轮的脉动载荷要大于三叶片风轮。因此，两叶片风轮通常采用翘板式轮毂，以降低叶片根部的挥舞弯曲力矩。另外，实际运行时，两叶片风轮的旋转速度要大于三叶片风轮。因此，风轮直径相同时，由脉动载荷引起的风轮轴向力变化要大一些。

为了控制风轮叶片空气动力噪声，通常要将风轮叶片的叶尖速度限制在 65m/s 以下。由于两叶片风轮的旋转速度大于三叶片风轮，因此，对噪声控制不利。

从美学角度上看，三叶片风轮看上去较为平衡和美观，更容易为大众接受；而且，三叶片风轮旋转速度较低。

表 2-1 是对具有相同直径和转速的三叶片风轮和刚性轮毂两叶片风轮在轴上和机舱载荷的比较。随机载荷的比较是基于湍流长度与风轮直径的比，其值为 1.84。

表 2-1　　三叶片风轮和刚性轮毂两叶片风轮在轴上和机舱载荷的比较

项目	源于风剪切的稳定载荷（以叶根挥舞弯矩 M_O 表示）		随机负荷
力矩载荷的位置	三叶片风轮	刚性轮毂两叶片风轮	刚性轮毂两叶片风轮比三叶片风轮增加的百分比
轴弯曲力矩幅值	$1.5M_O$	$2M_O$	22%
机舱下垂力矩	$1.5M_O$	$M_O\ (1-\cos 2\varphi)$	22%
机舱偏航力矩	0	$M_O \sin 2\varphi$	22%

由表 2-1 可以看出，刚性轮毂两叶片风轮产生的载荷明显大于三叶片风轮产生的载荷。但是在多数两叶片风轮的设计中，风轮允许跷动并不是刚性安装，这样就消除了表 2-1 中主轴和机舱结构方面的气动力矩，同时也可以减小叶片平面外根部的弯矩。

由于加载的随机性，按叶片通过频率变化的风轮推力是影响塔架疲劳设计的决定因素，对转速相同的两叶片风轮和三叶片风轮其变化很小。但是相同直径时，两叶片风轮比三叶片风轮旋转得更快，所以这种周期性的风轮推力变化频率更高。

2.2.4　叶片安装

定桨距叶片的安装采用的是叶柄结构。叶柄是风轮中连接叶片和轮毂的构件。叶片采用螺栓与轮毂连接，有以下两种形式。

1. 螺纹件预埋式

螺纹件预埋式是指在叶片成型过程中，直接将经过表面处理的螺纹件预埋在壳体中，如图 2-13 所示。

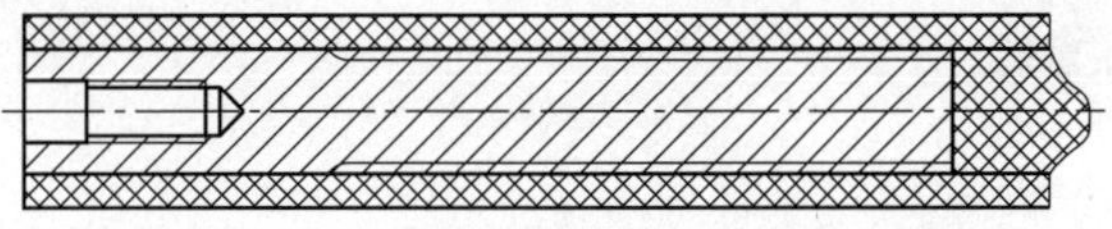

图 2-13　钻孔组装式螺纹件预埋式叶柄

2. 钻孔组装式

钻孔组装式是指在叶片成型后，使用专用钻床和工装在叶柄部位钻孔，将螺纹件装入，如图 2-14 所示。

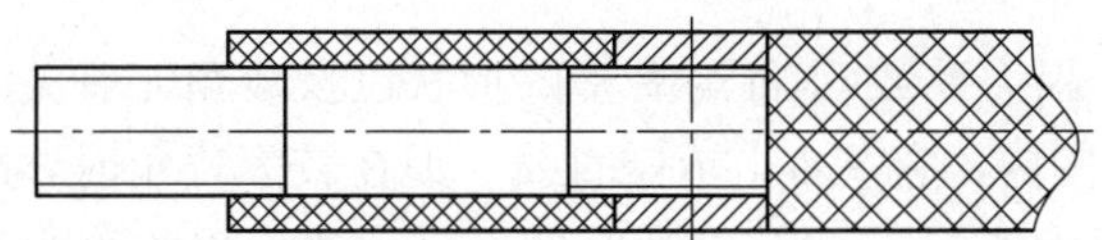

图 2-14　钻孔组装式叶柄

变桨距叶片与轮毂之间使用轴承连接。

2.2.5　作用在叶片上的空气动力

假设翼型与大气存在图 2-15（a）所示的相对运动。由于翼型周围存在绕流，翼型外表面的空气压力是不均匀的。下表面压力较上表面大，叶片翼型将受到一个合力 δQ。δQ 在垂直来流方向的分量 δL 称为升力，而平行来流方向的分量 δD 称为阻力，如图 2-15（b）所示。

此外，合力 δQ 对于前缘 A 将有一个力矩 δM，称为气动俯仰力矩。

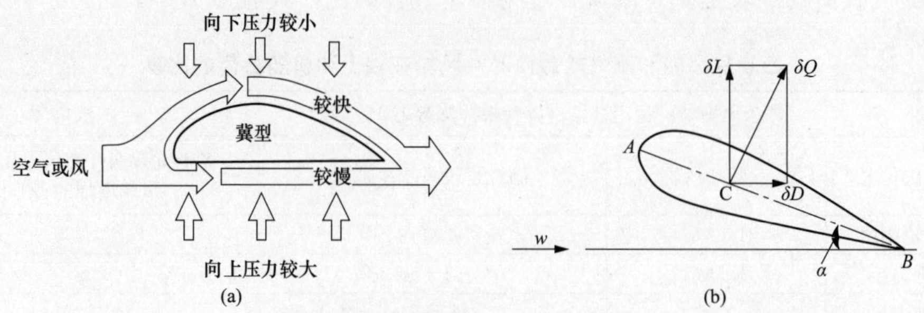

图 2-15 作用在叶片上的空气动力

(a) 翼型与大气的相对运动；(b) 空气动力

翼型上的升力为

$$\delta L = \frac{1}{2}\rho w^2 c C_l \delta z \tag{2-1}$$

式中 ρ——空气的密度，kg/m^3；

w——相对速度，m/s；

c——几何弦长，m；

C_l——翼型升力系数；

δz——翼型的长度，m。

翼型上的阻力为

$$\delta D = \frac{1}{2}\rho w^2 c C_d \delta z \tag{2-2}$$

式中 C_d——翼型阻力系数。

气动俯仰力矩为

$$\delta M = \frac{1}{2}\rho w^2 c^2 C_m \delta z \tag{2-3}$$

式中 C_m——气动俯仰力矩系数。

对于某一特定攻角，翼型总对应一特殊点 C ［见图 2-15（b）］，空气动力 δQ 对这个点的力矩为零，该点称为压力中心点。空气动力在翼型剖面上产生的影响可由单独作用于该点的升力和阻力来表示。

翼型升力系数 C_l、阻力系数 C_d 都与翼型的形状以及攻角 α 有关。C_l 与 α 的关系曲线如图 2-16所示。在实用范围内，它基本上成一直线，但在较大攻角时，略向下弯曲。当攻角增大到 α_{cr} 时，C_l 达到其最大值 C_{lmax}，其后则突然下降，这一现象称为失速。它与翼型上表面气流在前缘附近发生分离的现象有关，如图 2-17 所示，攻角 α_{cr} 称为临界攻角。失速发生时，风力发电机的输出功率显著减小。

对一般的翼型而言，临界攻角 α_{cr} 为 10°～20°。这时的最大升力系数 C_{lmax} 为 1.2～1.5。

C_d 与 α 的关系曲线如图 2-16 所示。它的形状有些与抛物线相近，一般在某一不大的负攻角时，有最小值 C_{dmin}。此后随着攻角的增加，阻力增加得很快，在到达临界攻角以后，增长率更为显著。

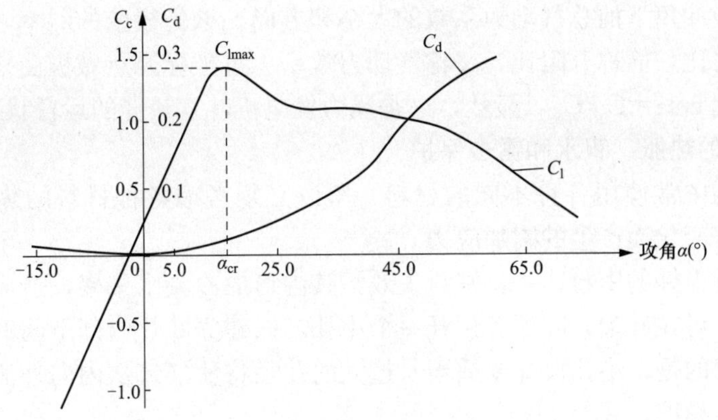

图 2-16 C_l、C_d与 α 的关系

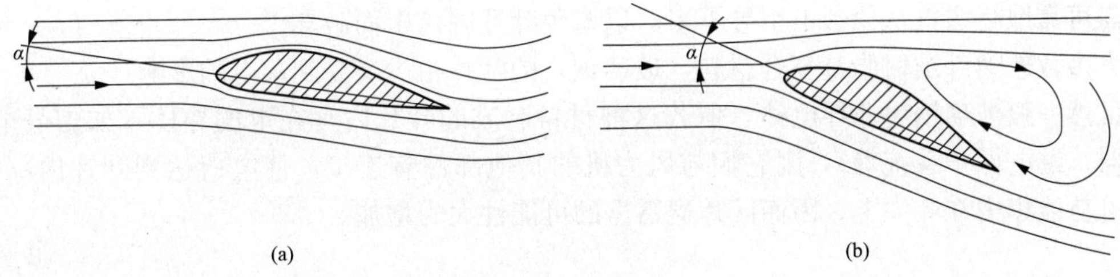

图 2-17 叶片的失速

(a) 小攻角；(b) 大攻角（失速）

C_l与 C_d的关系曲线也被做成极曲线，以 C_d为横坐标，C_l为纵坐标，对应于每一个攻角 α，有一对 C_d、C_l值，在图 2-18 上可确定一点，并在其旁标注出相应的攻角，连接所有各点即成为极曲线。该曲线包括了图 2-16 中两条曲线的全部内容。因升力与阻力本是作用于叶片上的合力在与速度 W 垂直和平行方向上的两个分量，所以从原点到曲线上任一点的矢径，

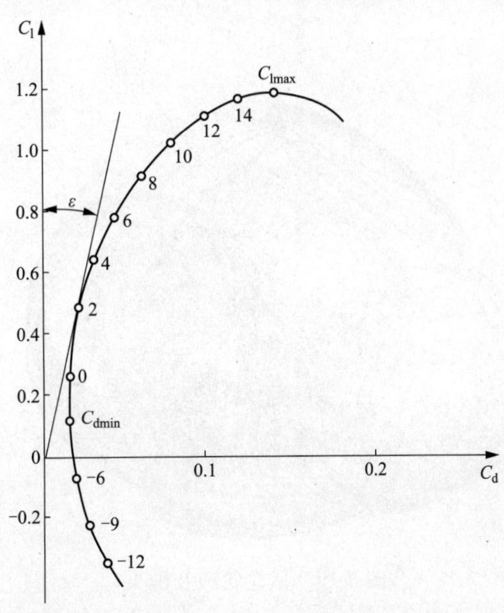

图 2-18 C_d 与 C_l 的关系

就表示了在该对应冲角下的总气动力系数的大小和方向。该矢径弦的斜率，就是在这一攻角下的升力与阻力之比，简称升阻比，又称气动力效率。过坐标原点做极曲线的切线，就得到叶片的最大升阻比 $\cot\varepsilon = C_l/C_d$，显然，这是风力发电机叶片最佳的运行状态。

2.2.6 叶片的热胀、积水和雷击保护

由于叶片结构中常使用各种不同的材料，所以必须考虑各种材料的热膨胀系数这一因素，以避免因温度变化而产生的附加应力。

空心叶片应有很好的密封，一旦密封失效，其内形成冷凝水集聚，造成对风轮工作和叶片的危害。为此，可在叶尖、叶根各预开一个小孔，以建立叶片内部空间的适当通风，并排除积水。需要注意的是，小孔尺寸要适当，过大的孔径将使气流从内向外流动，产生功率损失，还将伴随产生噪声。

对于金属或碳纤维（半导体材料）树脂基复合材料叶片，应在设计阶段考虑到雷击保护。需可靠地将雷电从轮毂上引导下来，以避免叶片因雷击而破坏。

大多数玻璃纤维树脂基复合材料（玻璃钢）的叶片很少会受到雷电的影响。

虽然一般玻璃钢属非导电体，但若这种材料制成的叶片内存在电的导体（如信号电缆、传感器、继电保护系统等），因它们与风力机的其他部件有连接，使电荷达到叶片内部，由此使电势能集中在叶尖上，因而叶片遭雷击的可能性大为增加。

2.3 轮　　毂

2.3.1 轮毂的结构

轮毂是风轮的枢纽，也是叶片根部与主轴的连接件。所有从叶片传来的力，都通过轮毂传递到传动系统，再传到风轮驱动的对象。同时，轮毂也是控制叶片桨距（使叶片做俯仰转动）的所在，轮毂的形状通常为三通形或三角形。图 2-19 所示是风轮轮毂及锥头形状。

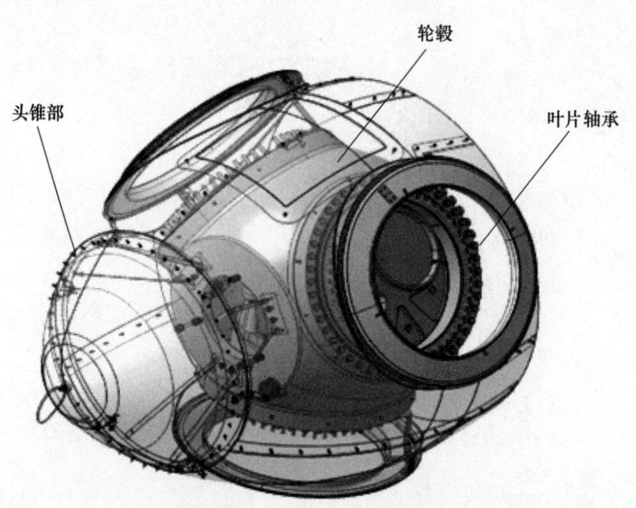

图 2-19 风轮轮毂及锥头

轮毂可以采用铸造结构，也可以采用焊接结构，其材料可以是铸钢也可以是高强度球墨

铸铁。高强度球墨铸铁具有优良的机械性能和可延展性，特别是抗低温性能，使其铸造性能好、容易铸成、减振性能好、应力集中敏感性低，且成本低。

2.3.2　轮毂的种类

轮毂的常用形式主要有刚性轮毂和铰链式轮毂（柔性轮毂或跷跷板式轮毂）。

1. 刚性轮毂

刚性轮毂的制造成本低，维护少，没有磨损。三叶片风轮大部分采用刚性轮毂。常见刚性轮毂的结构如图 2-20 所示，它采用铸造结构或焊接结构，铸造材料是铸钢或球墨铸铁。

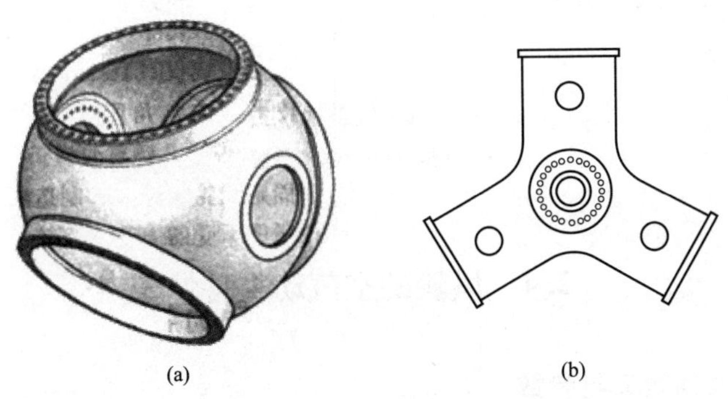

图 2-20　固定式轮毂

(a) 球形；(b) 三圆柱形

刚性轮毂安装、使用和维护较简单，日常维护工作较少，只要在设计时充分考虑轮毂的防腐蚀问题，基本上可以免维护，是目前使用最广泛的一种形式。

2. 铰链式轮毂

铰链式轮毂常用于单叶片风轮和两叶片风轮，图 2-21（a）所示为叶片之间相对固定的铰链式轮毂。铰链轴线通过叶轮的质心。这种铰链使两叶片之间固定连接，它们的轴向相对位置不变，但可绕铰链轴沿风轮俯仰方向（挥舞）相对中间位置作±(5°～10°）的摆动（类似跷跷板）。当来流速度在叶轮扫掠面上下有差别或阵风出现时，叶片上的载荷使得叶片离开中间位置，若位于上部的叶片向前，则下方的叶片将要向后。叶片被悬挂的角度与风轮转速有关，转速越低，角度越大。具有这种铰链式轮毂的风轮具有阻尼器的作用。当来流速度变化时，叶片偏离原悬挂角度，其安装角也发生变化，一片风叶因安装角的变化升力下降，而另一片升力提高，从而产生反抗风况变化的阻尼作用。

另一类铰链式轮毂为各叶片自由的铰链式轮毂。每个叶片互不依赖，在外力作用下叶片可单独作调整。这种调整不但可做成仅具有挥舞方向锥角改变的形式，还可做成挥舞、摆振方向（风轮旋转平面内）角度均可以变化的形式，如图 2-21（b）所示。

由于铰链式轮毂具有活动部件，相对于刚性轮毂来说，制造成本高，可靠性相对较低，维护费用高。

在设计中，应保证轮毂有足够的强度，并力求结构简单，在可能条件下（如采用叶片失速控制），叶片采用定桨距结构，即将叶片固定在轮毂上（无俯仰转动），这样不但能简化结构设计，提高寿命，而且能有效地降低成本。

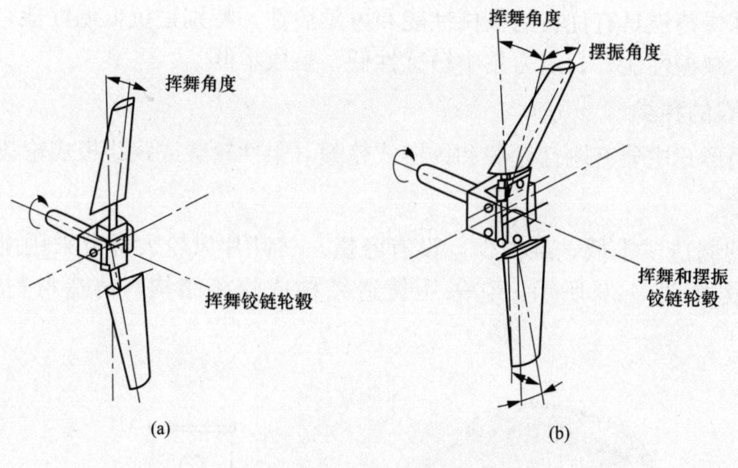

图 2-21 铰链式轮毂

(a) 挥舞；(b) 挥舞与摆振

2.4 风轮的空气动力特性

2.4.1 风轮的几何定义与参数

首先给出风轮的一些几何定义与相关参数，如图 2-22 所示。

(1) 风轮直径。叶尖旋转圆的直径，用 D 表示。

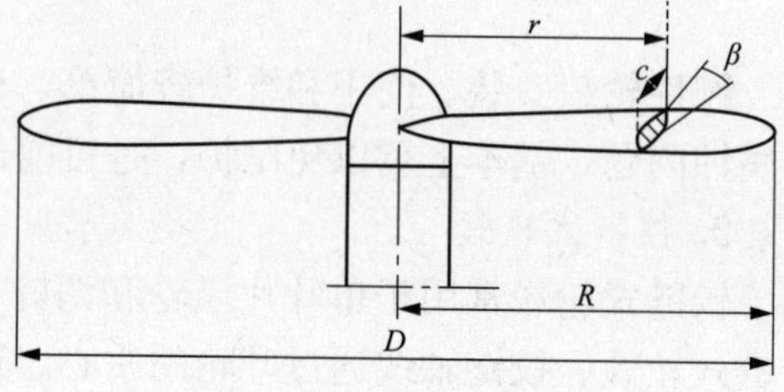

图 2-22 风轮的几何定义

(2) 风轮扫掠面积。风轮旋转时，叶片的回转面积。

(3) 风轮偏角。风轮轴线与气流方向的夹角在水平面的投影。

(4) 风轮额定转速。输出额定功率时，风轮的转速。

(5) 风轮最高转速。正常状态下（空载或负载），风轮允许的最大转速值。

(6) 风轮实度。风轮叶片投影面积的总和与风轮扫掠面积的比值。

(7) 叶尖速比。叶尖切向速度与风轮前的风速之比，用 A 表示。

(8) 桨距角。在指定的叶片径向位置（通常为 100%叶片半径处）叶片弦线与风轮旋转面间的夹角。

(9) 风轮锥角。风轮锥角是叶片与旋转轴垂直平面的夹角，作用是风轮运行状态下，防止叶片梢部与塔架碰撞。

(10) 风轮仰角。风轮仰角是风轮旋转轴与水平面的夹角，作用是防止叶片梢部与塔架碰撞。

2.4.2 作用在风轮上的空气动力

在叶片上，取半径为 r、长度为 δr 的微元，称为叶素，如图 2-23 所示。在风轮旋转过程中，叶素将扫掠出一个圆环。

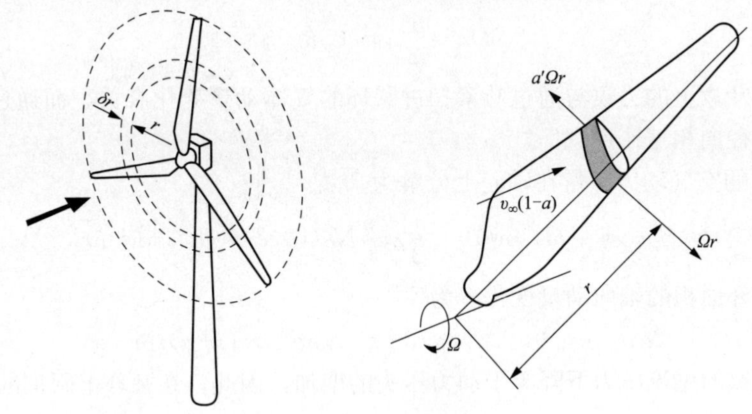

图 2-23 叶素

对于一个叶片数为 N、叶片半径为 R、弦长为 c、叶素桨距角为 β 的风轮，弦长和叶素桨距角都沿着叶片轴线变化。令叶片的旋转角速度为 Ω，风速为 v_∞。同时考虑到尾流旋转，设圆盘下游在距旋转轴径向距离为 r 的地方气流以 $2a'\Omega r$（a'为切向气流诱导因子）的切向速度旋转。叶素的切向速度 Ωr 与圆盘厚度中部气流的切向速度 $a'\Omega r$ 之和为经过叶素的净切向流速度 $(1+a')\Omega r$。图 2-24 所示为在半径为 r 处叶素上的速度和作用力。

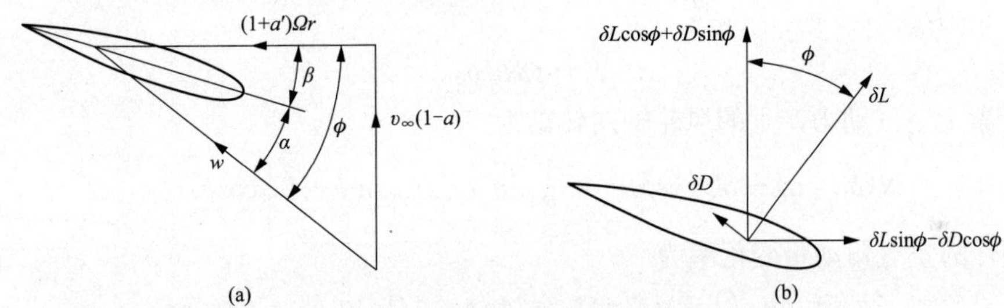

图 2-24 叶素上的速度和作用力

(a) 速度；(b) 作用力

从图 2-24 中得到叶片上的相对合速度为

$$w=\sqrt{v_\infty^2(1-a)^2+\Omega^2r^2(1+a')^2} \tag{2-4}$$

相对合速度与旋转面之间的夹角是 ϕ，则

$$\sin\phi=\frac{v_\infty(1-a)}{\omega} \tag{2-5}$$

$$\cos\phi=\frac{\Omega r(1+a')}{w} \tag{2-6}$$

攻角 α 为

$$\alpha=\phi-\beta \tag{2-7}$$

从式（2-3）可得，每个叶片在顺翼展方向长度为 δr 的升力

$$\delta L=\frac{1}{2}\rho\omega^2cC_1\delta r \tag{2-8}$$

从式（2-4）可得，平行于 W 的阻力为

$$\delta D=\frac{1}{2}\rho\omega^{2}cC_{\mathrm{d}}\delta r \tag{2-9}$$

假定作用于叶素上的力仅与通过叶素扫过圆环的气体动量变化有关，而通过邻近圆环的气流之间不发生径向相互作用。

N 个叶素上的空气动力分量在轴向上分解为

$$N(\delta L\cos\phi+\delta D\sin\phi)=\frac{1}{2}\rho w^{2}N_{\mathrm{C}}(C_{\mathrm{l}}\cos\phi+C_{\mathrm{d}}\sin\phi)\delta r \tag{2-10}$$

通过扫掠圆环面积的轴向动量变化率为

$$2av_{\infty}\rho v_{\infty}(1-a)2\pi r\delta r=4\pi\rho v_{\infty}^{2}a(1-a)r\delta r \tag{2-11}$$

尾流旋转导致的尾流压力下降等于动力压头的增加，因此，在圆环上附加的轴向力为

$$\delta F_{\mathrm{r}}=\frac{1}{2}\rho(2a'\Omega r)^{2}\dot{2}\pi r\delta r \tag{2-12}$$

从式（2-10）~式（2-12）可得

$$\frac{1}{2}\rho w^{2}N_{\mathrm{C}}(C_{\mathrm{l}}\cos\phi+C_{\mathrm{d}}\sin\phi)\delta r=4\pi\rho[v_{\infty}^{2}a(1-a)+(a'\Omega r)^{2}]r\delta r \tag{2-13}$$

简化为

$$\frac{w^{2}}{v_{\infty}^{2}}N\frac{c}{R}(C_{\mathrm{l}}\cos\phi+C_{\mathrm{d}}\sin\phi)=8\pi[a(1-a)+(a'\lambda\mu)^{2}]\mu \tag{2-14}$$

其中 $\mu=r/R$

$$\lambda=\Omega R/v_{\infty}$$

N 个叶素上空气动力产生的风轮轴向转矩为

$$N(\delta L\sin\phi-\delta D\cos\phi)r=\frac{1}{2}\rho w^{2}N_{\mathrm{C}}(C_{\mathrm{l}}\sin\phi-C_{\mathrm{d}}\cos\phi)r\delta r \tag{2-15}$$

通过圆环的空气角动量变化率为

$$2a'\Omega r^{2}\rho v_{\infty}(1-a)2\pi r\delta r=4\pi\rho v_{\infty}(\Omega r)a'(1-a)r^{2}\delta r \tag{2-16}$$

轴向转矩与角动量变化率相等，从式（2-15）和式（2-16）可得

$$\frac{1}{2}\rho w^{2}N_{\mathrm{C}}(C_{\mathrm{l}}\sin\phi-C_{\mathrm{d}}\cos\phi)r\delta r=4\pi\rho v_{\infty}(\Omega r)a'(1-a)r^{2}\delta r \tag{2-17}$$

简化为

$$\frac{w^{2}}{v_{\infty}^{2}}N\frac{c}{R}(C_{\mathrm{l}}\sin\phi-C_{\mathrm{d}}\cos\phi)=8\pi\lambda\mu^{2}a'(1-a) \tag{2-18}$$

设

$$C_{\mathrm{l}}\cos\phi+C_{\mathrm{d}}\sin\phi=C_{\mathrm{x}} \tag{2-19}$$

$$C_{\mathrm{l}}\sin\phi-C_{\mathrm{d}}\cos\phi=C_{\mathrm{y}} \tag{2-20}$$

由式（2-14）和式（2-18）可以求得气流诱导因子 a 和 a'。利用二维翼型特性求解 a 和 a'是需要有迭代过程的。迭代公式如下

$$\frac{a}{1-a}=\frac{\sigma_{\mathrm{r}}}{4\sin^{2}\phi}\left[C_{\mathrm{x}}-\frac{\sigma_{\mathrm{r}}}{4\sin^{2}\phi}C_{\mathrm{y}}^{2}\right] \tag{2-21}$$

$$\frac{a'}{1+a'}=\frac{\sigma_{\mathrm{r}}C_{\mathrm{y}}}{4\sin\phi\cos\phi} \tag{2-22}$$

式中 σ_{r}——弦长实度，定义为给定半径下的总叶片弦长除以该半径的周长。即

$$\sigma_r = \frac{N}{2\pi}\frac{c}{r} = \frac{N}{2\pi\mu}\frac{c}{R} \tag{2-23}$$

从式（2-20）可以得到展向长度为 δr 的叶素产生的转矩为

$$\delta M = 4\pi\rho v_{\infty}(\Omega r)a'(1-a)r^2\delta r \tag{2-24}$$

因此，整个转子产生的总转矩为

$$M = 4\pi\rho v_{\infty}\Omega\int_0^R a'(1-a)r^3\mathrm{d}r \tag{2-25}$$

风轮产生的功率 $P_1 = M\Omega$，风能利用系数是

$$C_P = \frac{P_1}{\frac{1}{2}\rho v_{\infty}^3\pi R^2} \tag{2-26}$$

上述内容说明了风轮的工作原理。其被称为叶素-动量定理，定量地表达了在定常正向来风的条件下风轮的稳态运动特性。

思考题

1. 什么是风轮？有什么作用？
2. 水平轴风轮和垂直轴风轮都有什么特点？
3. 定桨距风轮与变桨距风轮各有什么特性？有什么区别？
4. 叶片有什么作用？它的几何参数有哪些？
5. 为什么普遍采用三叶片风力机？
6. 风轮的几何参数有哪些？
7. 常见的叶片的材料有哪些？
8. 轻型结构叶片有哪些优缺点？
9. 目前世界上绝大多数叶片都采用复合材料制造，复合材料具有哪些优点？
10. 叶片的安装方式有哪些？
11. 作用在叶片上的空气动力怎么计算？
12. 为什么叶片应设计防雷结构？其工作原理及特点是什么？
13. 雷击造成叶片损坏的机理是什么？
14. 风轮轮毂的作用是什么？其结构是怎样的？
15. 作用在风轮上的空气动力怎么计算？

3　风力发电机组的主传动和制动系统

本章介绍风力发电机组的主传动和制动系统的原理。

3.1　主传动系统

主传动系统是风力发电机组很重要的组成部分，其功能是传递机械能，并最终将机械能转换成电能。

主传动系统主要由主轴、主轴承、齿轮箱、联轴器等部分组成，如图 3-1 所示。

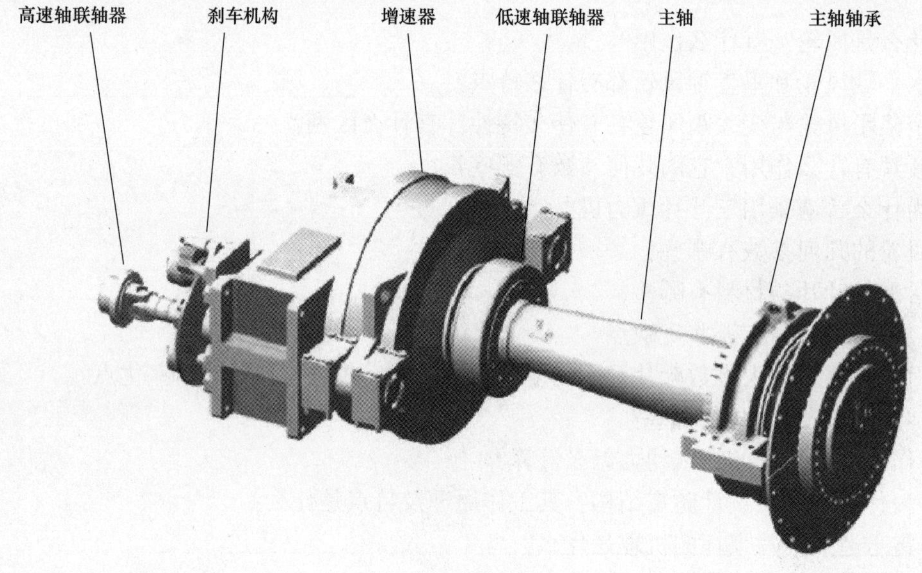

图 3-1　主传动装置

3.1.1　主轴及主轴承

在风力发电机组中，主轴承担了支撑轮毂处传递过来的各种负载的作用，并将风力机转子上的风力所产生的驱动扭矩传递给增速齿轮箱，将轴向推力、气动弯矩传递给机舱、塔架，其结构及主要部件如图 3-2 所示。主轴通过法兰连接到轮毂上，并由两个嵌在单个铸造型轴承室中的轴承支撑。主轴通过锥形接头连接到齿轮箱的低速空心轴上，锥形接头通过摩擦传递扭矩。受力形式主要有轴向力、径向力、弯矩、转矩和剪切力，风力机每经历一次起动和停机，主轴所受的各种力都将经历一次循环，因此会产生循环疲劳。所以，主轴要具有较高的综合机械性能。

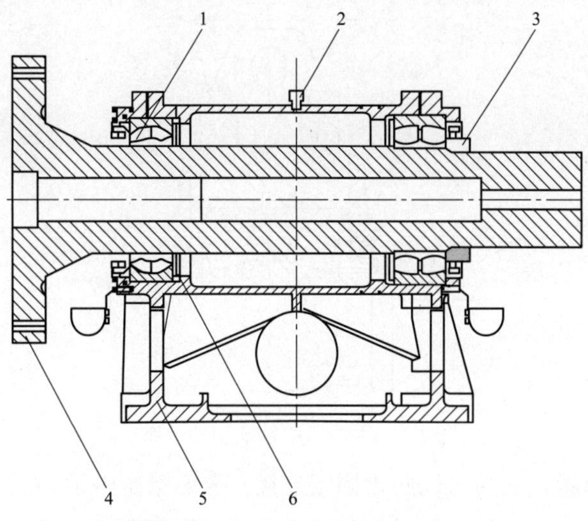

图 3-2 主轴结构及其部件图

1—主轴；2—主轴箱；3—前后轴承；4—前后衬套；5—前后轴承的定位环；6—油脂收集盘

主轴由锻钢制成。它具有一个纵向中央孔，可容纳变桨距系统的制动器。主轴由两个轴承支撑，除了要传递到齿轮箱上的扭矩外，其他所有负载均被阻止，从而使该部件出现故障的概率降至最小。系统还允许在不拆卸主轴的情况下拆卸齿轮箱，从而使维修更方便。

主轴的安装结构一般有两种，如图 3-3 所示。

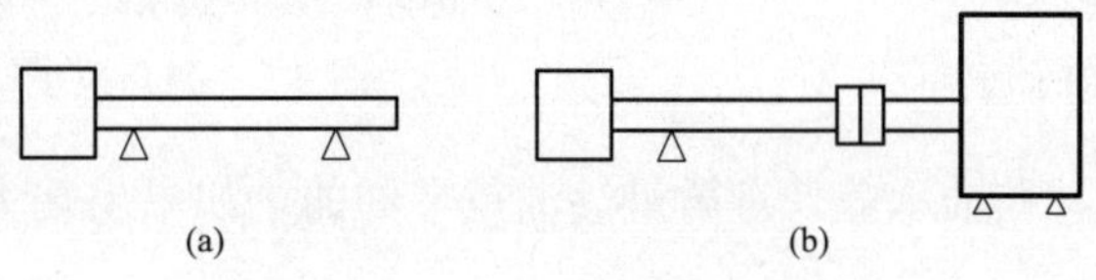

图 3-3 主轴的安装

(a) 挑臂梁结构；(b) 悬臂梁结构

图 3-3（a）所示为挑臂梁结构，主轴由两个轴承架所支撑。图 3-3（b）所示为悬臂梁结构，主轴的一个支撑为轴承架，另一支撑为齿轮箱，也就是所谓三点式支撑。这种结构的优点是前支点为刚性支撑，后支点（齿轮箱）为弹性支撑，因此能够吸收来自叶片的突变负载。

风力发电机组的齿轮箱上常采用的轴承有圆柱滚子轴承、圆锥滚子轴承和调心滚子轴承等。在所有的滚动轴承中，调心滚子轴承的承载能力最大，且能够广泛应用在承受较大负载或者难以避免同轴误差和挠曲较大的支承部位。通常，主轴承选用调心滚子轴承，这种轴承装有双列球面滚子，滚子轴线倾斜于轴承的旋转轴线。其外圈滚道呈球面形，因此滚子可在外圈滚道内进行调心，以补偿轴的挠曲和同心误差。轴承的滚道型面与球面滚子型面非常匹配。双排球面滚子在具有三个固定挡边的内圈滚道上滚动。每排滚子均有一个黄铜实体保持架或钢制冲压保持架。通常在外圈上设有环形槽，其上有 3 个径向孔，用作润滑油通道，使轴承得到极为有效的润滑。轴承的套圈和滚子主要用铬钢制造并经淬火处理，具备足够的强度、高的硬度和良好的韧性和耐磨性。

图 3-4 所示为主轴、主轴承和轴承座装配示意。

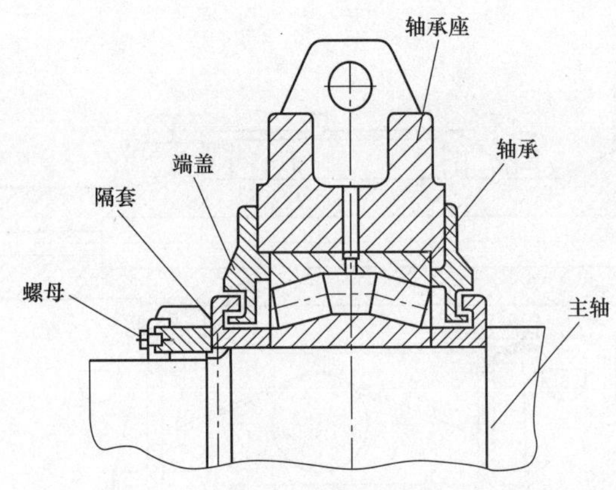

图 3-4　主轴、主轴承和轴承座

轴承座如图 3-5 所示，它与机舱底盘固定连接。调心滚子轴承如图 3-6 所示。

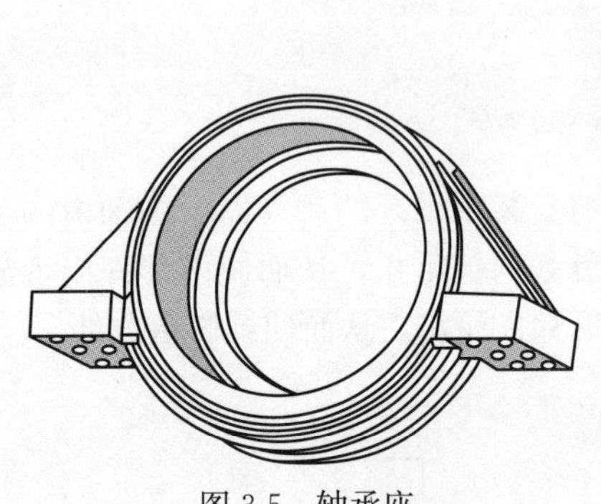

图 3-5　轴承座

图 3-6　调心滚子轴承

主轴承运行过程中，在轴承盖处有微量渗油是允许的，如果出现大量油脂渗出，必须停机检查。

主轴也称低速轴。大中型风力电机组由于其叶片长、质量大，所以为了使桨叶的离心力与叶尖的线速度不致太大，其转速一般小于 50r/min，因此主轴承受的扭矩较大。

大中型风力发电机组主轴材料可选用 40Cr 或其他高强度的合金钢，必须经过调质处理，保证钢材在强度、塑性、韧性三个方面都有较好的综合机械性能，在设计加工图时，必须注明这一技术要求。

3.1.2　联轴器

联轴器用来将齿轮箱的动力传递给发电机，消除振动、噪声，纠正齿轮箱输出轴和发电机输入轴的同轴度误差，如图 3-7 所示。

联轴器是一种通用元件，种类很多，用于传动轴的连接和动力传递。可以分为刚性联轴器（如胀套联轴器）和挠性联轴器两大类。刚性联轴器常用于对中性好的两个轴的连接，而挠性联轴器则用于对中性较差的两个轴的连接。挠性联轴器还可以提供一个弹性环节，该环节可以吸收轴系外部负载波动产生的振动。挠性联轴器又分为无弹性元件联轴器（如万向联轴器）、非金属弹性元件联轴器（如轮胎联轴器）和金属弹性元件联轴器（如膜片联轴器）。

在风力发电机组中通常在低速轴端（主轴与齿轴箱低速轴连接处）选用刚性联轴器，在高速轴端（发电机与齿轮箱高速轴连接处）选用挠性联轴器。

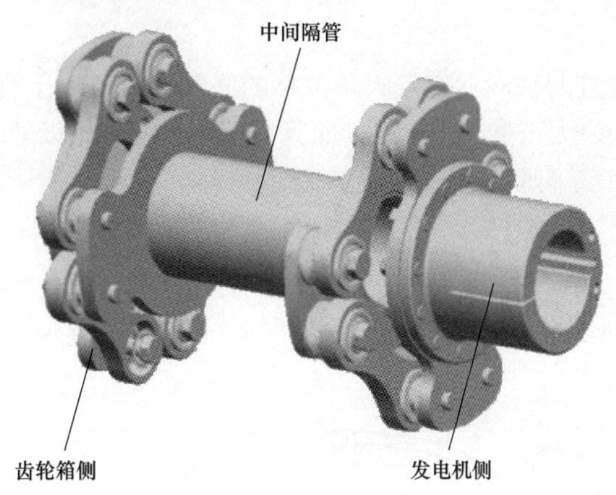

图 3-7　联轴器

1. 刚性胀套联轴器

胀套联轴器结构如图 3-8 所示。它是靠拧紧高强度螺栓使包容面产生压力及摩擦力来传递负载的一种无键连接方式，可传递转矩、轴向力或两者的复合载荷，承载能力高，定心性好，装拆或调整轴与毂的相对位置方便，可避免零件因键连接而削弱强度，提高了零件的疲劳强度和可靠性。

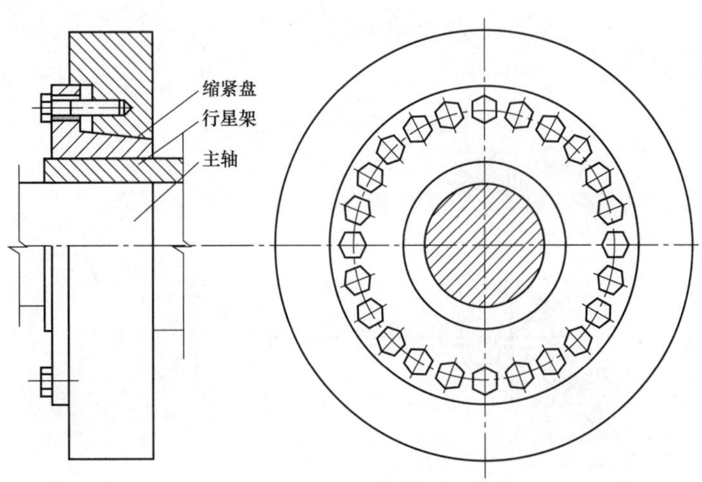

图 3-8　胀套式联轴器

与一般过盈连接、无键连接相比，胀套连接具有许多独特的优点：制造和安装简单，安装胀套的轴和孔的加工不像过盈配合那样要求高精度的制造公差；安装胀套也无需加热、冷却或加压设备，只需将螺栓按规定的转矩拧紧；调整方便，可以将轮毂在轴上很方便地调整到所需位置；有良好的互换性，拆卸方便；拆卸时将螺栓拧松，即可使被连接件拆开；胀套连接可以承受重负荷；胀套结构可作成多种式样，一个胀套不够，还可多个串联使用；胀套的使用寿命长，强度高，因为它靠摩擦传动，被连接件没有相对运动，工作中不会磨损。胀套在胀紧后，接触面紧密贴合不易锈蚀。胀套在超载时，可以保护设备不受损坏。

2. 万向联轴器

万向联轴器是一类允许两轴间具有较大角位移的联轴器，适用于有大角位移的两轴之间的连接，一般两轴的轴间角最大可达 35°～45°，而且在运转过程中可以随时改变两轴的轴间角。

在风力发电机组中，万向联轴器也得到广泛的应用。如图 3-9 所示的是十字轴式万向联轴器，主、从动轴的叉形件（轴叉）1、3 与中间的十字轴 2 分别以铰链连接，当两轴有角位移时，轴叉 1、3 绕各自固定轴线回转，而十字轴则做空间运动。

可以将两个单万向联轴器串联而成为双万向联轴器，应用方式如图 3-10 所示。

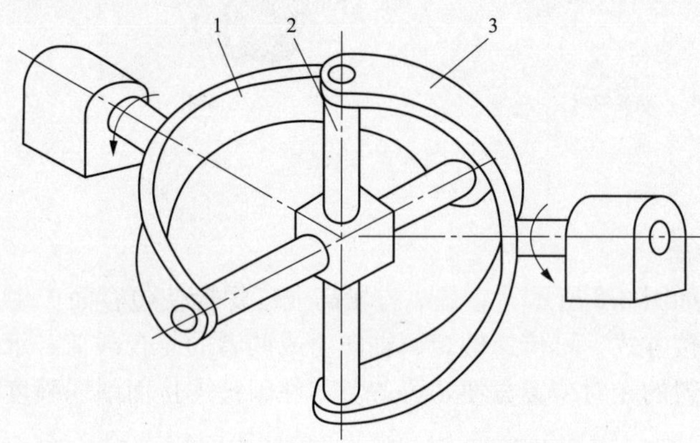

图 3-9 十字轴式万向联轴器结构简图

1，3—轴叉；2—十字轴

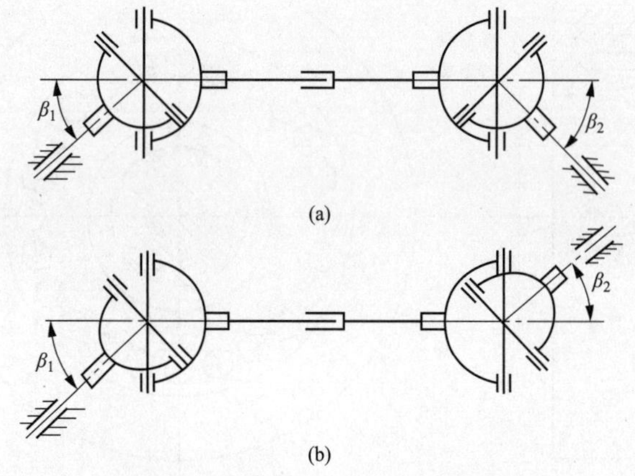

图 3-10 十字轴式万向联轴器应用方式

（a）主、从动轴线相交；（b）主、从动轴线平行

3. 轮胎联轴器

图 3-11 所示为轮胎式联轴器的一种结构，外形呈轮胎状的橡胶元件 2 与金属连接片硫化黏结在一起，装配时用螺栓直接与两个半联轴器 1、3 连接。采用连接片、螺栓固定连接时，橡胶元件与连接片接触压紧部分的厚度稍大一些，以补偿压紧时压缩变形，同时应保持有较大的过渡圆角半径，以提高疲劳强度。橡胶元件的材料有橡胶和橡胶织物复合材料两种，前一种材料的弹性高，补偿性能和缓冲减振效果好，后一种材料的承载能力大。当联轴器的外径大于 300mm 时，一般都用橡胶织物复合材料制成。

轮胎式联轴器的特点是具有很高的柔度，阻尼大，补偿两轴相对位移量大，而且结构简单，装配容易，相对扭转角 6°～30°；缺点是随扭转角增加，在两轴上会产生相当大的附加轴向力；同时也会引起轴向收缩而产生较大的轴向拉力。为了消除或减轻这种附加轴向力对轴承寿命的影响，安装时宜保持一定量的轴向预压缩变形。

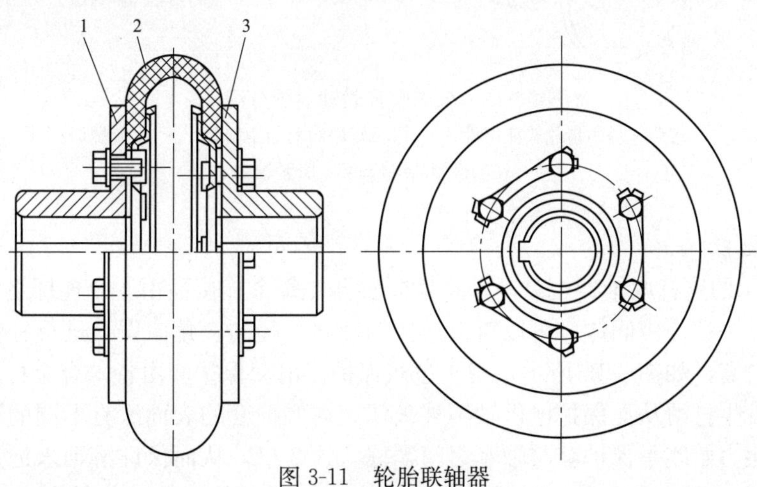

图 3-11　轮胎联轴器

1，3—半联轴器；2—橡胶元件

4. 膜片联轴器

膜片联轴器采用一种厚度很薄的弹簧片，制成各种形状，用螺栓分别与主、从动轴上的两半联轴器连接。图 3-12 所示为一种膜片联轴器的结构，其弹性元件为若干多边环形的膜片，在膜片的圆周上有若干螺栓孔。为了获得相对位移，常采用中间轴，其两端各有一组膜片组成两个膜片联轴器，分别与主、从动轴连接。图 3-13 所示为大型风力发电机组常用的分离膜片联轴器的拆分图。每一膜片由单独的薄杆组成一个多边形，杆的形状简单，制造方便，但要求各孔距精确，其工作性能与连续环形基本相同，适用于联轴器尺寸受限制的场合。中间体带力矩限制器，当传动力矩过大时可以自动打滑。

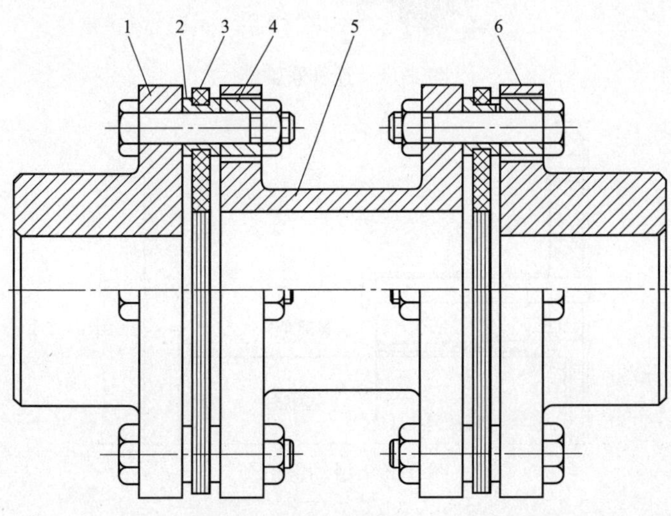

图 3-12　膜片联轴器结构图

1，6—半联轴器；2—衬套；3—膜片；4—垫圈；5—中间轴

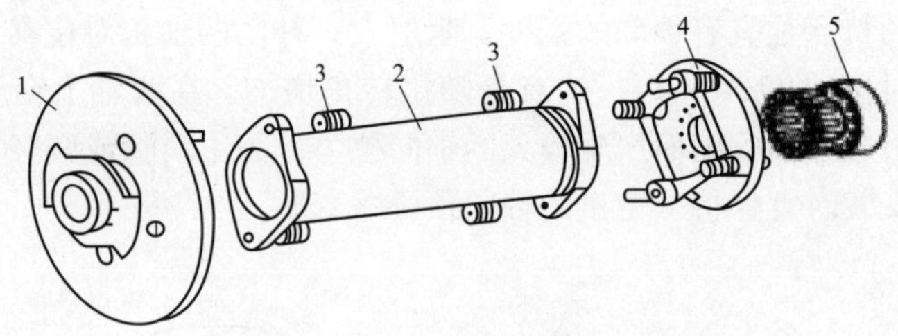

图 3-13 分离膜片联轴器拆分图

1—带测速盘的齿轮箱侧组件；2—带力矩限制器的中间体；3—胀紧螺母；4—发电机侧的组件；5—胀紧轴套

5. 连杆联轴器

图 3-14 所示的连杆联轴器也是一种挠性联轴器。每个连接面由 5 个连杆组成，连杆一端连接被连接轴，一端连中间体，可以对被连接轴轴向、径向、角向误差进行补偿。连杆联轴器设有滑动保护套，如图 3-15 所示，用于过载保护。滑动保护套由特殊合金材料制成，它能在风机过载时发生打滑从而保护电机轴不被破坏。在保护套的表面涂有不同的涂层，保护套与轴之间的摩擦力始终是保护套与轴套之间摩擦力的 2 倍，从而保证滑动永远只会发生在保护套与轴套之间。当转矩从峰值回到额定转矩以下时，滑动保护套与轴套之间继续传递转矩，无需专人维护。

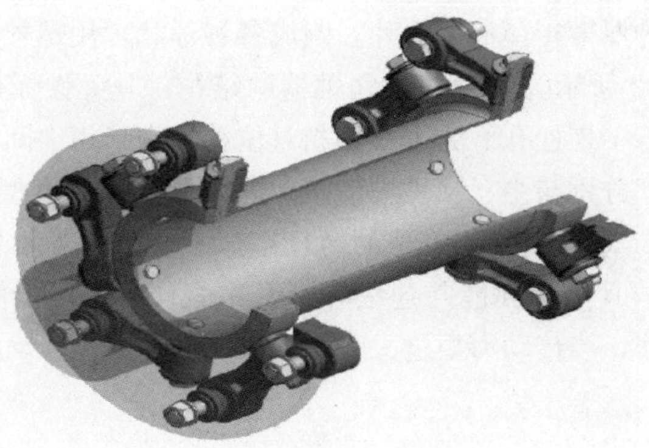

图 3-14 连杆联轴器

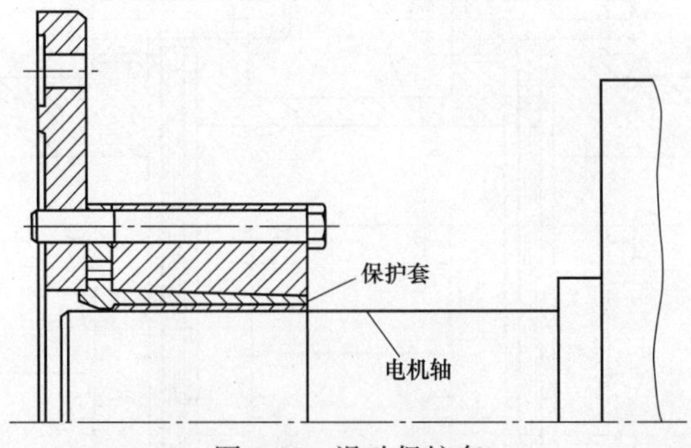

图 3-15 滑动保护套

3.1.3 齿轮箱

风力发电机组中的齿轮箱是一个重要的机械部件，其主要功能是将风轮在风力作用下所产生的动力传递给发电机并使其得到相应的转速。风轮的转速很低，远达不到发电机发电的要求，必须通过齿轮箱齿轮副的增速作用来实现，故也将齿轮箱称为增速箱。

齿轮箱的重量由主轴承受，同时也由两个反作用臂或扭力臂承受。扭力臂使用两个弹性缓冲盘来吸收扭转力矩。反作用臂以“正”“反”两个方向将扭转力矩再次传递出去。齿轮箱结构如图 3-16 所示。

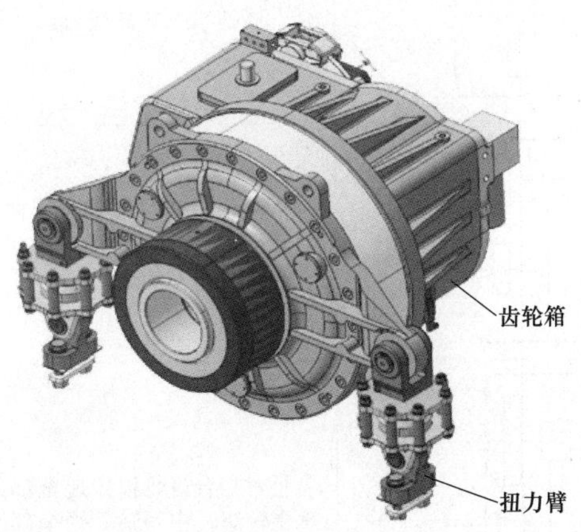

图 3-16　齿轮箱

齿轮箱有 3 个组合架，一个行星架和两个斜齿轮平行轴。齿轮箱的齿轮在设计上可获得最大效率和低噪声水平。由于存在倍增比，有一部分输入扭矩被扭力臂吸收。这些支架利用减振器将齿轮箱连接到前框架，从而最大限度地降低了振动的传递。高速轴通过挠性联轴器与发电机相连。

3.1.3.1　齿轮箱的类型与特点

风力发电机组齿轮箱的种类很多，按照传统类型可分为圆柱齿轮箱、行星齿轮箱以及它们互相组合起来的齿轮箱；按照传动的级数可分为单级和多级齿轮箱；按照转动的布置形式又可分为展开式、分流式和同轴式以及混合式等。常用齿轮箱形式及其特点和应用见表 3-1。

表 3-1　常用齿轮箱形式及其特点和应用

传动形式		传动简图	特点及应用
两级圆柱齿轮传动	展开式		结构简单，但齿轮相对于轴承的位置不对称，因此要求轴有较大的刚度。用于载荷比较平稳的场合。高速级一般做成斜齿，低速级可做成直齿

续表

传动形式		传动简图	特点及应用
两级圆柱齿轮传动	分流式	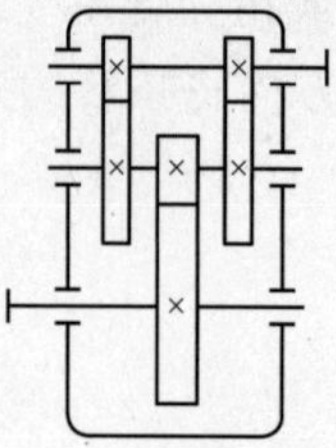	结构复杂，但由于齿轮相对于轴承对称布置，与展开式相比载荷沿齿宽分布均匀，轴承受载较均匀。中间轴危险截面上的转矩只相当于轴所传递转矩的一半。适用于变载荷的场合。高速级一般做成斜齿，低速级可做成直齿或人字齿
	同轴式	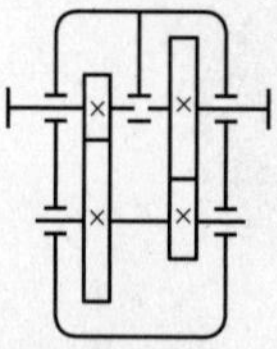	齿轮箱横向尺寸较小，两对齿轮浸入油中深度大致相同。但轴向尺寸和重量较大，且中间轴较长，刚度较差，使沿齿宽载荷分布不均匀
	同轴分流式	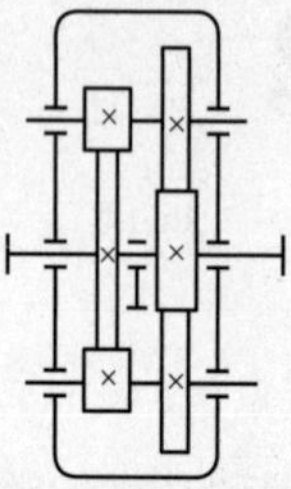	每对啮合齿轮仅传递全部载荷的一半，输入轴和输出轴只承受转矩，中间轴只受全部载荷的一半，故与传递同样功率的其他增速器相比，轴颈尺寸可以缩小
三级圆柱齿轮传动	展开式	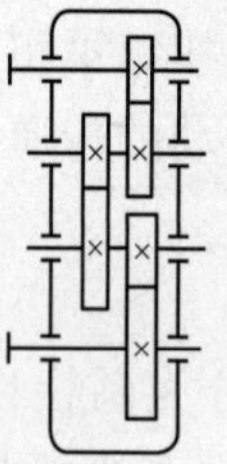	结构简单，但齿轮相对于轴承的位置不对称，因此要求轴有较大的刚度。用于载荷比较平稳的场合。高速级一般做成斜齿，低速级可做成直齿
	分流式	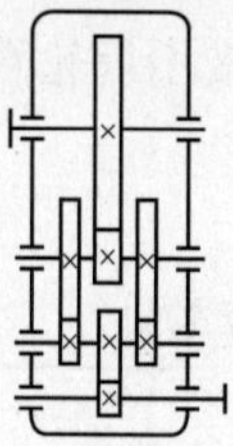	结构复杂，但由于齿轮相对于轴承对称布置，与展开式相比载荷沿齿宽分布均匀，轴承受载较均匀。中间轴危险截面上的转矩只相当于轴所传递转矩的一半。适用于变载荷的场合。高速级一般做成斜齿，低速级可做成直齿或人字齿
行星齿轮转动	单级 NGW	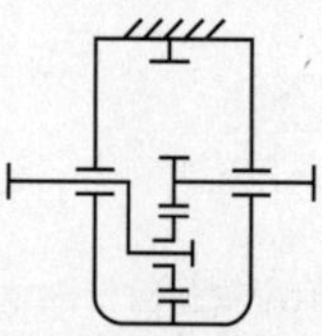	与普通圆柱齿轮增速器相比，增速比高，尺寸小，质量轻，但制造精度要求较高，结构较复杂
	两级 NGW	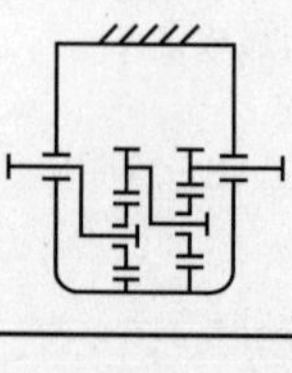	与普通圆柱齿轮增速器相比，增速比高，尺寸小，质量轻，但制造精度要求较高，结构较复杂

续表

传动形式		传动简图	特点及应用
混合式传动	一级行星两级圆柱齿轮传动		低速轴为行星传动，使功率分流，同时合理应用了内啮合。末二级为平行轴圆柱齿轮传动，可合理分配增速比，提高传动效率
	二级行星一级圆柱齿轮传动		头两级为行星传动，末级为平行轴圆柱齿轮传动。增速比高

图 3-17 所示是一种三级圆柱齿轮传动齿轮箱结构，它的第一级是内齿圈转动。

图 3-18 所示是一级行星两级圆柱齿轮传动齿轮箱拆分图。

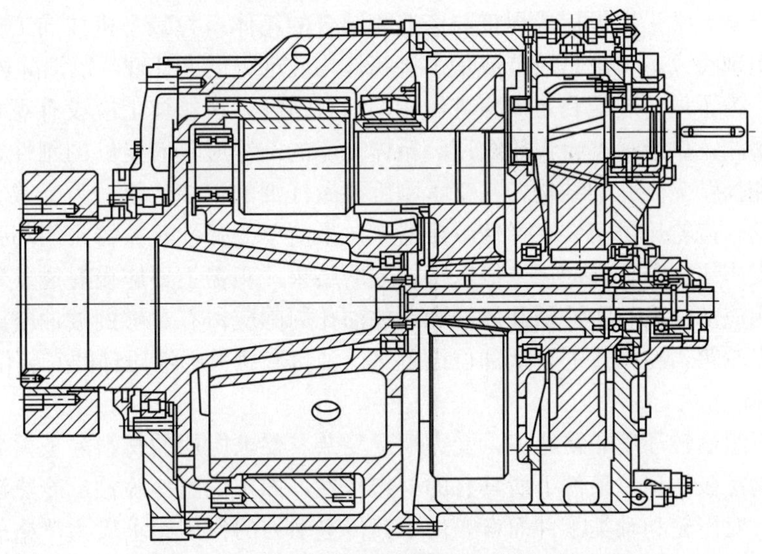

图 3-17　一种三级圆柱齿轮传动齿轮箱剖面结构

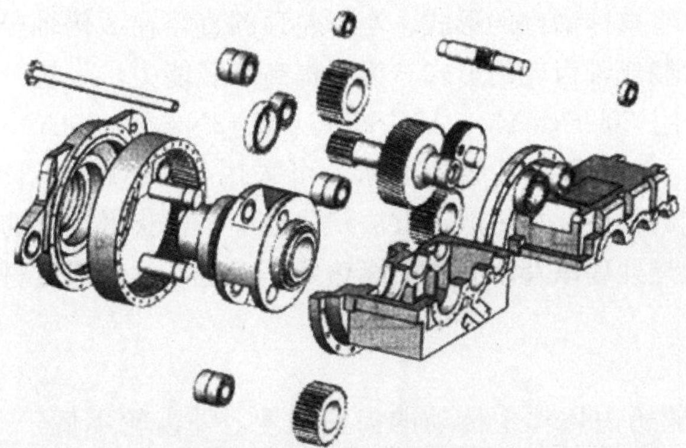

图 3-18　一级行星两级圆柱齿轮传动齿轮箱拆分图

3.1.3.2 齿轮箱的主要零部件

1. 箱体

箱体是齿轮箱的重要部件，它承受来自风轮的作用力和齿轮传动时产生的反力。箱体必须具有足够的刚性去承受力和力矩的作用，防止变形，保证传动质量。

(1) 设计。箱体的设计应按照风力发电机组动力传动的布局、加工和装配、检查以及维护等要求来进行。应注意轴承支承和机座支承的不同方向的反力及其相对值，选取合适的支承结构和壁厚，增设必要的加强筋。筋的位置须与引起箱体变形的作用力的方向相一致。箱体的应力情况十分复杂且分布不匀。当前人们利用计算机辅助设计，可以获得与实际应力十分接近的结果。采用铸铁箱体可发挥其减振性，易于切削加工等特点，适于批量生产。

(2) 材料。常用的材料有球墨铸铁和其他高强度铸铁。设计铸造箱体时应尽量避免壁厚突变，减小壁厚差，以免产生缩孔和疏松等缺陷。用铝合金或其他轻合金制造的箱体，可使其重量较铸铁轻20%～30%；但从另一角度考虑，轻合金铸造箱体，降低重量的效果并不显著，这是因为轻合金铸件的弹性模量较小，为了提高刚性，设计时常须加大箱体受力部分的横截面积，在轴承座处加装钢制轴承座套，相应部位的尺寸和质量都要加大。目前除了较小的风力发电机组尚用铝合金箱体外，大型风力发电齿轮箱使用轻铝合金铸件箱体已不多见。单件、小批生产时，常采用焊接或焊接与铸造相结合的箱体。为减小机械加工过程和使用中的变形，防止出现裂纹，无论是铸造或是焊接箱体均应进行退火处理，以消除内应力。

(3) 其他。为了便于装配和定期检查齿轮的啮合情况，在箱体上应设有观察窗。机座旁一般设有连体吊钩，供起吊整台齿轮箱用。箱体支座的凸缘应具有足够的刚性，尤其是作为支承座的耳孔和摇臂支座孔的结构，其支承刚度要做仔细的校核计算。为了减小齿轮箱传到机舱机座的振动，齿轮箱可安装在弹性减振器上。最简单的弹性减振器是用高强度橡胶和钢垫做成的弹性支座块，若合理使用也能取得较好的结果。箱盖上还应设有透气罩、油标或油位指示器。在相应部位设有注油器和放油孔，放油孔周围应留有足够的放油空间。采用强制润滑和冷却的齿轮箱，在箱体的合适部位设置进出油口和相关的液压件的安装位置。

2. 齿轮和轴

风力发电机组运转环境非常恶劣，受力情况复杂，要求所用的材料除了要满足机械强度条件外，还应满足极端温差条件下所具有的材料特性，如抗低温冷脆性、冷热温差影响下的尺寸稳定性等。对齿轮和轴类零件而言，由于其传递动力的作用要求极为严格的选材和结构设计，一般情况下不推荐采用装配式拼装结构或焊接结构，齿轮毛坯只要在锻造条件允许的范围内，都采用轮辐轮缘整体锻件的形式。当齿轮顶圆直径在2倍轴径以下时，由于齿轮与轴之间的连接所限，常制成轴齿轮的形式。为了提高承载能力，齿轮一般都采用优质合金钢制造。外齿轮推荐采用20CrMnMo、15CrNi6、17Cr2Ni2A、20CrNi2MoA、17CrNiMo6、17Cr2Ni2MoA等材料。内齿圈按其结构要求，可采用42CrMoA、34Cr2Ni2MoA等材料，也可采用与外齿轮相同的材料。采用锻造方法制取毛坯，可获得良好的锻造组织纤维和相应的力学特征。合理的预热处理以及中间和最终热处理工艺，可保证材料的综合机械性能达到设计要求。

(1) 齿轮。

1) 齿轮精度。齿轮箱内用作主传动的齿轮精度，外齿轮不低于5级［GB/T 10095—2008《圆柱齿轮　精度值》(所有部分)］，内齿轮不低于6级。选择齿轮精度时要综合考虑传动系统的实际需要，优秀的传动质量是靠传动装置各个组成部分零件的精度和内在质量来保证的，不能片面强调提高个别件的要求，使成本大幅度提高，却达不到预定的效果。

2）齿形加工。为了减轻齿轮副啮合时的冲击，降低噪声，需要对齿轮的齿形齿向进行修形。在齿轮设计计算时，可根据齿轮的弯曲强度和接触强度初步确定轮齿的变形量，再结合考虑轴的弯曲、扭转变形以及轴承和箱体的刚度，绘出齿形和齿向修形曲线，并在磨齿时进行修正。

圆柱齿轮的加工路线为：下料—锻造毛坯—荒车—预热处理—粗车—半精加工外形尺寸—制齿加工（滚齿或插齿）—去毛刺、齿顶倒棱、齿端倒角—热处理（渗碳淬火）—精加工基准面—磨齿—检验—清洗—入库。

加工人字齿的时候，如是整体结构，半人字齿轮之间应有退刀槽；如是拼装人字齿轮，则分别将两半齿轮按普通圆柱齿轮加工，最后用工装准确对齿，再通过过盈配合套装在轴上。

在齿轮加工中，规定好加工工艺基准非常重要。轴齿轮加工时，常用顶尖顶紧两轴端中心孔安装在机床上。盘状圆柱齿轮则利用其内孔或外圆以及一个端面作为工艺基准，通过夹具或人工校准在机床上定位。

在一对齿轮副中，小齿轮的齿宽比大齿轮略大一些，这主要是为了补偿轴向尺寸变动，便于安装。

（2）齿轮与轴的连接。

1）平键连接。常用于具有过盈配合的齿轮或联轴节的连接。由于键是标准件，故可根据连接的结构特点、使用要求和工作条件进行选择。如果强度不够，可采用双键，成 180°布置，在强度校核时按 1.5 个键计算。

2）花键连接。这种连接通常是没有过盈的，因而被连接零件需要轴向固定。花键连接承载能力高，对中性好，但制造成本高，需用专用刀具加工。花键按其齿形不同，可分为矩形花键、渐开线花键和三角形花键三种。渐开线花键连接在承受负载时齿间的径向力能起到自动定心作用，使各个齿受力比较均匀，其加工工艺与齿轮大致相同，易获得较高的精度和互换性，故在风力发电齿轮箱中应用较广。

3）过盈配合连接。过盈配合连接能使轴和齿轮（或联轴节）具有最好的对中性，特别是在经常出现冲击载荷情况下，这种连接能可靠地工作，在风力发电齿轮箱中得到广泛应用。利用零件间的过盈配合形成的连接，其配合表面为圆柱面或圆锥面（锥度可取 1∶30～1∶8）。圆锥面过盈连接多用于载荷较大，需多次装拆的场合。

4）胀紧套连接。利用轴、孔与锥形弹性套之间接触面上产生的摩擦力来传递动力，是一种无键连接方式，装拆方便，承载能力高，能沿径向和轴向调节轴与轮毂的相对位置，且具有安全保护作用。

5）轴的设计。齿轮箱中的轴按其主动和被动关系可分为主动轴、从动轴和中间轴。首级主动轴和末级从动轴的外伸部分，与风轮轮毂、中间轴或电机传动轴相连接。为了提高可靠性和减小外形尺寸，有时将半联轴器（法兰）与轴制成一体。

输出轴和输入轴的轴径 d（mm）可按式（3-1）粗略计算

$$d = A\sqrt[3]{\frac{P}{n}} \tag{3-1}$$

式中　A——与材料有关的系数（A=105～115，材料较好时取较小值）；

P——轴传递的功率，kW；

n——轴的转速，r/min。

d 按计算结果取较大值并圆整成标准直径，且以此为最小轴径设计成阶梯轴。中间轴直径则按弯矩和扭矩的合成进行计算。在轴的设计图完成后再进行精确的分析计算，最终完善细部结构。

由于是增速传动，较大的传动比使轴上的齿轮直径较小，因而输出轴往往采用轴齿轮的结构。为保证轴的强度和刚度，允许轴的直径略小于齿轮顶圆，此时要注意留有滚齿、磨齿的退刀间距，尽可能避免损伤轴承轴颈。

6）滚动轴承。齿轮箱的支承中，大量应用滚动轴承，其特点是静摩擦力矩和动摩擦力矩都很小，即使载荷和速度在很宽范围内变化时也如此。滚动轴承的安装和使用都很方便，但是，当轴的转速接近极限转速时，轴承的承载能力和寿命急剧下降，高速工作时的噪声和振动比较大。

一般推荐在极端载荷下的静承载能力系数 f_s 应不小于 2.0。对风力发电机组齿轮箱输入轴轴承的静强度进行计算时，需计入风轮的附加静载荷。轴承的使用寿命采用扩展寿命计算方法来进行计算，其所用的失效概率设定为 10%，如果按典型载荷谱考虑时，其平均当量动载荷按式（3-2）计算

$$P_m = \sqrt[\varepsilon]{\frac{1}{N}\int_0^N P^\varepsilon \mathrm{d}N} \tag{3-2}$$

式中　P_m——平均当量动载荷，kN；

P——作用于轴承上的当量动载荷，kN；

N——总的循环次数；

ε——寿命指数（对于球轴承 ε=3，滚动轴承 ε=10/3）。

计算的使用寿命应不小于13 万 h。

3. 密封装置

齿轮箱轴伸部位的密封应防止润滑油外泄，同时也应防止杂质进入箱体内。常用的密封分为非接触式密封和接触式密封两种。

（1）非接触式密封。所有的非接触式密封不会产生磨损，使用时间长。轴与端盖孔间的间隙形成的密封，是一种简单密封。间隙大小取决于轴的径向跳动大小和端盖孔相对于轴承孔的不同轴度。在端盖孔或轴颈上加工出一些沟槽，一般 2～4 个，形成所谓的迷宫，沟槽底部开有回油槽，使外泄的油液遇到沟槽改变方向输回箱体中。也可以在密封的内侧设置甩油盘，阻挡飞溅的油液，增强密封效果。

（2）接触式密封。接触式密封使用的密封件应密封可靠、耐久、摩擦阻力小、容易制造和装拆，应能随压力的升高而提高密封能力和有利于自动补偿磨损。常用的旋转轴用唇形密封圈有多种形式，可按 GB/T 13871.1—2007《密封件为弹性材料的旋转轴唇形密封圈　第 1 部分：基本尺寸和公差》或与之等效的 ISO 6194—1：1982《旋转轴的唇形密封件　第 1 部分：公称尺寸和公差》选取。密封部位轴的表面粗糙度 Ra=0.2～0.63μm。与密封圈接触的轴表面不允许有螺旋形机加工痕迹。轴端应有小于 30°的导入倒角，倒角上不应有锐边、毛刺和粗糙的机加工残留物。

4. 齿轮箱的润滑、冷却

齿轮箱的润滑十分重要，良好的润滑能够对齿轮和轴承起到足够的保护作用。为此，必须高度重视齿轮箱的润滑问题，严格按照规范保持润滑系统长期处于最佳状态。

3.1.3.3 齿轮箱的运行和维护

1. 安装要求

齿轮箱主动轴与叶片轮毂的连接必须可靠紧固。输出轴若直接与电机连接时，应采用合适的联轴器，最好是弹性联轴器，并串接起保护作用的安全装置。齿轮箱轴线和与之相连接的部件的轴线应保证同心，其误差不得大于所选用联轴器和齿轮箱的允许值，齿轮箱体上也不允许承受附加的扭转力。齿轮箱安装后用人工盘动应灵活，无卡滞现象。打开观察窗盖检查箱体内部机件应无锈蚀现象。用涂色法检验，齿面接触斑点应达到技术条件的要求。

2. 空载试运转

按照说明书的要求加注规定的机油至油标刻度线，在正式使用之前，可以利用发电机作为电动机带动齿轮箱空载运转。此时，经检查齿轮箱运转平稳，无冲击振动和异常噪声，润滑情况良好，且各处密封和结合面无泄漏，才能与机组一起投入试运转。加载试验应分阶段进行，分别以额定载荷的25%、50%、75%、100%加载，每一阶段运转以平衡油温为主，一般不得小于2h，最高油温不得超过80℃，其不同轴承间的温差不得高于15℃。

3. 正常运行监控

每次机组起动，在齿轮箱运转前先起动润滑油泵，待各个润滑点都得到润滑后，间隔一段时间方可起动齿轮箱。当环境温度较低时，如小于10℃，须先接通电热器加热机油，达到预定温度后再投入运行。若油温高于设定温度，如65℃时，机组控制系统将使润滑油进入系统的冷却管路，经冷却器冷却降温后再进入齿轮箱。管路中还装有压力控制器和油位控制器，以监控润滑油的正常供应。如发生故障，监控系统将立即发出报警信号，使操作者能迅速判定故障并加以排除。在运行期间，要定期检查齿轮箱运行状况，看看运转是否平稳；有无振动或异常噪声；各处连接的管路有无渗漏，接头有无松动；油温是否正常。

4. 定期更换润滑油

第一次换油应在首次投入运行500h后进行，以后的换油周期为每运行5000～10000h。在运行过程中也要注意箱体内油质的变化情况，定期取样化验，若油质发生变化，氧化生成物过多并超过一定比例时，就应及时更换。齿轮箱应每半年检修一次；备件应按照正规图纸制造，更换新备件后的齿轮箱，其齿轮啮合情况应符合技术条件的规定，并经过试运转与载荷试验后再正式使用。

5. 齿轮箱常见故障及预防措施

齿轮箱的常见故障有齿轮损伤、轴承损坏、断轴和渗漏油、油温高等。

(1) 齿轮损伤。齿轮损伤的影响因素很多，包括选材、设计计算、加工、热处理、安装调试、润滑和使用维护等。常见的齿轮损伤有轮齿折断和齿面损伤两类，具体为轮齿折断、齿面疲劳和胶合三大因素。

1) 轮齿折断（断齿）。断齿常由细微裂纹逐步扩展而成。根据裂纹扩展的情况和断齿原因，断齿可分为过载折断（包括冲击折断）、疲劳折断以及随机断裂等。

2) 齿面疲劳。齿面疲劳是在过大的接触应力的多次重复下，轮齿表面或其表层下面产生疲劳裂纹并进一步扩展而造成的齿面损伤，其表现形式有早期点蚀、破坏性点蚀、齿面剥落和表面压碎等。特别是破坏性点蚀，常在齿轮啮合线部位出现，并且不断扩展，使齿面严重损伤，磨损加大，最终导致断齿失效。正确进行齿轮强度设计、选择好材质、保证热处理质量、选择合适的精度配合、提高安装精度、改善润滑条件等，是解决齿面疲劳的根本措施。

3）胶合。胶合是相啮合齿面在啮合处的边界膜受到破坏，导致接触齿面金属融焊而撕落齿面上的金属的现象，很可能是由于润滑条件不好或有干涉引起的，适当改善润滑条件和及时排除干涉起因，调整传动件的参数，清除局部载荷集中，可减轻或消除胶合现象。

（2）轴承损坏。轴承是齿轮箱中最为重要的零件，其失效常常会引起齿轮箱灾难性的破坏。轴承在运转过程中，套圈与滚动体表面之间经受交变载荷的反复作用，由于安装、润滑、维护等方面的原因，而产生点蚀、裂纹、表面剥落等缺陷，使轴承失效，从而使齿轮副和箱体产生损坏。

（3）断轴。断轴也是齿轮箱常见的重大故障之一，主要是由于轴在制造中没有消除应力集中，在过载或交变应力的作用下，超出了材料的疲劳极限所致。

（4）油温高。齿轮箱油温最高不应超过 80℃，不同轴承间的温差不得超过 15℃。一般的齿轮箱都设置有冷却器和加热器，当油温低于 10℃时，加热器会自动对油池进行加热；当油温高于 65℃时，油路会自动进入冷却器管路，经冷却降温后再进入润滑油路。如齿轮箱出现异常高温现象，则要仔细观察，判断发生故障的原因。首先要检查润滑油供应是否充分，特别是在各主要润滑点处，必须要有足够的油液润滑和冷却；然后要检查各传动零部件有无卡滞现象；还要检查机组的振动情况，前后连接接头是否松动等。

3.2 制动系统

制动系统是风力发电机组的重要组成部分。风电场中的风力发电机组一般是分散分布的，要求在控制上做到无人值守及远程监控。当风力发电机组出现故障或风速大于额定风速时，需要由控制系统下达停机指令。为了风力发电机组的安全保护，并满足机组开停机工作的需要，制动系统的重要性应该高于其他系统。制动系统的工作原理如图 3-19 所示。

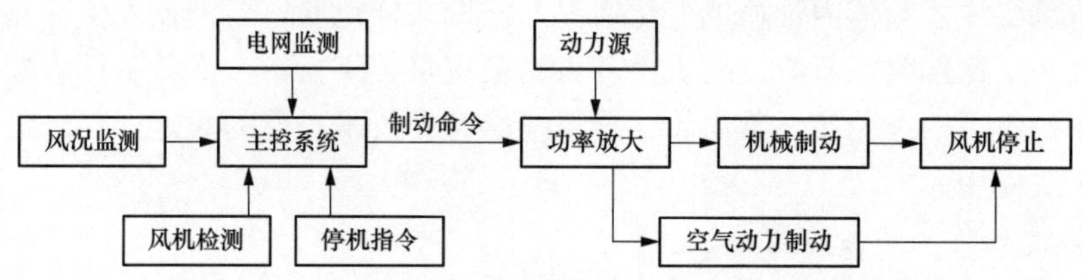

图 3-19 制动系统的工作原理

3.2.1 机械制动

机械制动的工作原理是利用非旋转元件与旋转元件之间的相互摩擦来阻止转动或转动的趋势。机械制动装置一般由液压系统、执行机构（制动器）、辅助部分（管路、保护配件等）组成，这里主要介绍制动器的相关知识。

1. 制动器的分类

制动器俗称刹车或闸，是使机械中的运动部件停止或减速的机械零件。

按照工作状态，制动器可分为常闭式和常开式。常闭式制动器靠弹簧或重力的作用经常处于紧闸状态，而机构运行时，则用人力或松闸器使制动器松闸。与此相反，常开式制动器经常处于松闸状态，只有施加外力时才能使其紧闸。

常闭式制动器的工作原理如图 3-20 所示。常闭式制动器平时处于紧闸状态，当液压油进入无弹簧腔时制动器松闸。如果将弹簧置于活塞的另一侧，即为常开式制动器。利用常闭式制动器的制动机构称为被动制动机构，否则，称为主动制动机构。被动制动机构安全性比较好，主动制动机构可以得到较大的制动力矩。

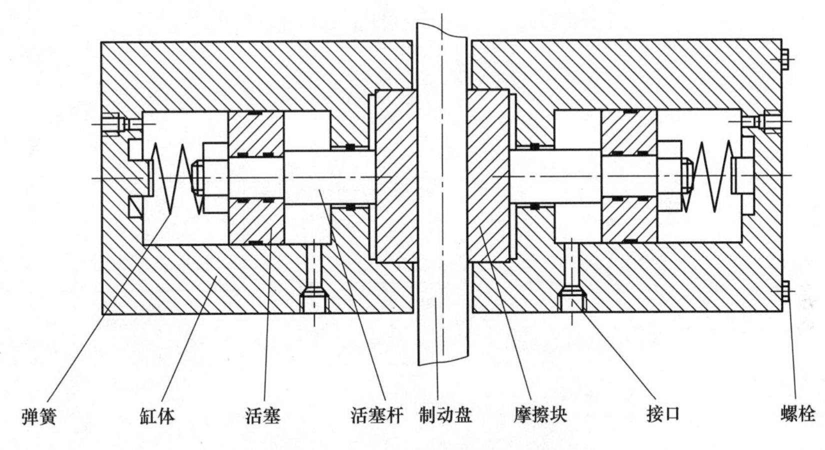

图 3-20　常闭式制动器的工作原理

在风力发电机组中，常用的机械制动器为盘式液压制动器。盘式制动器沿制动盘轴向施力；制动轴不受弯矩；径向尺寸小，散热性能好，制动性能稳定。盘式制动器有钳盘式、全盘式及锥盘式三种。最常用的是钳盘式制动器，这种制动器制动衬块与制动盘接触面很小，在盘中所占的中心角一般仅 30°～50°，故又称为点盘式制动器。

按制动钳的结构形式，钳盘式制动器有以下几种：

（1）固定钳式。如图 3-21（a）所示，制动器固定不动，制动盘两侧均有液压缸，制动时仅两侧液压缸中的活塞驱使两侧摩擦块做相向移动。

（2）浮动钳式。分滑动钳式和摆动钳式两种。

1）滑动钳式。如图 3-21（b）所示，制动器可以相对于制动盘做轴向滑动，其中只在制动盘的内侧置有液压缸。外侧的摩擦块固装在制动器体上。制动活塞在液压作用下使活动摩擦块压靠紧制动盘，而反作用力则推动制动器体连同固定摩擦块压向制动盘的另一侧，直到两摩擦块受力均等为止。

2）摆动钳式。如图 3-21（c）所示，摆动钳式也用单侧液压缸结构。制动器体与固定支座铰接。为实现制动，制动器体不是滑动而是在与制动盘垂直的平面内摆动。显然，摩擦块不可能全面均匀磨损。为此有必要将摩擦块预先做成楔形（摩擦面对背面的倾斜角为 60°左右）。在使用过程中，摩擦块逐渐磨损到各处厚度均匀（一般为 1mm 左右）后即应更换。

2. 制动器的安装方式

为了不使制动轴受到径向力和弯矩，钳盘式制动器应成对布置。制动转矩较大时可采用多对制动器，如图 3-22 所示。制动器可以安装在齿轮箱高速轴上，也可以安装在齿轮箱低速轴上。

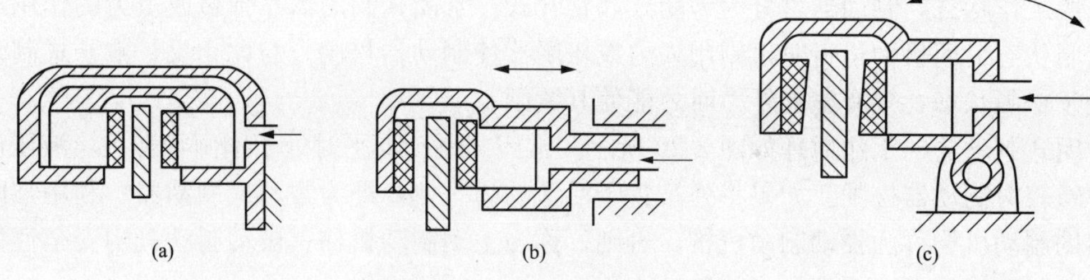

图 3-21 钳盘式制动器的种类

(a) 固定钳式；(b) 滑动钳式；(c) 摆动钳式

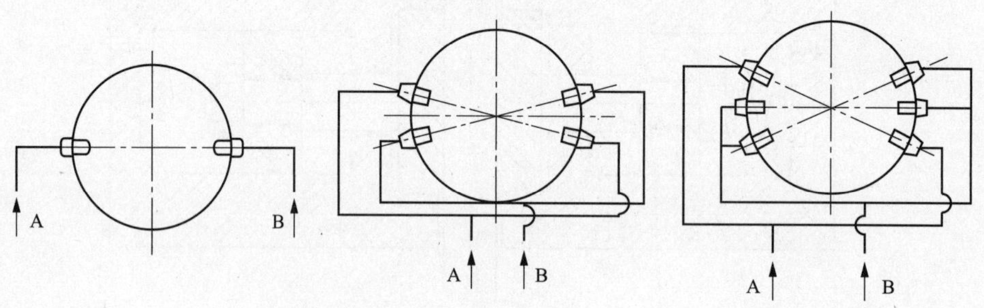

图 3-22 多对制动器组合安装示意

制动器设在低速轴时，其制动功能直接作用在风轮上，可靠性高，且制动力矩不会变成齿轮箱载荷。但一定的制动功率下，在低速轴制动，制动力矩就很大；并且，在风轮轴承与低速轴前端轴承合二而一的齿轮箱中，低速轴上设置制动器，在结构布置方面较为困难。高速轴上制动的优缺点则与低速轴上的情形相反。失速型风力机常用机械制动，出于可靠性考虑，制动器常装在低速轴上；变桨距风力机使用机械制动时，制动器常装在高速轴上，如图 3-23 所示。在高速轴上制动，易发生动态中制动的不均匀性，从而产生齿轮箱的冲击过载。例如，从开始的滑动摩擦到制动后期的紧摩擦过程中，临近停止的叶片常不连贯地停顿，风轮转动惯量的这一动态特性使增速器齿轮来回摆动。为避免这种情况，保护齿轮箱和摩擦块，应试验调整制动力矩的大小及其变化特性，以使整个制动过程保持稳定。

高速轴上的主传动制动机构制动盘有双盘结构和单盘结构两种形式。

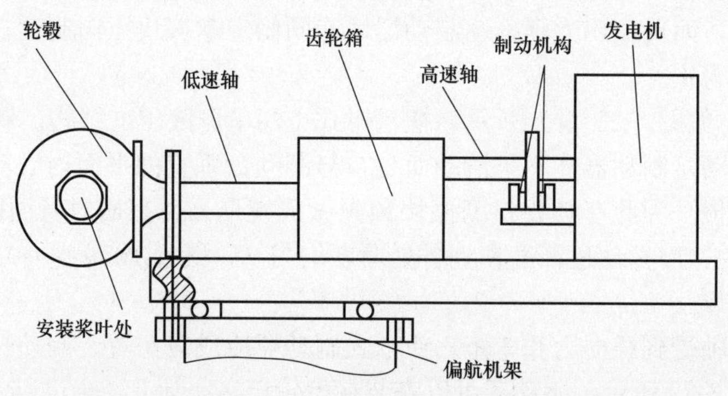

图 3-23 主传动制动机构安装位置

3.2.2　空气动力制动

对于大型风力发电机组，机械制动已不能完全满足制动需求，必须同时采用空气动力制动。空气动力制动并不能使风轮完全静止下来，只是使其转速限定在允许的范围内。正常制动时，先由空气动力制动使转速降下来（如使转速小于 1r/min），然后进行机械制动。

气动刹车机构是由安装在叶尖的扰流器通过不锈钢丝绳与叶片根部的液压油缸的活塞杆相连接构成的。

（1）对于定桨距风机，空气动力制动装置安装在叶片上。它通过叶片形状的改变使风轮的阻力加大。叶尖的旋转部分称为叶尖扰流器（见图 3-24）。

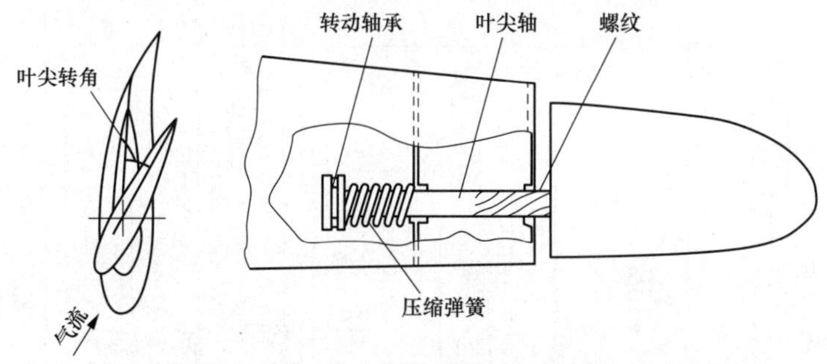

图 3-24　带有叶尖扰流器的叶片

当风力发电机组正常运行时，在液压力的作用下，叶尖扰流器与叶片主体部分精密地合为一体，组成完整的叶片，对输出扭矩起重要作用。当风力发电机组需要脱网停机时，液压油缸失去压力，叶尖扰流器在离心力的作用下释放并旋转 80°～90°形成阻尼板，由于叶尖部分处于距离轴最远点，整个叶片作为一个长的杠杆，使扰流器产生的气动阻力相当高，足以使风力发电机组在几乎没有任何磨损的情况下迅速减速，这一过程即为叶片空气动力刹车。叶尖扰流器是风力发电机组的主要制动器，每次制动时都是它起主要作用。在风轮旋转时，作用在叶尖扰流器上的离心力和弹簧力会使叶尖扰流器力图脱离叶片主体转动到制动位置；而液压力的释放，不论是由于控制系统是正常指令，还是液压系统的故障引起，都将导致扰流器展开而使风轮停止运行。因此，空气动力刹车是一种失效保护装置，它可使整个风力发电机组的制动系统具有很高的可靠性。

（2）对于普通变桨距（正变距）风机，可以方便地应用变桨距系统进行制动。在制动时由液压或者伺服电机驱动叶片执行顺桨动作，叶片平面旋转至与风向平行时停止，由于叶片执行制动动作过程中阻力急剧增大，使风轮转速下降，起到了气动制动的效果。变桨距制动过程中变距速度的快慢会影响机组的可靠性，一般选取 100m/s 左右为宜。主动失速型（负变距）风机则利用加深失速的方法制动。

3.2.3　液压刹车系统

液压刹车系统在机组中的作用是控制机组的刹车状态，包括转子制动状态和偏航制动状态两部分。图 3-25 所示为 1.5MW 风力发电机组液压刹车系统原理。液压刹车系统主要由液压泵站、管路、控制元件和执行元件（包括高速轴制动器、偏航制动器）及辅助元件组成，各部分均采用特殊的材料和密封元件制成，完全适应盐雾腐蚀环境。液压泵站的动力源是电动机。机组正常运行时，电动机带动柱塞泵旋转，把油箱内的油泵到管路中，相应的换向阀

8.2 得到指令开始动作，其中一路压力油（A3）推动高速轴制动器油缸，使转子处于松刹状态，另一路压力油（A1）推动偏航制动器油缸使偏航制动。当系统的压力达到调定值后，液压泵停止工作，蓄能器在此起一定的补压和稳压作用。系统油路中并联了高精度压力传感器，当压力降低到设定值时，可以触发油泵再次起动。

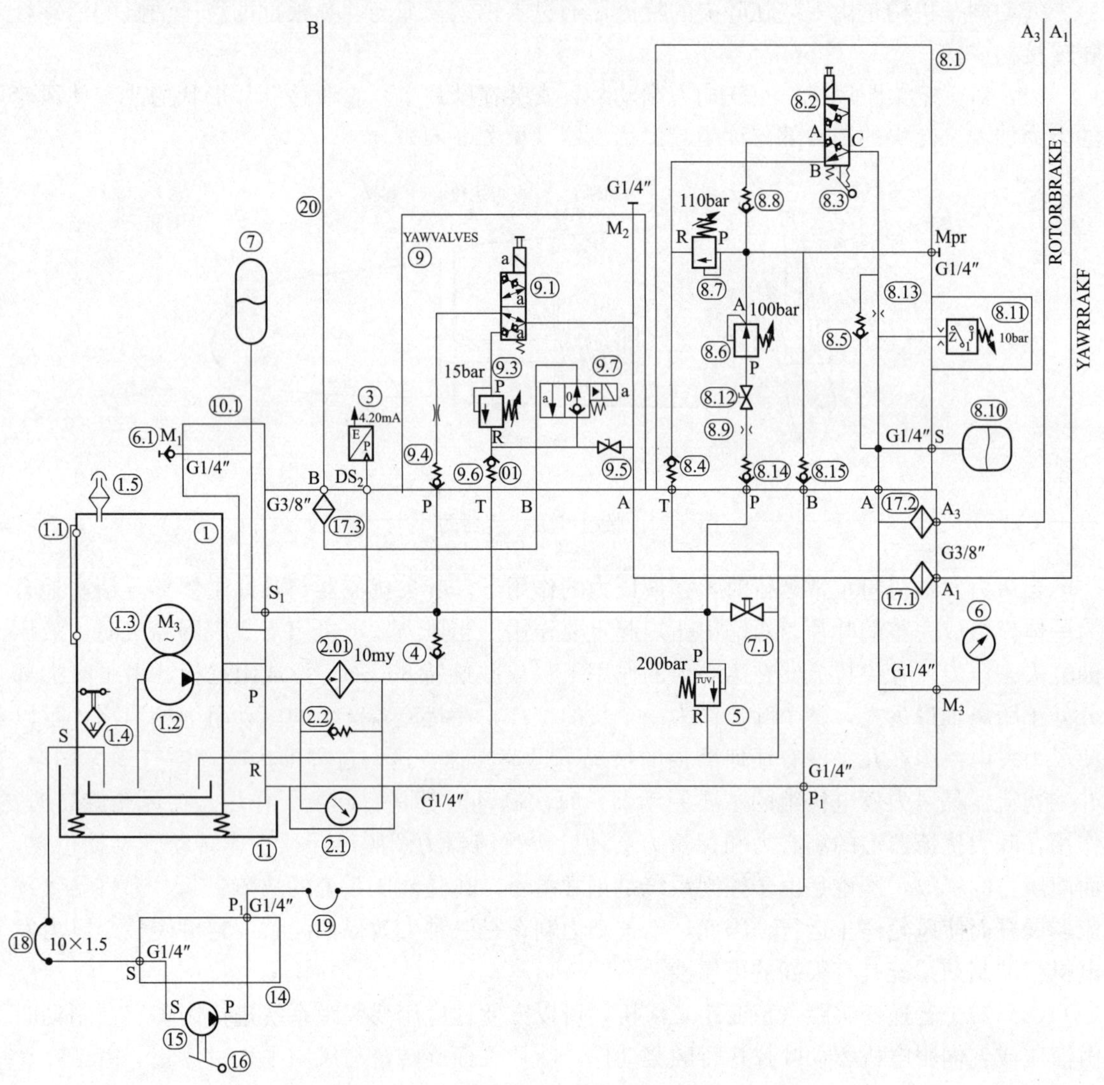

图 3-25　1.5MW 风力发电机组液压刹车系统原理图

高速轴还配有一路手动打压装置，在不启用油泵时，也能通过手动给高速轴刹车系统油路打压，同时换向阀 8.2 也可通过手动方式控制其阀位从而实现开闭，实现刹车或松刹的动作。因为高速轴刹车只在变桨故障时才动作，因此很少起动。而由于风向变化、电缆扭转等原因，偏航刹车的开启则相对较频繁。当需要偏航对风时，电磁换向阀 9.1 得电，偏航制动器油缸内的压力油通过背压阀 9.3（调整压力为 15×10^{5}Pa）回油箱，由于有一定的背压存在，偏航时比较平稳。当需要解电缆时，电磁换向阀 9.7 开启，此时偏航油路的压力全部卸完，这样可减小偏航刹车片的磨损。

思 考 题

1. 主传动装置主要有哪几部分组成?
2. 主轴的安装结构有哪几种? 各有什么特点?
3. 什么是联轴器? 有什么作用?
4. 联轴器有哪几种形式? 使用场合是什么?
5. 刚性联轴器和弹性联轴器在主传动系统当中应用在什么部位? 两者的主要区别是什么?
6. 齿轮箱的主要功能是什么?
7. 齿轮箱的种类有哪些?
8. 齿轮箱的常见故障有哪些?
9. 怎样正确地对齿轮箱进行运行和维护?
10. 解释风力发电机齿轮箱空载试运转及其注意事项?
11. 制动系统的工作原理是什么? 都有哪些制动方式?
12. 常用的盘式制动器结构有哪三种?
13. 机械制动装置中的制动器是怎样分类的? 有什么安装方式?
14. 气动刹车机构是怎样工作的?

4 风力发电机组偏航、变桨距和液压系统

本章主要介绍风力发电机组的变桨距、偏航和液压系统，它们都是风力发电机组的重要组成部分。

4.1 偏 航 系 统

水平轴风力发电机风轮轴绕垂直轴的旋转称为偏航。偏航系统可以分为被动偏航系统和主动偏航系统。被动偏航指的是依靠风力通过相关机构完成机组风轮对风动作的偏航方式，常见的有尾舵、舵轮和下风向三种；主动偏航指的是采用电力或液压拖动来完成对风动作的偏航方式，常见的有齿轮驱动和滑动两种形式。对于并网型风力发电机组来说，通常都采用主动偏航的齿轮驱动形式。本节仅介绍主动偏航系统。

4.1.1 偏航系统的作用

风力机的偏航系统也称为对风装置，是上风向水平轴式风力机必不可少的，而下风向风力机的风轮能自然地对准风向，因此一般不需要进行调向对风控制。

偏航系统的主要作用有两个：一是与风力发电机组的控制系统相互配合，使风力发电机组的风轮始终处于迎风状态，充分利用风能，提高风力发电机组的发电效率；二是提供必要的锁紧力矩，以保障风力发电机组的安全运行。

4.1.2 偏航系统的组成及工作原理

偏航系统一般由偏航轴承、偏航驱动装置、偏航制动器、偏航计数器、纽缆保护装置、偏航液压系统等部分组成。偏航系统的一般组成结构如图 4-1 所示。

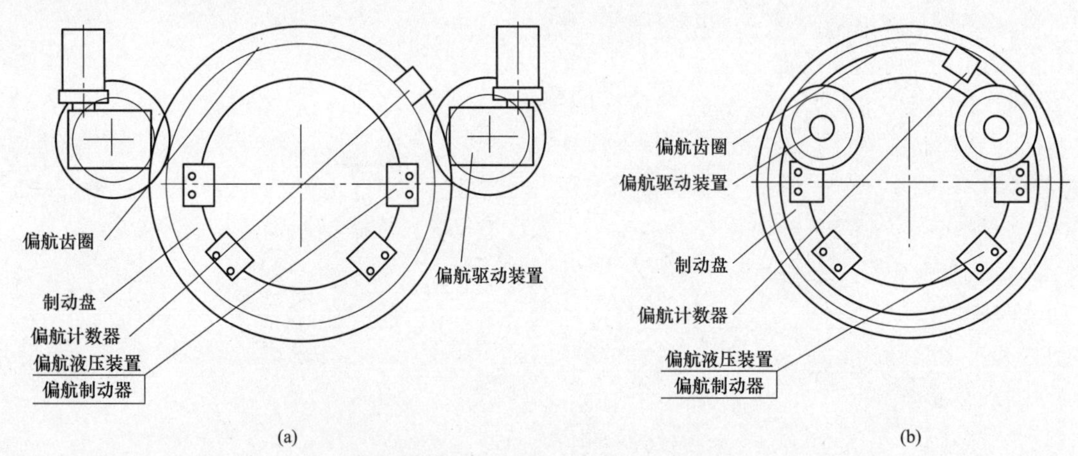

图 4-1 偏航系统结构图

(a) 外齿驱动形式的偏航系统；(b) 内齿驱动形式的偏航系统

1. 偏航轴承

偏航轴承的轴承内、外圈分别与机组的机舱和塔体用螺栓连接。偏航齿圈的结构简图如图 4-2 所示。

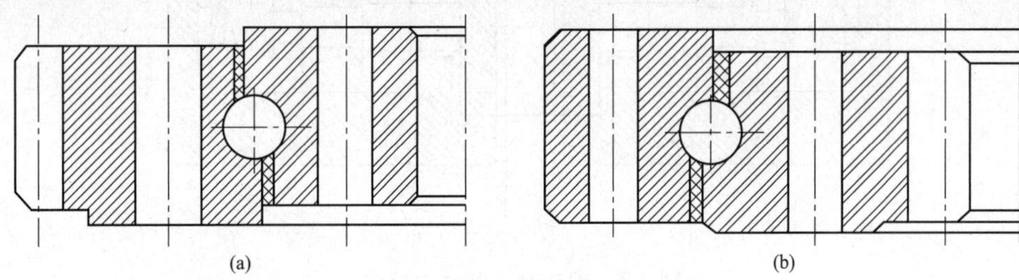

图 4-2 偏航齿圈结构简图

(a) 外齿形式；(b) 内齿形式

2. 驱动装置

驱动装置一般由驱动电动机或驱动马达、减速器、传动齿轮、轮齿间隙调整机构等组成，如图 4-3 所示。驱动装置的减速器一般可采用行星减速器或蜗轮蜗杆与行星减速器串联；传动齿轮一般采用渐开线圆柱齿轮。

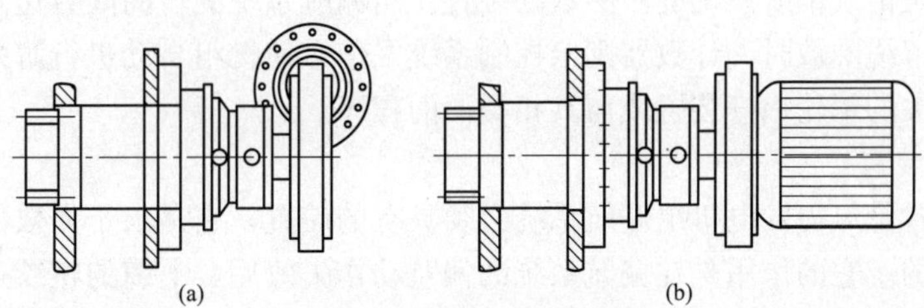

图 4-3 驱动装置结构简图

(a) 驱动电动机偏置安装；(b) 驱动电动机直接安装

3. 偏航制动器

偏航制动器是偏航系统中的重要部件，制动器应在额定负载下，制动力矩稳定，其值应不小于设计值。在机组偏航过程中，制动器提供的阻尼力矩应保持平稳，制动过程不得有异常噪声。制动器在额定负载下闭合时，制动衬垫和制动盘的贴合面积应不小于设计面积的 50%；制动衬垫周边与制动钳体的配合间隙任一处应不大于 0.5mm。制动器应设有自动补偿机构，以便在制动衬块磨损时进行自动补偿，保证制动力矩和偏航阻尼力矩的稳定。

在偏航系统中，制动器可以是常闭式或常开式。常开式制动器一般是指有液压力或电磁力拖动时，制动器处于锁紧状态的制动器。采用常开式制动器时，偏航系统必须具有偏航定位锁紧装置或防逆传动装置；常闭式制动器一般是指有液压力或电磁力拖动时，制动器处于松开状态的制动器。两种形式相比较并考虑失效保护，一般采用常闭式制动器。

偏航制动器一般采用液压拖动的钳盘式制动器，其结构简图如图 4-4 所示。

制动盘通常位于塔架或塔架与机舱的适配器上，一般为环状，制动盘的材质应具有足够的强度和韧性，如果采用焊接连接，材质还应具有比较好的可焊性，此外，在机组寿命期内制动盘不应出现疲劳损坏。

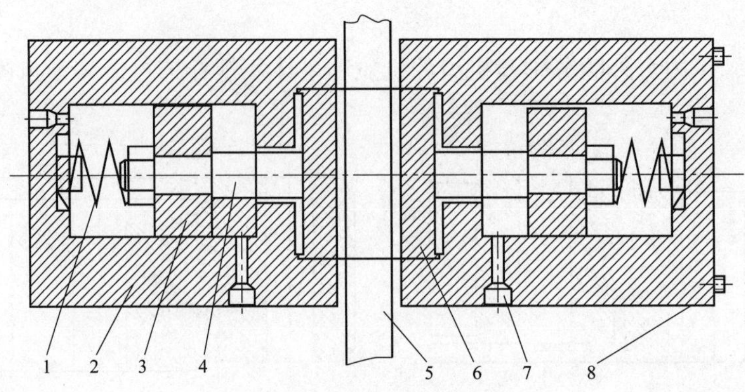

图 4-4 偏航制动器结构简图

1—弹簧；2—制动钳体；3—活塞；4—活塞杆；5—制动盘；6—制动衬块；7—接头；8—螺栓

制动钳由制动钳体和制动衬块组成。制动钳体一般采用高强度螺栓连接，用经过计算的足够的力矩固定于机舱的机架上。制动衬块应由专用的摩擦材料制成，一般推荐用铜基或铁基粉末冶金材料制成。铜基粉末冶金材料多用于湿式制动器，而铁基粉末冶金材料多用于干式制动器。一般每台风机的偏航制动器都备有 2 个可以更换的制动衬块。

4. 偏航计数器

偏航计数器是记录偏航系统旋转圈数的装置。当偏航系统旋转的圈数达到设计所规定的初级解缆和终级解缆圈数时，计数器则给控制系统发信号使机组自动进行解缆。计数器一般是一个带控制开关的蜗轮蜗杆装置或与其相类似的程序。

5. 纽缆保护装置

纽缆保护装置是风力发电机组偏航系统必须具有的装置，它是出于失效保护的目的而安装在偏航系统中的。它的作用是在偏航系统的偏航动作失效后，电缆的纽绞达到威胁机组安全运行的程度而触发该装置，使机组进行紧急停机。一般情况下，这个装置是独立于控制系统的，一旦这个装置被触发，则机组必须进行紧急停机。纽缆保护装置一般由控制开关和触点机构组成。控制开关一般安装于机组的塔架内壁的支架上，触点机构一般安装于机组悬垂部分的电缆上。当机组悬垂部分的电缆纽绞到一定程度后，触点机构被提升或被松开而触发控制开关。

正常运行时，如机舱在同一方向偏航累计超过 3 圈以上时，则纽缆保护装置动作，执行解缆。当回到中心位置时解缆自动停止。

6. 偏航液压系统

并网型风力发电机组的偏航系统一般都设有液压装置，液压装置的作用是拖动偏航制动器松开或锁紧。一般液压管路应采用无缝钢管制成，柔性管路连接部分应采用合适的高压软管。连接管路连接组件应通过试验保证偏航系统所要求的密封和承受工作中出现的动载荷。液压元器件的设计、选型和布置应符合液压装置的有关规定和要求。液压管路应能够保持清洁并具有良好的抗氧化性能。液压系统在额定的工作压力下不应出现渗漏现象。

4.1.3 风轮的对风

对于水平轴风力机，为了得到最高的风能利用效率，应使风轮的旋转面经常对准风向，为此，需要对风装置（风轮机迎风装置）。

尾舵（尾翼）对风主要用于直径不超过 6m 的小型风力机。该对风装置不会对塔架产生转矩激励，风轮调向时的受力由机舱来承担。尾舵使风轮对风速度加快，但在风轮高转速时，将产生陀螺力矩。

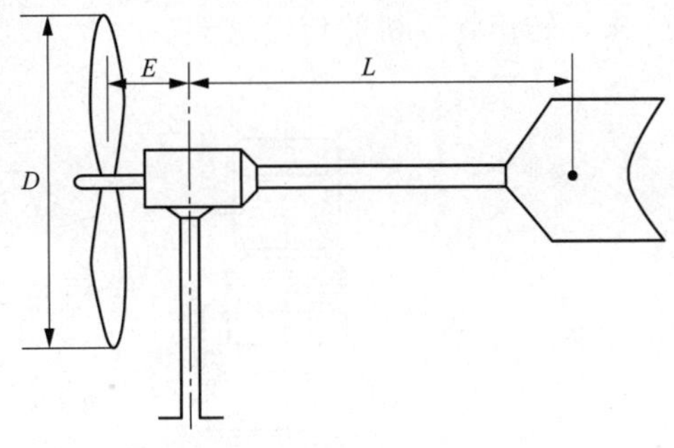

图 4-5　尾舵的安装尺寸

尾舵必须具备一定的条件才能获得满意的对风效果。图 4-5 所示是尾舵的安装尺寸。

设 E 为调向转轴与风轮旋转平面间的距离，若尾舵质量中心到转向轴的距离 $L=4E$，尾舵的面积 A 与风轮扫掠面积 S（或风轮直径 D）之间必须符合以下关系：

（1）多叶片风力机

$$A = 0.1 \times \frac{\pi}{4} D^2$$

（2）高速风力机

$$A = 0.04 \times \frac{\pi}{4} D^2$$

若 $L \neq 4E$，尾舵所需面积计算方法为：

（1）多叶片风力机

$$A = 0.40 \times \frac{E}{L} \times \frac{\pi}{4} D^2$$

（2）高速风力机

$$A = 0.16 \times \frac{E}{L} \times \frac{\pi}{4} D^2$$

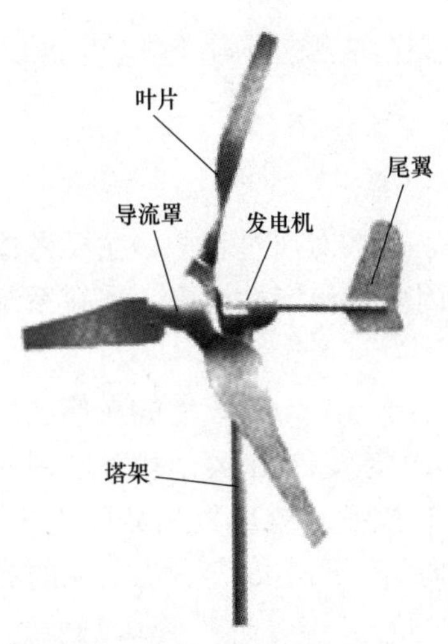

图 4-6　尾舵对风

实践中，L 的值一般取 $0.6D$。

小微型风力机常用尾舵对风，尾舵装在尾杆上与风轮轴平行或成一定的角度。为了避免尾流的影响，也可将尾舵上翘，装在较高的位置，如图 4-6 所示。

中、小型风力机可用舵轮作为对风装置。当风向变化时，位于风轮后面两舵轮（其旋转平面与风轮旋转平面相垂直）旋转，并通过一套齿轮传动系统使风轮偏转，当风轮重新对准风向后，舵轮停止转动，对风过程结束。

前述几种对风方式可统称为被动对风，大中型风力机的对风则采用电气、液压驱动的主动对风系统。电气驱动一般均采取如图 4-7 所示的结构。风力机的机舱安装在旋转支座上，旋转支座的内齿环与风力发电机塔架用螺栓紧固相连，而外齿环则与机舱固定。调向由与内齿环相啮合的调向减速器驱动。调向齿轮啮合简单，造价较蜗轮蜗杆便宜，但其齿间间隙比蜗杆机构大，并且齿轮直径越大，在完全相同间隙下，角度间隙就越大，导致机舱相对于塔架来回旋转时产生附加载荷，加快磨损，特别是在单叶片或双叶片风轮上损害更为严重。一般在机舱底盘采用一个或多个盘式刹车装置，以塔架顶部法兰为刹车盘，当对风位置达到后，使对风机构刹住，这样一来，转矩将由机舱传给塔架。

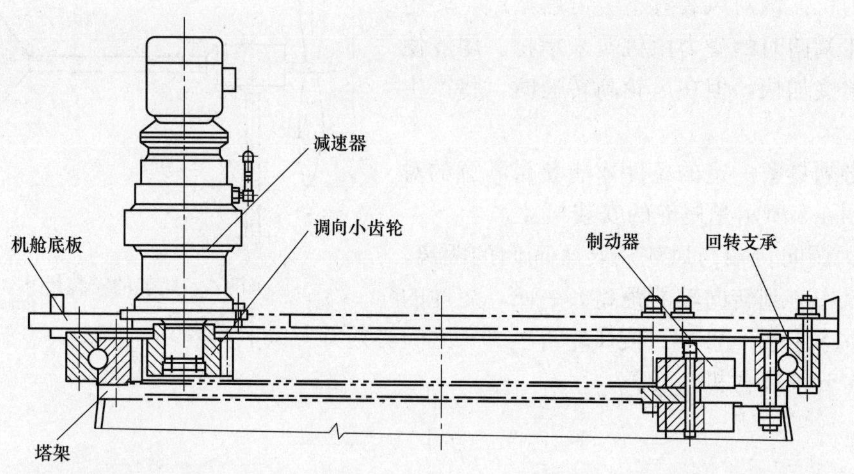

图 4-7 大中型风力机的对风系统结构

风轮的对风系统是一个随动系统。当安装在风向标里的光敏风向传感器最终以电位信号输出风轮轴线与风向的角度关系时，控制系统经过一段时间的确认后，会控制偏航电动机将风轮调整到与风向一致的方位。偏航控制系统如图 4-8 所示。

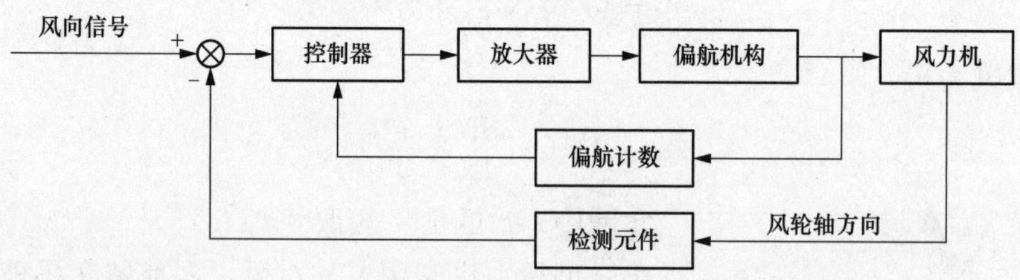

图 4-8 偏航控制系统框图

就偏航控制本身而言，对响应速度和控制精度并没有要求，但在对风过程中，主要考虑限制调向转动角速度 n 和角加速度 $d\omega/dt$，以减小陀螺效应。因而从稳定性考虑，需在系统中设置足够的阻尼。

大型风力发电机组无论处于运行状态还是待机状态（风速大于 3.5m/s），均能在偏航控制系统作用下主动对风。当机舱在待机状态已调向 720°（根据设定），或在运行状态已调向 1080°时，由机舱引入塔架的发电机电缆将处于缠绕状态，这时控制系统应发出故障报告，机组停机，并自动进行解缠处理（偏航系统按缠绕的反方向调向 720°或 1080°）。当对风的驱动力来自液压系统时，就形成了液压驱动对风装置。

4.1.4 偏航系统的技术要求

设计偏航系统时，需要考虑以下技术要求：

1. 环境条件

（1）温度；

（2）湿度；

（3）阳光辐射；

（4）雨、冰雹、雪和冰；

（5）化学活性物质；

（6）机械活动微粒；

（7）盐雾；

（8）近海环境需要考虑附加特殊条件。

应根据典型值或可变条件的限制，确定设计用的气候条件。选择设计值时，应考虑几种气候条件同时出现的可能性。在与年轮周期相对应的正常限制范围内，气候条件的变化应不影响所设计的风力发电机组偏航系统的正常运行。

2. 电缆

为保证机组悬垂部分电缆不致产生过度的纽绞而使电缆断裂失效，必须使电缆有足够的悬垂量，电缆悬垂量是根据电缆所允许的扭转角度确定的。

3. 阻尼

为避免风力发电机组在偏航过程中产生过大的振动而造成整机的共振，偏航系统在机组偏航时必须具有合适的阻尼力矩。阻尼力矩的大小要根据机舱和风轮质量总和的惯性力矩来确定，其基本的确定原则为确保风力发电机组在偏航时应动作平稳顺畅不产生振动。只有在阻尼力矩的作用下，机组的风轮才能够定位准确，充分利用风能进行发电。

4. 解缆和纽缆保护

解缆和纽缆保护是风力发电机组的偏航系统所必须具有的主要功能。偏航系统的偏航动作会导致机舱和塔架之间的连接电缆发生纽绞，所以在偏航系统中应设置与方向有关的计数装置或类似的程序对电缆的纽绞程度进行检测。

5. 偏航转速

对于并网型风力发电机组的运行状态来说，风轮轴和叶片轴在机组的正常运行时不可避免地产生陀螺力矩，这个力矩过大将对风力发电机组的寿命和安全造成影响。为减少这个力矩对风力发电机组的影响，偏航系统的偏航转速应根据风力发电机组功率的大小通过偏航系统力学分析来确定。根据实际生产和目前国内已安装的机型的实际状况，偏航系统的偏航转速的推荐值见表 4-1。

表 4-1　偏航转速推荐值

风力发电机组功率（kW）	100～200	250～350	500～700	800～1000	1200～1500
偏航转速（r/min）	⩽0.3	⩽0.18	⩽0.1	⩽0.092	⩽0.085

6. 偏航液压系统

并网型风力发电机组的偏航系统一般都设有液压装置，液压装置的作用是拖动偏航制动器松开或锁紧。

7. 偏航制动器

采用齿轮驱动的偏航系统时，为避免振荡的风向变化，引起偏航轮齿产生交变载荷，应采用偏航制动器（或称偏航阻尼器）来吸收微小自由偏转振荡，防止偏航齿轮的交变应力引起轮齿过早损伤。

8. 偏航计数器

偏航系统中都设有偏航计数器，其作用是用来记录偏航系统所运转的圈数。当偏航系统的偏航圈数达到计数器的设定条件时，则触发自动解缆动作，机组进行自动解缆并复位。

9. 润滑

偏航系统必须设置润滑装置，以保证驱动齿轮和偏航齿圈的润滑。目前国内机组的偏航系统一般都采用润滑脂和润滑油相结合的润滑方式，定期更换润滑油和润滑脂。

10. 密封

偏航系统必须采取密封措施，以保证系统内的清结和相邻部件之间的运动不会产生有害的影响。

11. 表面防腐处理

偏航系统各组成部件的表面处理必须适应风力发电机组的工作环境。风力发电机组比较典型的工作环境除风况之外，其他环境（气候）条件如热、光、腐蚀、机械、电或其他物理作用应加以考虑。

4.2　变桨距系统

变桨距就是使叶片绕其安装轴旋转，改变叶片的桨距角，从而改变风力机的气动特性。

变桨距系统由一整套部件组成，能根据任何时刻的风况来调节叶片的位置。

变桨距控制系统通过一个比例阀来调节液压桨距控制杆的运动。比例阀带有一根与驱动轴相连的轴。驱动轴穿过齿轮箱、主轴、星形套以及变桨距系统的轴承壳。驱动轴的线性运动会促使星形套发生运动，从而带动连杆转动叶片。变桨距系统如图 4-9 所示。

变桨距风力发电机组与定桨距风力发电机组相比，起动与制动性能好，风能利用系数高，在额定功率点以上输出功率平稳。所以，大型、特大型风力发电机组多采用变桨距形式。

变桨距系统通常有两种类型：一种是液压变距型，以液体压力驱动执行机构；另一种是电动变距型，以伺服电机驱动齿轮系实现变距调节功能。

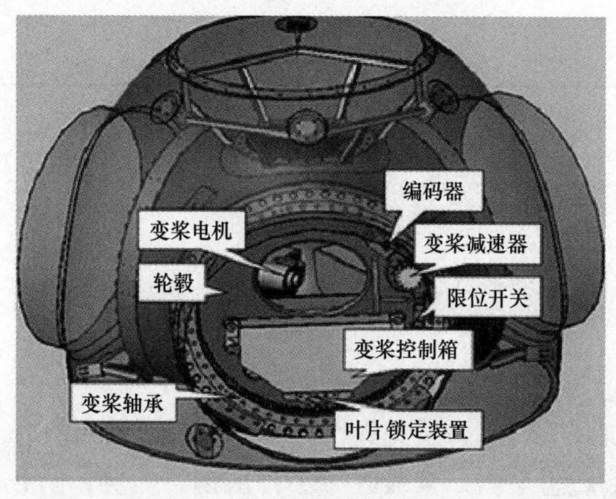

图 4-9　变桨距系统示意图

4.2.1　液压变桨距系统

液压变桨距系统由电动液压泵作为工作动力，液压油作为传递介质，电磁阀作为控制单元，通过将油缸活塞杆的径向运动变为桨叶的圆周运动来实现桨叶的变桨距。

液压变桨距系统的组成如图 4-10 所示，从图中可见，液压变桨距系统是一个自动控制系统，由桨距控制器、数码转换器、液压控制单元、执行机构、位移传感器等组成。

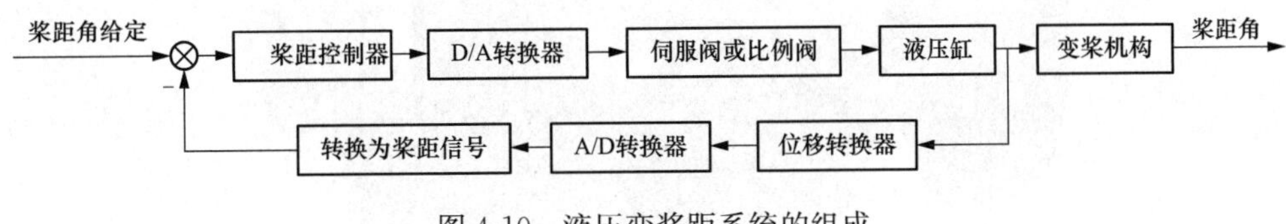

图 4-10　液压变桨距系统的组成

4.2.2　电动变桨距系统

1. 总体结构

电动变桨距系统可以使 3 个叶片独立实现变桨距。图 4-11 所示为电动变桨距系统的总体构成框图。主控制器与轮毂内的轴控制盒通过现场总线通信，达到控制 3 个独立变桨距装置的目的。主控制器根据风速、发电机功率和转速等，把指令信号发送至电动变桨距控制系统；电动变桨距系统把实际值和运行状况反馈至主控制器。

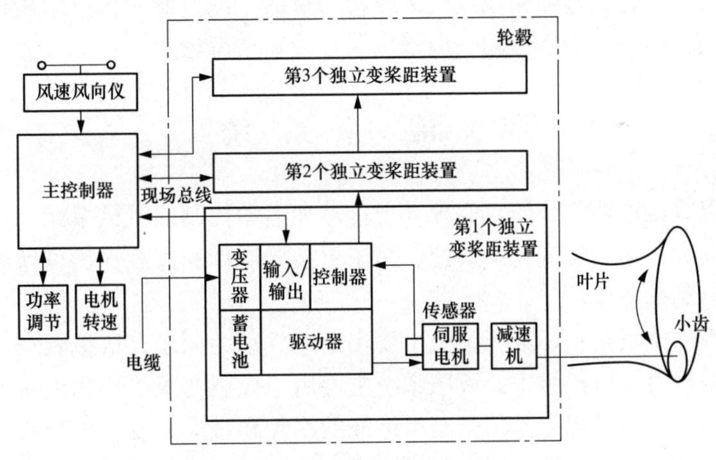

图 4-11　电动变桨距系统的总体构成

电动变桨距系统的 3 套蓄电池（每个叶片 1 套）、轴控制盒、伺服电机和减速机均置于轮毂内，一个总电气开关盒置于轮毂和机舱连接处。

整个系统的通信总线和电缆靠集电环与机舱内的主控制器连接，集电环设在变速箱输入轴的出口端。其剖开图如图 4-12 所示。

2. 单元组成

单个叶片变桨距装置一般包括控制器、伺服驱动器、伺服电机、减速机、变距轴承、传感器、角度限位开关、蓄电池、变压器等。

图 4-12　集电环装置剖开图

伺服驱动器用于驱动伺服电机，实现变距角度的精确控制。传感器可以是电机编码器和叶片编码器，电机编码器测量电机的转速，叶片编码器测量当前的桨距角，与电机编码器实现冗余控制。蓄电池是出于系统安全考虑的备用电源。

伺服电机是功率放大环节，它与减速机和传动小齿轮连在一起。减速机固定在轮毂上，变距轴承的内圈安装在叶片上，轴承的外圈固定在轮毂上。当变桨距系统通电后，电动机带动减速机的输出轴小齿轮旋转，而且小齿轮与变距轴承的内圈（带内齿）啮合，从而带动变距轴承的内圈与叶片一起旋转，实现改变桨距角的目的。减速器一般可采用行星减速器或蜗轮蜗杆与行星减速器串联，传动齿轮一般采用渐开线圆柱齿轮。

4.3 液 压 系 统

液压系统是以有压液体为介质，实现动力传输和运动控制的机械单元。液压系统具有传动平稳、功率密度大、容易实现无级调速、易于更换元器件和过载保护可靠等优点，在大型风力发电机组中得到广泛应用。

在定桨距风力发电机组中，液压系统主要用于空气动力制动、机械制动，以及偏航驱动与制动；在变桨距风力发电机组中，液压系统主要用于控制变距机构和机械制动，也用于偏航驱动与制动。此外，还常用于齿轮箱润滑油液的冷却和过滤、发电机冷却、变流器的温度控制、开关机舱和驱动起重机等。图 4-13 所示为液压站系统图。

4.3.1 液压系统的组成

液压系统由各种液压元件组成。液压元件可以分为动力元件、控制元件、执行元件和辅助元件。动力元件将机械能转换为液体压力能，如液压泵。控制元件控制系统压力、流量、方向以及进行信号转换和放大，作为控制元件的主要是各类液压阀。执行元件将流体的压力能转换为机械能，驱动各类机构，如液压缸。辅助元件为保证系统正常工作除上述 3 种元件外的装置，如油箱、过滤器、蓄能器、管件等。

4.3.1.1 液压泵

1. 液压泵分类及工作原理

液压泵是能量转换装置，用来向液压系统输送压力油，推动执行元件做功。按照结构的

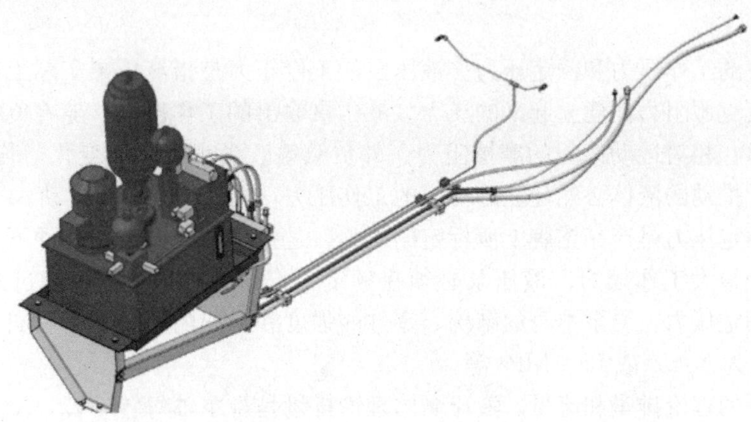

图 4-13　液压站系统

不同，液压泵可分为齿轮泵、叶片泵、柱塞泵和螺杆泵等；按照额定压力的不同，可分为低压泵、中压泵、中高压泵、高压泵和超高压泵；按液压泵输出流量能否调节，又分为定量泵和变量泵。图 4-14 所示为风力发电机组常用的齿轮泵。

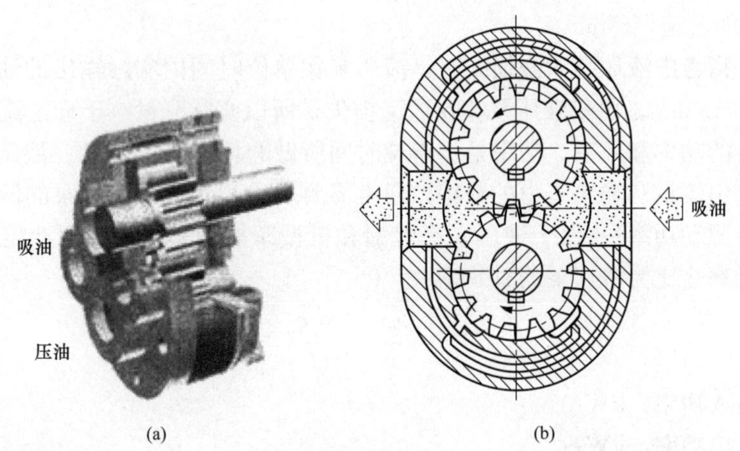

图 4-14　齿轮泵

(a) 解剖图；(b) 原理图

齿轮泵的结构比较简单，它的最基本形式就是两个尺寸相同的齿轮在一个紧密配合的壳体内相互啮合旋转，两啮合的轮齿将泵体、前后盖板和齿轮包围的密闭容积分成两部分，轮齿进入啮合的一侧密闭容积减小，经压油口排油，退出啮合的一侧密闭容积增大，经吸油口吸油。随着驱动轴不间断地旋转，泵也就不间断地输出高压油液。图 4-15 所示为在液压原理图中液压泵的图形符号。

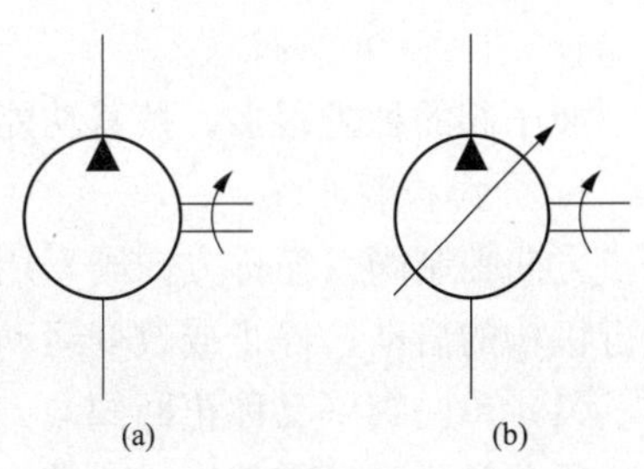

图 4-15　液压泵的图形符号

(a) 定量泵；(b) 变量泵

2. 液压泵的性能参数

额定压力、理论排量、功率和效率是液压泵的主要性能参数。

(1) 液压泵的工作压力和额定压力。液压泵的工作压力是指液压泵实际工作时输出油液的压力，是油液克服阻力而建立起来的压力。液压泵输出的工作压力，随着负载（包括油液阻力、管道阻力、相对运动件间的摩擦阻力、外负载等）大小变化而变化。若有负载作用，液压泵出口处所推动的液体必然建立起一定的工作压力，推动工作台等运动。

液压泵的额定压力是产品铭牌上所标定的压力，是指泵在正常工作条件下，允许连续运转达到的出口处最大工作压力。液压泵必须在额定工作压力之内工作，超过此值将使泵过载。各种泵的额定压力，受泵本身的结构、零件的强度和泄漏的限制有所不同，工作压力用 p 表示，其单位为 N/m^2 或 Pa、MPa 等。

(2) 液压泵的理论排量和流量。液压泵的理论排量是指泵轴每转一转，按其几何尺寸计算出的排出液体的体积。理论排量用 V_p 表示。液压泵的流量分实际流量和理论流量，理论流量是在不考虑泄漏的条件下，单位时间内应输出的油液体积，常用 q_t 表示，等于泵的理论排量与其转速的乘积。即

$$q_t = (V_p \times n)/1000 \tag{4-1}$$

式中 q_t——泵的理论流量，L/min；

V_p——泵的理论排量，mL/r；

n——泵的转速，r/min。

实际流量是指考虑液压泵泄漏损失时，液压泵在单位时间内实际输出的油液体积，常用 q_p 表示，单位为 L/min。由于液压泵存在泄漏损失，所以实际流量小于理论流量。

(3) 液压泵的功率和效率。功率是指单位时间所做的功，用 P 表示。液压泵的输出功率等于液压泵的输出流量和输出压力的乘积，通常需要求出的参数是液压泵的输入功率（即拖动泵的原动机的驱动功率）。由于液压泵有泄漏和机械摩擦功率损失，因此定义液压泵的输出功率与输入功率之比为液压泵的总效率

$$P_i = \frac{P}{\eta} = \frac{p_p q_p}{60\eta} \tag{4-2}$$

式中 P_i——输入功率，kW；

P——输出功率，kW；

η——总效率；

p_p——出口压力，MPa；

q_p——实际流量，L/min。

4.3.1.2 液压阀

液压阀的种类很多，按其功能可分为方向控制阀、压力控制阀和流量控制阀。

1. 方向控制阀

方向控制阀（简称方向阀）用来控制液压系统的油流方向，接通或断开油路，从而控制执行机构的启动、停止或改变运动方向。方向控制阀有单向阀和换向阀两大类。

(1) 单向阀（又称止回阀）。它控制油液只能沿一个方向流动，不能反向流动，它由阀体、阀芯和弹簧等零件构成。带有控制口的单向阀称为液控单向阀，当控制口通压力油时，油液也可以反向流动。

(2) 换向阀。作用是利用阀芯相对于阀体的运动，来控制液流方向、接通或断开油路，

从而改变执行机构的运动方向、起动或停止。换向阀的种类很多，按操作阀芯运动的方式可分为手动、机动、电磁动、液动和电液动等。

2. 压力控制阀

压力控制阀在液压系统中用来控制油液压力，或利用压力作为信号来控制执行元件和电气元件动作的阀称为压力控制阀，简称为压力阀。这类阀工作原理的共同特点是利用油液压力作用在阀芯的力与弹簧力相平衡的原理进行工作的。按压力控制阀在液压系统中的功用不同，可分为溢流阀、减压阀、顺序阀、压力继电器等。

(1) 溢流阀。有直动型和先导型两种。图 4-16 所示为直动型溢流阀的剖面图和图形符号。直动型溢流阀由阀芯、阀体、弹簧、上盖、调节杆、调节螺母等零件组成。阀体上进油口连接在泵的出口，出口接油箱。原始状态时，阀芯在弹簧力的作用下处于最下端位置，进出油口隔断。当液压力等于或大于弹簧力时，阀芯上移，阀口开启，进口压力油经阀口流回油箱。

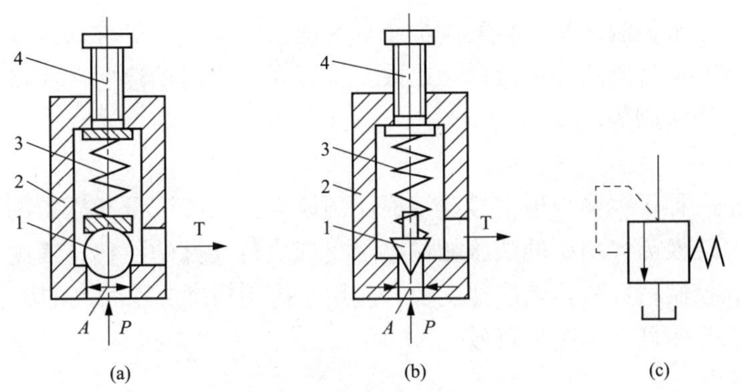

图 4-16 直动型溢流阀

(a) 球阀；(b) 锥阀；(c) 图形符号

1—阀芯；2—阀体；3—调压弹簧；4—调压手枪

溢流阀的主要功用如下：

1) 在定量泵节流调速系统中用来保持液压泵出口压力恒定，并将泵输出多余油液放回油箱，起稳压溢流作用，此时称为定压阀，如图 4-17 (a) 所示。

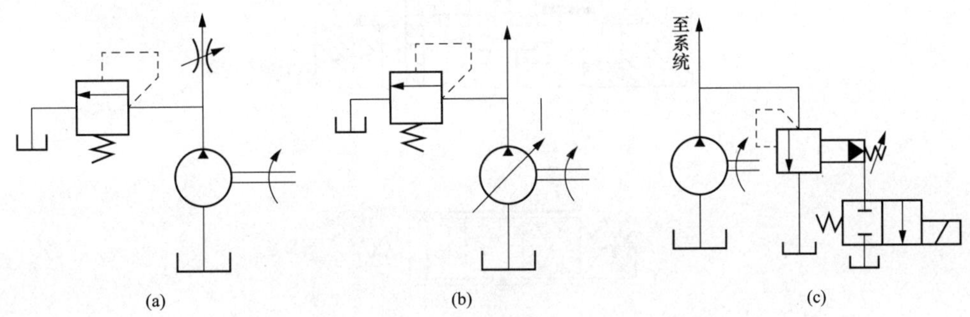

图 4-17 溢流阀的作用

(a) 安全溢流；(b) 限压安全；(c) 卸荷回路

2）当系统负载达到其限定压力时，打开阀口，使系统压力再也不能上升，对设备起到安全保护作用，此时称为安全阀，如图 4-17（b）所示。

3）溢流阀与电磁换向阀集成称为电磁溢流阀，电磁溢流阀可以在执行机构不工作时使泵卸载，如图 4-17（c）所示。

（2）减压阀。用于降低系统中某一回路的压力，它可以使出口压力基本稳定，并且可调。

（3）顺序阀。在具有两个以上分支回路的系统中，根据图路的压力等来控制执行元件动作顺序的阀。它通过液压油的压力作为控制信号，用来控制各个油路的开闭，从而控制液压系统中的各个元件顺序操作。

（4）压力继电器。利用液体压力来启闭电器触点的液电信号转换元件，用于当系统压力达到压力继电器设定压力时，发出电信号，控制电气元件动作，实现系统的工作程序切换。

3. 流量控制阀

在液压系统中用来控制液体流量的阀类统称为流量控制阀，简称为流量阀。它通过改变控制口的大小，调节通过阀的液体流量，以改变执行元件的运动速度。流量控制阀包括节流阀、调速阀和分流集流阀等。

4. 电液伺服阀

电液伺服阀是一种根据输入电信号连续成比例地控制系统流量和压力的液压控制阀。它将小功率的电信号转换为大功率的液压能输出，实现执行元件的位移、速度、加速度及力的控制。电液伺服阀控制精度高，响应速度快，应用于控制精度要求较高的场合。图 4-18 所示为电液伺服阀的工作原理图和图形符号。

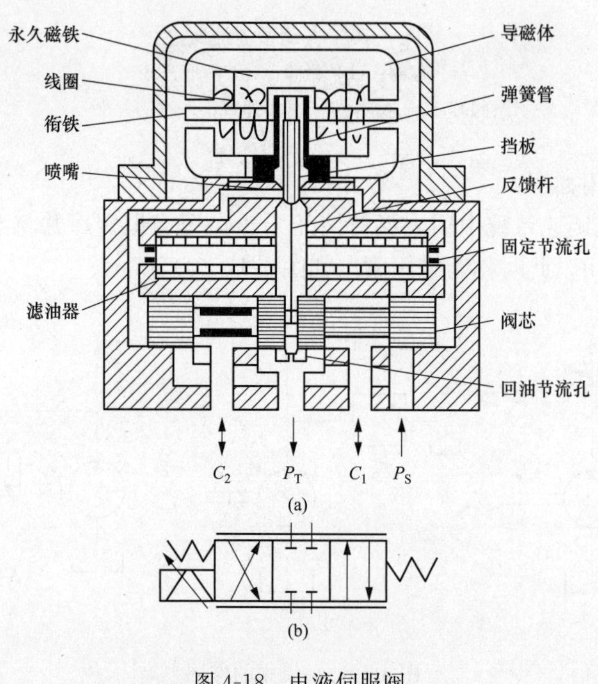

图 4-18　电液伺服阀

（a）工作原理；（b）图形符号

5. 电液比例阀

电液比例阀是用比例电磁铁代替普通电磁换向阀电磁铁的液压控制阀。它也可以根据输入电信号连续成比例地控制系统流量和压力。在动态特性上不如电液伺服阀，但在制造成本、抗污染能力等方面优于电液伺服阀，在风力发电机组液压系统中得到广泛应用。

4.3.1.3 液压缸

液压缸是液压系统的执行元件，是将输入的液压能转变为机械能的能量转换装置，它可以很方便地获得直线往复运动。图 4-19 所示为液压缸的解剖图和图形符号。

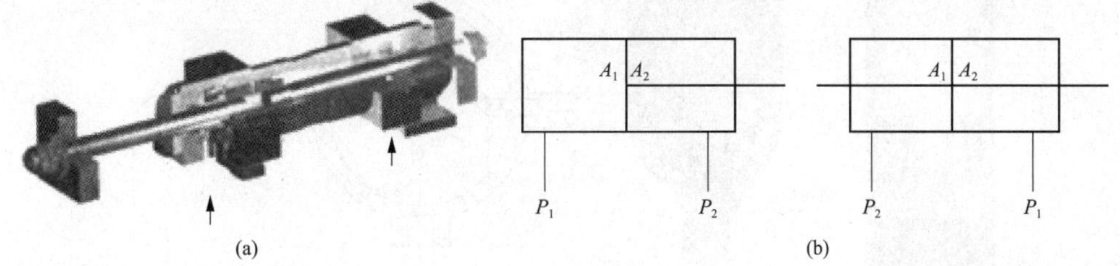

图 4-19 液压缸

(a) 解剖图；(b) 图形符号

液压变距型风机液压系统中的液压缸有时采用差动连接，如图 4-20 所示。所谓差动连接是指把单活塞杆液压缸两腔连接起来，同时通入压力油。由于活塞两侧有效面积 A_1 与 A_2 不相等，便产生推力差，在此推力差的作用下，活塞杆伸出，此时有杆腔排出的油液 q_1 与泵供油 q 一起以 q_2 的流量进入无杆腔，增加了无杆腔的进油量，提高了无杆腔进油时活塞（或缸体）的运动速度。

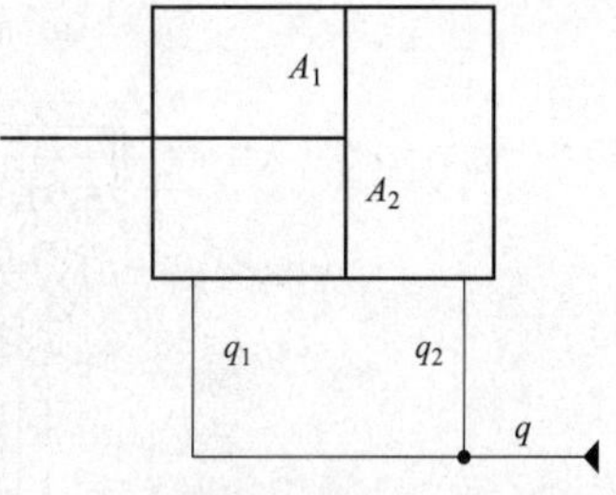

图 4-20 液压缸的差动连接

4.3.1.4 液压系统的辅助元件

液压系统中的辅助元件包括油管、管接头、蓄能器、过滤器、油箱、密封件、冷却器、加热器、压力表和压力表开关等。

(1) 蓄能器。在液压系统中，蓄能器用来储存和释放液体的压力能。当系统的压力高于蓄能器内液体的压力时，系统中的液体充进蓄能器中，直到蓄能器内外压力相等；反之，当蓄能器内液体压力高于系统的压力时，蓄能器内的液体流到系统中去，直到蓄能器内外压力平衡。蓄能器可作为辅助能源和应急能源使用，还可吸收压力脉动和减少液压冲击。蓄能器按结构不同分为弹簧式、重锤式和充气式三类。充气式蓄能器按构造不同，又分为气液直接接触式、隔膜式、气囊式和活塞式等几种，图 4-21 所示为常用蓄能器的解剖图和图形符号。

(2) 过滤器。液压油中含有杂质是造成液压系统故障的重要原因。因为杂质的存在会引起相对运动零件的急剧磨损、划伤、破坏配合表面的精度。颗粒过大甚至会使阀芯卡死，节流阀节流口以及各阻尼小孔堵塞，造成元件动作失灵，影响液压系统的工作性能，甚至使液压系统不能工作。因此，保持液压油的清洁是液压系统能正常工作的必要条件。过滤器可净化油液中的杂质，控制油液的污染。

过滤器分为表面型、深度型和磁性三类。表面型过滤器有网式过滤器（可滤去 d=0.08～0.18mm 的颗粒，压力损失不超过 0.01MPa）、线隙式过滤器（可滤去 d=0.03～0.1mm 的颗粒，压力损失约为 0.07～0.35MPa）；深度型过滤器有纸芯式过滤器（可滤去 d=0.05～

0.3mm 的颗粒，压力损失约为 0.08～0.4MPa）、烧结式过滤器（可滤去 d＝0.01～0.1mm 的颗粒，压力损失约为 0.03～0.2MPa）；磁性过滤器可将油液中对磁性敏感的金属颗粒吸附在上面，常与其他形式滤芯一起制成复合式过滤器。图 4-22 所示为过滤器的解剖图和图形符号。

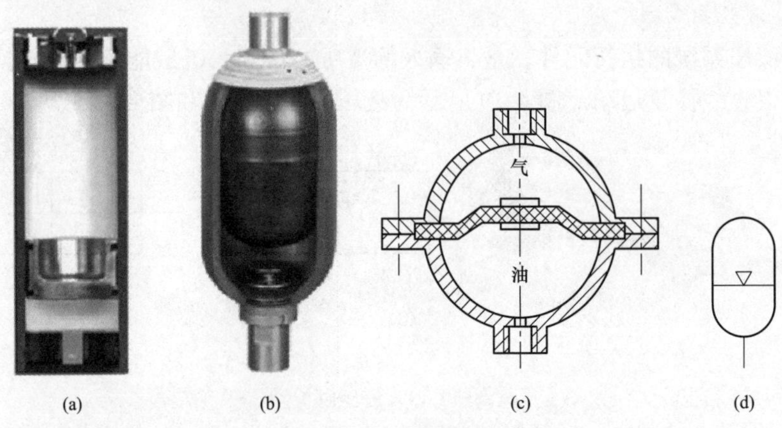

图 4-21　储能器

（a）活塞式；（b）气囊式；（c）隔膜式；（d）图形符号

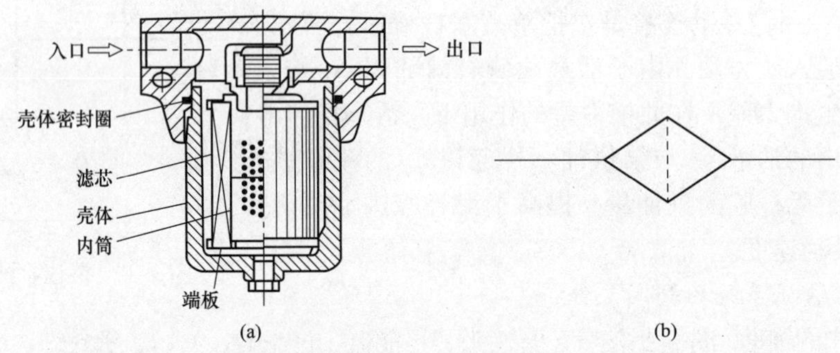

图 4-22　过滤器

（a）解剖图；（b）图形符号

（3）油箱。油箱是液压油的储存器。油箱可分为总体式和分离式两种结构。

总体式结构利用设备机体空腔作油箱，散热性不好，维修不方便；分离式结构布置灵活，维修保养方便。通常用 2.5～5mm 钢板焊接而成。油箱的主要用途有：储存必要数量的油液，以满足液压系统正常工作所需要的流量；由于摩擦生热，油温升高，油液可回到油箱中进行冷却，使油液温度控制在适当范围内；可逸出油中空气，清洁油液；油液在循环中还会产生污物，可在油箱中沉淀杂质。图 4-23 所示为油箱的解剖图和图形符号。

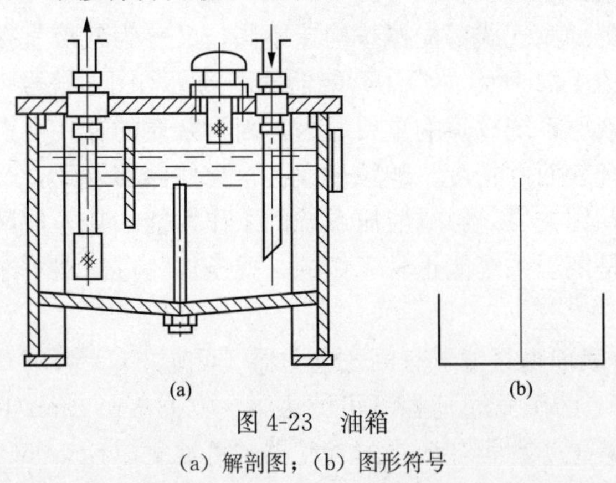

图 4-23　油箱

（a）解剖图；（b）图形符号

（4）热交换器。液压系统部分能量损失转换为热量以后，会使油液温度升高，黏度下降，泄漏增加。若长时间油温过高，将造成密封老化，油液氧化，严重影响系统正常工作。为保证正常工作温度，需要在系统中安装冷却器。冷却器要有足够的散热面积，散热效率高，压力损失小。根据冷却介质不同有风冷式、水冷式和冷媒式三种。图 4-24 所示为管式水冷却器的解剖图和图形符号。

与上述情况相反，在低温环境下，油温过低，油液黏度过大，设备起动困难，压力损失加大并引起较大的振动。此时系统应安装加热器，将油液温度升高到适合的温度。加热器有用热水或蒸汽加热和用电加热两种方式。图 4-25 所示为电加热器的安装位置和图形符号。

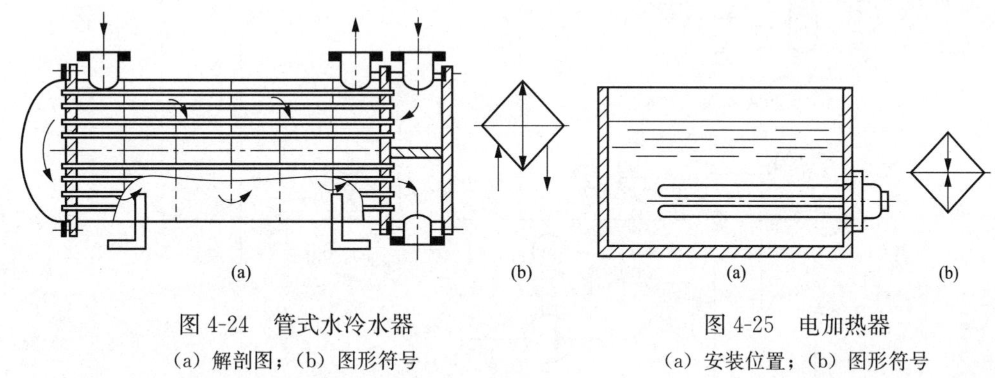

图 4-24　管式水冷水器

(a) 解剖图；(b) 图形符号

图 4-25　电加热器

(a) 安装位置；(b) 图形符号

(5) 密封装置。密封装置用来防止系统油液的内外泄漏，以及外界灰尘和异物的侵入，保证系统建立必要压力。要求密封装置在一定的工作压力和温度范围内具有良好的密封性能；与运动件之间摩擦系数要小；寿命长，不易老化，抗腐蚀能力强。

常用的密封形式有间隙密封、O 形密封圈、唇形密封（Y 形、Yx 形、V 形）和组合密封装置等。

4.3.2　液压控制系统图及控制

4.3.2.1　定桨距风力机的液压系统

定桨距风力机的液压系统通常由两个压力保持回路组成：一路通过蓄能器提供压力油给叶尖扰流器，另一路通过蓄能器供给机械刹车机构。机组运行时，这两个回路使制动机构始终保持着压力。当需要使风力机停车时，两回路中的常开电磁阀依照先扰流器一路、后机械刹车一路的次序失电，叶尖扰流器回路压力油流回油箱，气动刹车动作；稍后，机械刹车一路压力油进入刹车液压缸，驱动刹车夹钳，使风轮停止转动。

图 4-26 所示为 FD43-600kW 风力发电机组的液压系统。由于设置了偏航机构的液压回路，所以该系统由三个压力保持回路组成。图 4-26 中左侧是气动刹车压力保持回路；中间是两个独立的齿轮箱高速轴刹车回路；右侧为偏航系统回路。压力油经液压泵 2、精滤油器 4 进入系统。溢流阀 6 用来限制系统的最高压力。液压系统开机后，电磁阀 12-1 接通，压力油经单向阀 7-2 进入蓄能器 8-2，并通过单向阀 7-3 和旋转接头进入叶尖扰流气动刹车液压缸。

压力开关 9-2 由蓄能器的压力控制，当蓄能器压力达到设定值时，该开关动作，电磁阀 12-1 关闭。风力机正常运行时，液压回路压力主要由蓄能器保持，并且液压缸上的弹簧钢索拉住叶尖扰流器，使之与叶片主体保持相一致的结合。电磁阀 12-2 在风力机停车时发生动

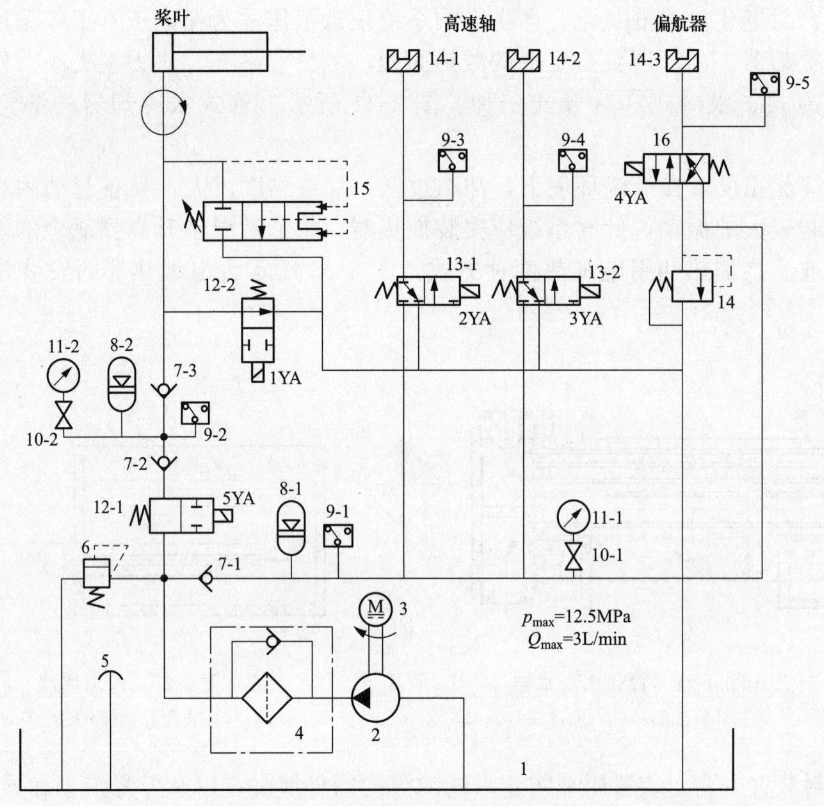

图 4-26 定桨距风力机的液压系统

1—油箱；2—液压泵；3—电动机；4—精滤油器；5—油位指示器；6—溢流阀；7—单向阀；8—蓄能器；9—压力开关；10—节流阀；11—压力阀；12，13—电磁阀；14—刹车夹钳；15—突开阀；16—电磁阀

作，用来释放叶尖气动刹车液压缸的液压油，使叶尖扰流器在离心力作用下偏离叶片主体相应的角度。突开阀 15 用于风轮的超速保护，当转速过高时，扰流器作用在弹簧钢索上的离心力增大，通过活塞的作用，使气动刹车回路内压力升高，当达一定值时，突开阀打开，压力油泄回油箱。突开阀不受控制系统指令的指挥，是风力机独立的安全保护装置。

电磁阀 13-1、13-2 分别控制两个机械刹车装置中压力油的进出，从而控制制动器动作。该回路中工作压力由蓄能器 8-1 保持，压力开关 9-1 根据蓄能器的压力高低，控制液压泵电动机的停/起。压力开关 9-3、9-4 用来指示制动器的工作状态。

图 4-26 中右边的偏航系统回路有两个工作压力，分别提供风轮偏航调整时的阻尼和偏航结束时的制动力。其工作压力也由蓄能器 8-1 保持。因调向时机舱有很大的转动惯量，调向过程必须确保系统的稳定性。因此，开始时偏航制动器用作阻尼器，4YA 得电，电磁阀 16 左侧接通，回路压力由溢流阀 6 保持，以提供调向系统足够的阻尼；调向结束时，4YA 失电，电磁阀右侧接通，制动压力由蓄能器直接提供。

4.3.2.2 变桨距机组液压系统图

图 4-27 所示为某变桨距风力发电机组的液压系统工作原理，其功能是控制变距机构和主传动制动器。

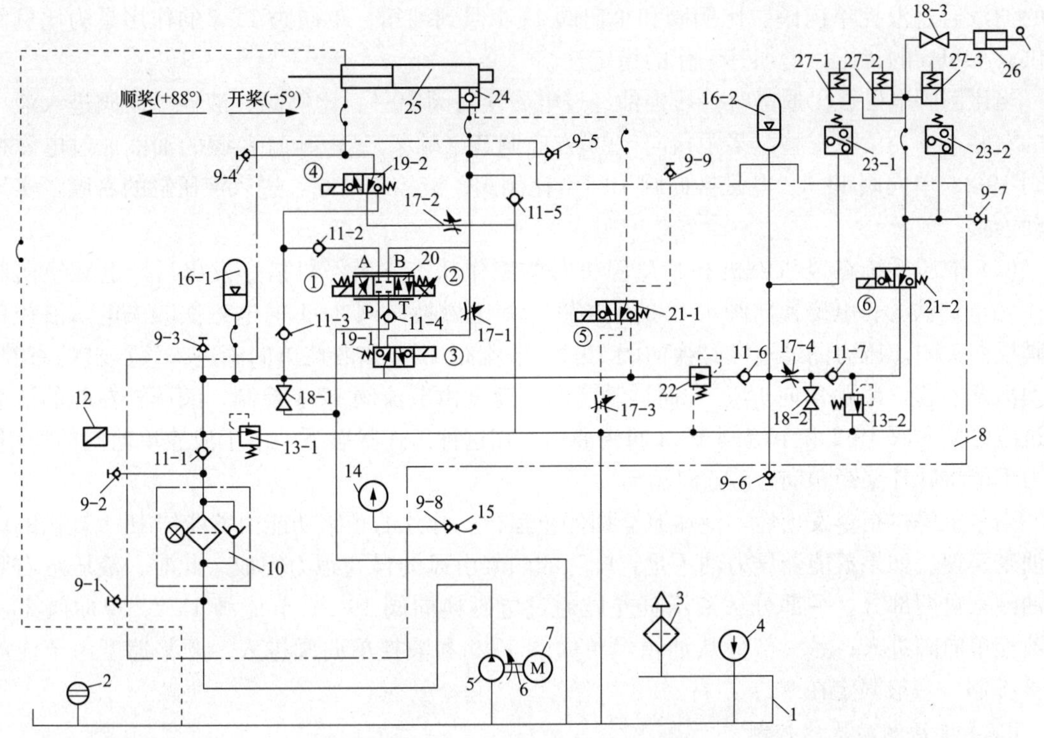

图 4-27 变桨距机组液压系统

1—油箱；2—油位开关；3—空气滤清器；4—温度传感器；5—液压泵；6—联轴器；7—电动机；8—主阀块；9—压力测试口；10—滤油器；11—单向阀；12—压力传感器；13—溢流阀；14—压力表；15—压力表接口；16—蓄能器；17—节流阀；18—截止阀；19，21—电磁换向阀；20—比例阀；22—减压阀；23—压力继电器；24—液控单向阀；25—液压缸；26—手动活塞泵；27—制动器

1. 动力部分

动力部分由电动机、液压泵、油箱及其附件组成。液压泵由电动机带动。油液被液压泵抽出后，通过滤油器和单向阀 11-1 进入蓄能器 16-1。液压泵的起动和停止由压力传感器的信号控制。当液压泵停止时，系统由蓄能器保持压力。系统的工作压力设定为 13.0～14.5MPa，当系统压力降至 13.0MPa 以下时，液压泵起动，当系统压力升至 14.5MPa 时，液压泵停止。风机处在运行状态、暂停状态和停机状态时，液压泵根据压力传感器的信号而自动起停；在紧急停机状态时，液压泵会因电动机迅速断路而立即停止工作。

溢流阀 13-1 作为安全阀使用。截止阀 18-1 用于放出蓄能器中的油液。液位开关可以在液位过低时报警。温度传感器可以监测油温，当油温高于设定值时报警，当油温低于允许值时报警并停机。空气滤清器用于向油箱加油和过滤空气。

2. 变距机构的控制

(1) 液压系统在风机运行和暂停时的工作状态。液压系统在风机运行和暂停时，电磁换向阀 19-1 的电磁铁③、电磁换向阀 19-2 的电磁铁④和电磁换向阀 21-1 的电磁铁⑤通电。压力油经过电磁换向阀 21-1 进入液控单向阀的控制口，使液控单向阀可以双向通油。

当比例阀电磁铁②通电时，压力油经过电磁换向阀 19-1、比例阀、单向阀 11-2、电磁换向阀 19-2，进入液压缸的左腔，推动活塞右移，桨距角向－5°方向调节（开桨）。液压缸右腔的油液通过液控单向阀、比例阀和单向阀 11-4 回到油箱。单向阀 11-4 的作用是为比例阀提供 0.1MPa 的背压，增加其工作的稳定性。

当比例阀电磁铁①通电时，压力油经过电磁换向阀 19-1、比例阀、液控单向阀进入液压缸的右腔，推动活塞左移，桨距角向＋88°方向调节（顺桨）。液压缸左腔的油液通过电磁换向阀 19-2、单向阀 11-3、电磁换向阀 19-1、比例阀、液控单向阀，进入液压缸的右腔，实现差动连接。

（2）液压系统在风机停机和紧急停机时的工作状态。当停机指令发出后，电磁换向阀 19-1 的电磁铁③、电磁换向阀 19-2 的电磁铁④和电磁换向阀 21-1 的电磁铁⑤失电，液控单向阀反向关闭。压力油经过电磁换向阀 19-1、节流阀 17-1 和液控单向阀进入液压缸的右腔，推动活塞左移，桨距角向＋88°方向运动。顺桨速度由节流阀 17-1 控制。液压缸左腔的油液通过电磁换向阀 19-2 和节流阀 17-2 回到油箱。在这种工作状态下，由于液控单向阀的作用，风力不能将叶片桨距角向－5°方向运动。

当紧急停机指令发出后，液压泵立即停止运行。叶片的顺桨功能由蓄能器 16-1 提供的压力油来实现。如果蓄能器压力油不足，叶片的顺桨由风的自变距力完成。此时，液压缸右腔的油液来自两部分，一部分从液压缸左腔通过电磁换向阀 19-2、节流阀 17-2、单向阀 11-5 和液控单向阀进入；另一部分从油箱经单向阀 11-5 和液控单向阀进入。顺桨速度由节流阀 17-2 控制，一般限定在 9°/s 左右。

3. 主传动制动器的控制

进入制动器的油液首先通过减压阀，其出口压力为 4.4MPa 蓄能器 16-2 为制动器提供压力油，它可以确保在蓄能器 16-1 或液压泵没有压力的情况下也能制动。溢流阀 13-2 作为安全阀使用，设定压力为 4.4MPa 截止阀 18-2 用于放出蓄能器中的油液。压力继电器 23-1 用以监视蓄能器中的油液压力，当蓄能器中的油液压力降到 3.4MPa 时，制动并报警。

当电磁换向阀 21-2 的电磁铁⑥断电时，减压阀的供油经单向阀 11-6、节流阀 17-4、单向阀 11-7 和电磁换向阀 21-2，蓄能器的供油经节流阀 17-4、单向阀 11-7 和电磁换向阀 21-2 共同进入制动器液压缸，实现风机制动。节流阀 17-4 可以调节制动速度。

当电磁换向阀 21-2 的电磁铁⑥通电时，制动器液压缸中的油液经电磁换向阀 21-2 流回油箱，制动器松开。压力继电器 23-2 用以监视制动器中的油液压力，防止电磁换向阀 21-2 错误动作而中断制动。

液压系统备有手动活塞泵，在系统不能正常加压时，用于制动风力发电机组。

4.3.3　液压系统的试验

1. 液压装置试验

（1）试验内容。在正常运行和刹车状态，分别观察液压系统压力保持能力和液压系统各元件动作情况，记录系统自动补充压力的时间间隔。

（2）试验要求。在执行气动与机械刹车指令时动作正确；在连续观察的 6h 中自动补充压力油 2 次，每次补油时间约 2s。在保持压力状态 24h 后，无外泄漏现象。

（3）试验方法。

1）打开油压表，进行开机、停机操作，观察液压是否及时补充、回放，卡钳补油，收回叶尖的压力是否保持在设定值。

2）运行24h后，检查液压系统的泄漏现象。

3）用电压表测试电磁阀的工作电压。

4）分别操作风力发电机组的开机，松刹、停机动作，观察叶尖、卡钳是否相应动作。

5）观察在液压补油、回油时是否有异常噪声。

2. 飞车试验

飞车试验的目的是设定或检验液压系统中的突开阀。一般按如下程序进行试验：

(1) 将所有过转速保护的设置值均改为正常设定值的2倍，以免这些保护首先动作。

(2) 将发电机并网转速调至5000r/min。

(3) 调整好突开阀后，起动风力发电机组。当风力发电机组转速达到额定转速的125%时，突开阀将打开并将气动刹车油缸中的压力油释放，从而导致空气动力刹车动作，使风轮转速迅速降低。

(4) 读出最大风轮转速值和风速值。

(5) 试验结果正常时，将转速设置改为正常设定值。

思考题

1. 什么是偏航系统？有什么作用？
2. 偏航系统有哪些部分组成？
3. 偏航计数器有什么作用？
4. 纽缆保护装置有什么作用？
5. 偏航定位不准确的原因有哪些？
6. 水平轴风力机有哪些对方方式？都应用到什么场合？
7. 设计偏航系统时，需要考虑哪些技术要求？
8. 变桨距控制系统是如何工作的？
9. 变桨距系统有哪两种类型？各有什么特点？
10. 液压系统有哪些元件组成？
11. 液压系统的检查有哪些注意事项？
12. 定桨距风力机的液压系统有哪几部分组成？都是怎么工作的？
13. 变桨距机组液压系统在风机运行和暂停时的工作状态是什么样的？

5 风力发电机组的控制系统

风力发电机由多个部分组成，其中控制系统贯穿于每个部分，相当于风电系统的神经。因此控制系统的好坏直接关系到风力发电机的工作状态、发电量的多少以及设备的安全。本章主要介绍风力发电机组的控制系统。

5.1 对风电机组控制系统的要求

5.1.1 对控制系统功能的要求

风力发电机组控制系统工作的安全可靠性，已成为风力发电系统能否发挥作用，甚至成为风电场长期安全可靠运行的重大问题。

控制系统总的功能和要求是保证机组运行的安全可靠。通过测试各部位的状态和数据，来判断整个系统的状况是否良好，并通过显示和数据远传，将机组的各类信息及时准确地报告给运行人员，帮助运行人员追忆现场、诊断故障原因、记录发电数据、实施远方复位、启停机组。

控制系统要求计算机（或 PLC）工作可靠，抗干扰能力强，软件操作方便、可靠；控制系统简洁明了、检查方便，其图纸清楚、易于理解和查找、操作方便。其功能包括以下几方面：

（1）运行功能。保证机组正常运行的一切要求，如起动、停机、偏航、刹车、变桨距等。

（2）保护功能。超速保护、发电机超温、齿轮箱（油、轴承）超温、机组振动、大风停机、电网故障、外界温度太低、接地保护、操作保护等。

（3）记录功能。记录动作过程（状态）、故障发生情况（时间、统计）、发电量（日、月、年）、闪烁文件记录（追忆）、功率曲线等。

（4）显示功能。显示瞬时平均风速、瞬时风向、偏航方向、机舱方位；平均功率、累计发电量，发电机转子温度，主轴、齿轮箱发电机轴承温度，双速异步发电机、大小发电机状态，刹车状态，泵油、油压、通风情况，机组状态；功率因数、电网电压、输出电流（三相）、风轮转速、发电机转速、机组振动水平；外界温度、日期、时间、可用率等。

（5）控制功能。偏航、机组起停、泵油控制、远传控制等。

（6）试验功能。超速试验、停机试验、功率曲线试验等。

5.1.2 对控制系统安全运行的要求

1. 控制系统安全运行的必备条件

（1）风力发电机组开关出线侧相序必须与并网电网相序一致，电压标称值相等，三相电压平衡。

（2）风力发电机组安全链系统硬件运行正常。

（3）调向系统处于正常状态，风速仪和风向标处于正常运行的状态。

（4）制动和控制系统液压装置的油压、油温和油位在规定范围内。

（5）齿轮箱油位和油温在正常范围。

(6) 各项保护装置均在正常位置，且保护值均与批准设定的值相符。

(7) 各控制电源处于接通位置。

(8) 监控系统显示正常运行状态。

(9) 在寒冷和潮湿地区，停止运行一个月以上的风力发电机组再投入运行前应检查绝缘，合格后才允许起动。

(10) 经维修的风力发电机组控制系统在投入起动前，应办理工作票终结手续。

2. 风力发电机组工作参数的安全运行范围

(1) 风速。自然界风的变化是随机的、没有规律的，当风速在 3～25m/s 的规定工作范围时，只对风力发电机组的发电有影响，当风速变化率较大且风速超过 25m/s 时，则对机组的安全性产生威胁。

(2) 转速。风力发电机组的风轮转速通常低于 40r/min，发电机的最高转速不超过额定转速的 30%，不同型号的机组数字不同。当风力发电机组超速时，对机组的安全性产生严重威胁。

(3) 功率。在额定风速以下时不作功率调节控制，在额定风速以上应作限制最大功率的控制，通常运行安全最大功率不允许超过设计值 20%。

(4) 温度。运行中风力发电机组的各部件运转将会引起温升，通常控制器环境温度应为 0～30℃，齿轮箱油温小于 120℃，发电机温度小于 150℃，传动等环节温度小于 70℃。

(5) 电压。发电电压允许的范围在设计值的 10%，当瞬间值超过额定值的 30%时，视为系统故障。

(6) 频率。机组的发电频率应限制在 50Hz±1Hz，否则视为系统故障。

(7) 压力。机组的许多执行机构由液压执行机构完成，所以各液压站系统的压力必须监控，由压力开关设计额定值确定，通常低于 100MPa。

5.1.3 控制系统的总体结构

风力发电机组的控制系统是一个综合性系统。尤其对于并网运行的风力发电机组，控制系统不仅要监视电网、风况和机组运行数据，对机组进行并网与脱网控制，以确保运行过程的安全性和可靠性，还需要根据风速和风向的变化对机组进行优化控制，以提高机组的运行效率和发电质量。这正是风力发电机组控制中的关键技术，现代风力发电机组一般都采用微机控制，图 5-1 所示为一个大型风力发电机组控制系统的总体结构。

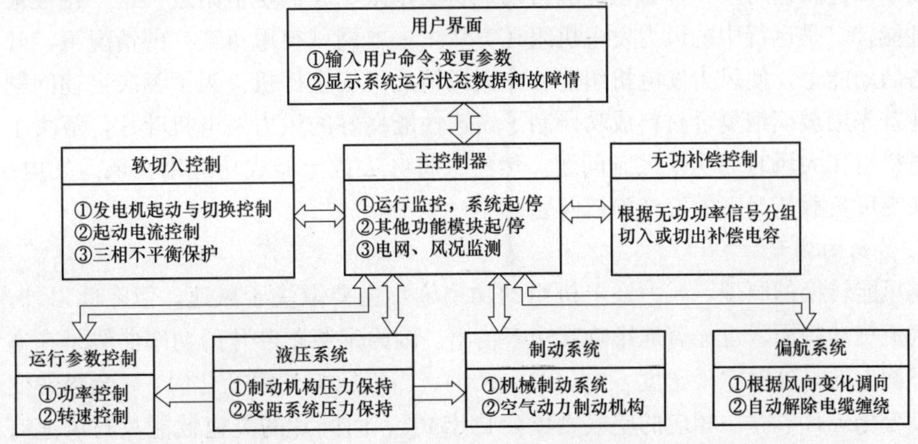

图 5-1 控制系统的总体结构

风力发电机组的微机控制属于离散型控制，是将风向标、风速计、风轮转速、发电机的电压、频率、电流，电网的电压、电流、频率，发电机和增速齿轮箱等的温升，机舱和塔架等的振动，电缆过缠绕等传感器的信号经过模/数转换输送给微机，由微机根据设计程序发出各种控制指令。控制系统主要硬件分别放置在开关柜、机舱控制柜和塔基控制柜中。图 5-2 所示为风力发电机组的微机控制原理框图。

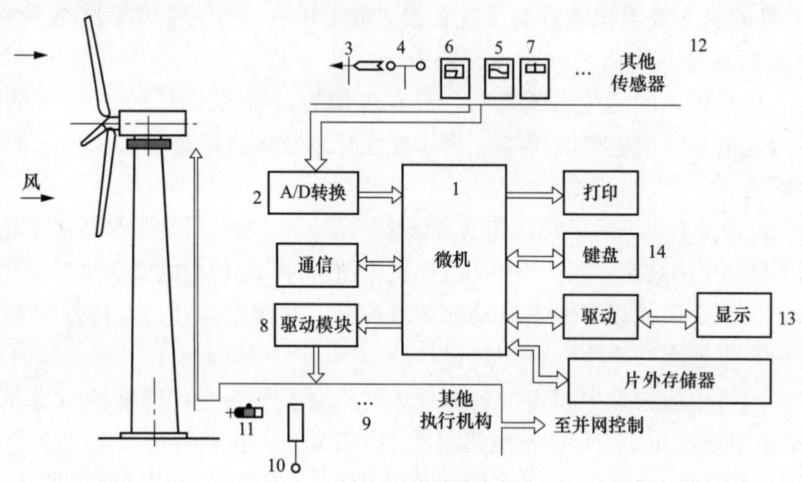

图 5-2　微机控制原理

1—微机；2—A/D 转换模块；3—风向仪；4—风速计；5—频率计；6—电压表；7—电流表；8—控制机构；9—执行机构；10—液压缸；11—偏航电动机；12—其他传感器；13—显示器；14—键盘

5.2　定桨距风电机组的控制

5.2.1　机组的控制特性

1. 失速和制动

定桨距风力机的主要结构特点是叶片与轮毂的连接是固定的，即当风速变化时，叶片的迎风角度不能随之变化。这一特点给定桨距风力发电机组提出了两个必须解决的问题：一是当风速高于额定风速时，叶片必须能够自动地将功率限制在额定值附近，这一特性被称为自动失速性能；二是运行中的风力发电机组在突然失去电网（突甩负载）的情况下，叶片自身必须具备制动能力，使风力发电机组能够在大风情况下安全停机。为了解决上述问题，叶片制造企业首先用玻璃钢复合材料成功研制了失速性能良好的风力发电机叶片，解决了定桨距风力发电机组在大风时的功率控制问题。然后又将叶尖扰流器成功应用在风力发电机组上，解决了在突甩负载情况下的安全停机问题。

2. 安装角的调整

根据风能转换的原理，风力发电机组的功率输出主要取决于风速，但除此以外，气压、气温和气流扰动等因素也显著地影响其功率输出。因为定桨距叶片的功率曲线是在空气的标准状态下测出的，这时空气密度 $\rho=1.225\text{kg/m}^3$。当气压与气温变化时，ρ 会跟着变化，一般当温度变化±10℃时，相应的空气密度变化±4%。而叶片的失速性能只与风速有关，只要达到了叶片气动外形所决定的失速调节风速，不论是否满足输出功率，叶片的失速性能都会起作用，影响功率输出。因此，当气温升高时，空气密度就会降低，相应的功率输出就会减少，反之，功率输出就会增大，如图 5-3 所示。对于一台 750kW 容量的定桨距风力发电机组，最大的功率输出可能会出现 30～50kW 的偏差。因此在冬季与夏季，应对叶片的安装角各做一次调整。

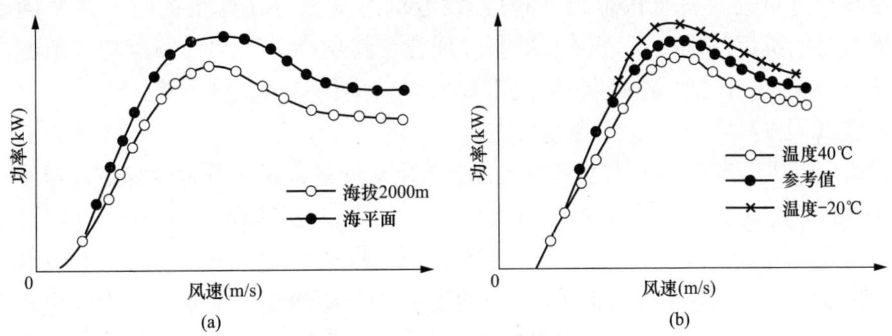

图 5-3 空气密度变化的影响
(a) 高度的影响；(b) 温度的影响

调整安装角可以显著影响额定功率的输出。根据定桨距风力发电机的特点，应当尽量提高低风速时的风能利用系数并考虑高风速时的失速性能。因此需要了解安装角的改变如何影响风力发电机的功率输出。图 5-4 所示是风力发电机组的一组功率曲线，由图可见，定桨距风力发电机组在额定风速以下运行时，在低风速区，不同的安装角所对应的功率曲线几乎是重合的。但在高风速区，安装角的变化，对其最大输出功率（额定功率点）的影响是十分明显的。事实上，调整叶片的安装角，只是改变了叶片对气流的失速点。根据实验结果，在一范围内，安装角越大，气流对叶片的失速点越高，其最大输出功率也越高。这就是定桨距风力机可以在不同的空气密度下调整叶片安装角的根据。

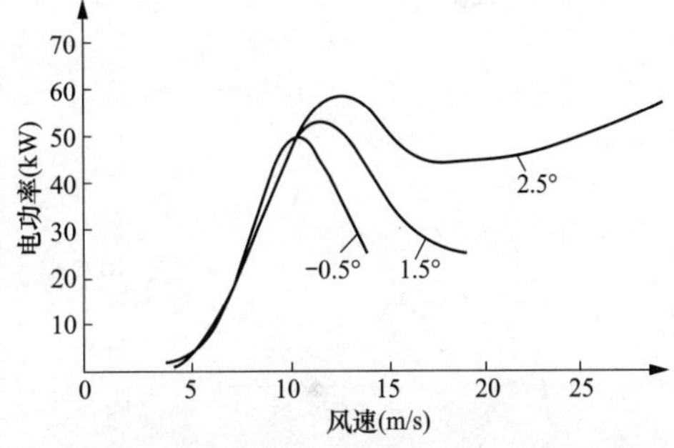

图 5-4 安装角对输出功率的影响

为了提高风力发电机组功率调节性能，又研制出了主动失速型风力发电机组。采取主动失速的风力机开机时，将叶片推进到可获得最大功率的位置，当风力发电机组超过额定功率后，叶片主动向失速方向调节，将功率调整在额定值上。由于功率曲线在失速范围的变化率比失速前要低得多，所以控制相对容易，输出功率也更加平稳。但严格地说，主动失速型风力发电机组已经不属于定桨距风力发电机，所以被称为“负变距型”风机。

3. 不连续变速

对于桨距角和转速都固定不变的定桨距风力发电机组，功率曲线上只有一点具有最大风能利用系数，这一点对应于某一个叶尖速比。当风速变化时，风能利用系数也随之改变。要在变化的风速下保持最大风能利用系数，风力发电机组的转速要能够跟随风速的变化。

对同样直径的风轮驱动的风力发电机组，其发电机额定转速需要有很大变化，而额定转速较低的发电机在低风速时具有较高的风能利用系数；额定转速较高的发电机在高风速时具有较高的风能利用系数。额定转速并不是按在额定风速时具有最大的风能利用系数设定的。

事实上，定桨距风力发电机组早在风速达到额定值以前就已开始失速了，到额定点时的风能利用系数已相当小，如图 5-5 所示。

在整个运行风速范围内（3m/s<v<25m/s），由于风速是不断变化的，如果风力机的转速不能随风速的变化而调整，就必然会使风轮在低风速时的效率降低（而设计低风速时效率过高，会使叶片过早进入失速状态）。同时，发电机本身也存在低负荷时的效率问题，尽管目前用于风力发电机组的发电机已设计得非常理想，其功率 P>30%额定功率范围内，均有高于 90%的效率，但当功率 P<25%额定功率时，效率仍然会急剧下降。

可以采取以下方法实现不连续变速功能。

（1）双速发电机。定桨距风力发电机组普遍采用双速发电机，分别设计成 4 极和 6 极。一般 6 极发电机的额定功率设计成 4 极发电机的 1/5～1/4。如 1MW 风力发电机组设计成 6 极 200kW 和 4 极 1MW。这样，当风力发电机组在低风速段运行时，不仅叶片具有较高的气动效率，发电机的效率也能保持在较高水平，使定桨距风力发电机组与变桨距风力发电机组在进入额定功率前的功率曲线差异减小。采用双速发电机的风力发电机组输出功率曲线如图 5-6 所示。

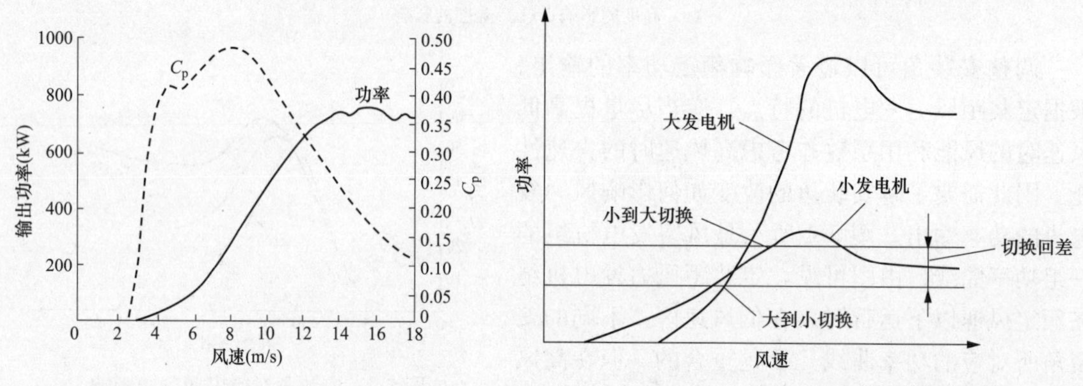

图 5-5 功率曲线和风能利用系统

图 5-6 双速发电机功率曲线

（2）双绕组双速感应发电机。双绕组双速感应发电机有两个定子绕组，嵌在相同的定子铁芯槽内，在某一时间内仅有一个绕组在工作，转子仍是通常的笼型，发电机有两种转速，分别取决于两个绕组的极数。与单速机相比，这种发电机要重一些，效率也稍低一些，因为总有一个绕组未被利用，导致损耗相对增大；价格也贵一些。

（3）双速极幅调制感应发电机。双速极幅调制感应发电机只有一个定子绕组，但可以有两种不同的运行速度，只是绕组的设计不同于普通单速发电机。它的每相绕组由匝数相同的两部分组成，对于一种转速是并联，对于另一种转速是串联，从而使磁场在两种情况下有不同的极数，导致两种不同的运行速度。这种发电机定子绕组有 6 个接线端子，通过开关控制不同的接法，即可得到不同的转速。双速单绕组极幅调制感应发电机可以得到与双绕组双速发电机基本相同的性能，但质量轻、体积小，因而造价也较低，它的效率与单速发电机大致相同；缺点是发电机的旋转磁场不是理想的正弦形，因此产生的电流中有不需要的谐波分量。

5.2.2 运行过程

1. 待机状态

当风速 v>3m/s，但不足以将风力发电机组拖动到切入的转速，或者风力发电机组从小功率（逆功率）状态切出，没有重新并入电网，这时的风力机处于自由转动状态，称为待机状态。待机状态下虽然发电机没有并入电网，但是机组已处于工作状态。这时控制系统已做好切入电网的一切准备：机械制动已松开；叶尖扰流器已收回；风轮处于迎风状态；液压系统的压力保持在设定值上；风况、电网和机组的所有状态参数均在控制系统检测之中。一旦风速增大，转速升高，发电机即可并入电网。

2. 风力发电机组的自起动

风力发电机组的自起动是指风轮在自然风速的作用下，不依靠其他外力的协助，将发电机拖动到额定转速。早期的定桨距风力发电机组不具有自起动功能，风轮的起动是在发电机的协助下完成的，这时发电机做电动机运行，称为电动机起动。直到现在，有一些定桨距风力机仍具备电动机起动的功能。由于叶片气动性能的不断改进，目前绝大多数风力发电机组的风轮具有良好的自起动性能。一般在风速 $v>4\mathrm{m/s}$ 的条件下，即可自起动到发电机的额定转速。

3. 自起动的条件

正常起动前 10min，风力发电机组控制系统对电网、风况和机组的状态进行检测。这些状态必须满足以下条件：

(1) 电网。连续 10min 内电网没有出现过电压、低电压；电网电压 0.1s 内跌落值均小于设定值；电网频率在设定范围之内；没有出现三相不平衡等现象。

(2) 风况。连续 10min 风速在风力发电机组运行风速的范围内（$3\mathrm{m/s}<v<25\mathrm{m/s}$）。

(3) 机组。机组本身至少应具备以下条件：发电机温度、增速箱油温度应在设定值范围以内；液压系统所有部位的压力都在设定值；液压油位和齿轮润滑油位正常；制动器摩擦片正常；纽缆开关复位；控制系统 DC24V、AC24V、DC5V、DC±15V 电源正常；非正常停机后显示的所有故障均已排除；维护开关在运行位置。

上述条件满足时，按控制程序机组开始执行风轮对风与制动解除指令。

4. 风轮对风

控制器允许风轮对风时，通过传感器测定风轮偏角。当风力机向左或右偏离风向确定时，需延迟 10s 后才执行向左或向右偏航，以避免在风向扰动情况下的频繁起动。偏航制动松开 1s 后，偏航电动机根据指令执行左右偏航，偏航停止时，偏航制动卡紧。

5. 制动解除

当自起动的条件满足时，控制叶尖扰流器的电磁阀打开，压力油进入液压缸，扰流器被收回与叶片主体合为一体。控制器收到叶尖扰流器已回收的反馈信号后，压力油的另一路进入机械盘式制动器液压缸，松开盘式制动器。

5.2.3 失速调节

许多风力发电机组是失速型的，即叶片设计成在高风速的时候主动失速而不需要任何变桨动作，也就是说不需要变桨距执行机构，尽管在紧急的情况下可能会需要空气动力刹车制动。

定桨距实际上是固定桨距失速调节式，即机组在安装时根据当地风资源情况，确定一个桨距角度，一般是$-4°\sim4°$，如图 5-7 所示，按照这个角度安装叶片。风轮在运行时叶片的角度就不再改变了，当然如果发电量明显减小或经常过功率，可以随时进行叶片角度调整。

图 5-7 中，F 为作用在桨叶上的气动合力，该力可以分解为 F_d、F_l 两部分；F_d 与风速 v_W 垂直，称为驱动力，使桨叶旋转做功；F_l 与风速 v_W 平行，称为轴向推力，通过塔架作用在地面上。

叶片的失速调节原理如图 5-7 所示，图中 F 为作用在叶片上的气动合力，可分解成 F_d、F_l 两部分；F_d 与风速垂直，称为驱动力，使叶片转动；F_l 与风速平行，称为轴向推力，通过塔架作用到地面上。当叶片的安装角不变，随着风速的增加，攻角增大，达到临界攻角时，升力系数开始减小，阻力系数不断增大，造成叶片失速。失速调节叶片的攻角沿轴向由根部向叶尖逐渐减少，因而根部叶面先进入失速，随风速增大，失速部分向叶尖处扩展，原先已失速的部分失速程度加深，未失速的部分逐渐进入失速区。失速部分使功率减少，未失速部分仍有功率增加，从而使输入功率保持在额定功率附近。

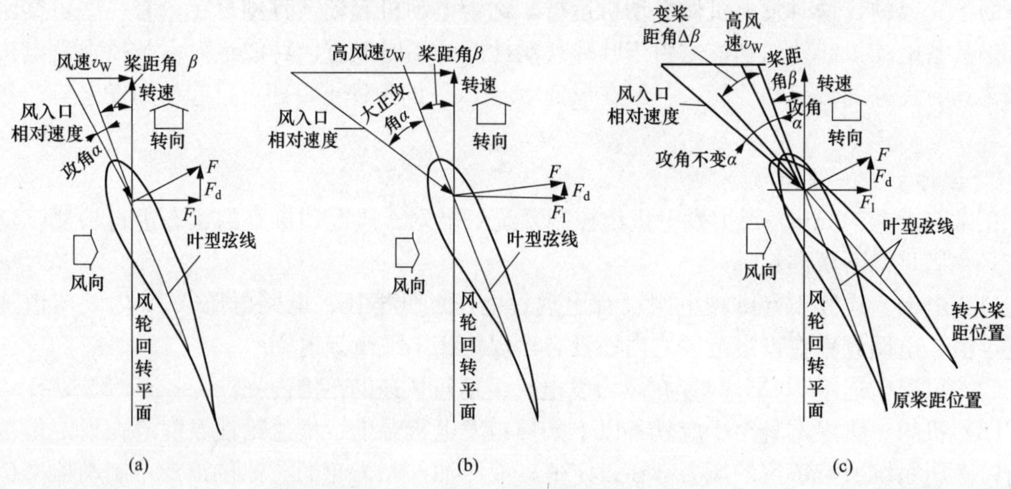

图 5-7 功率调节方式原理图

（a）设计工况；（b）定桨距失速功率调节；（c）变桨距攻角不变

定桨距风力机一般装有叶尖刹车系统，当风力发电机需要停机时，叶尖刹车打开，当风轮在叶尖（气动）刹车的作用下转速低到一定程度时，再由机械刹车使风轮刹住到静止。也有个别风力发电机没有叶尖刹车，但要求有较昂贵的低速轴刹车以保证机组的安全运行。定桨距失速式风力发电机组的优点是轮毂和叶根部件没有结构运动部件，费用低，因此控制系统不必设置一套程序来判断控制变桨距过程，在失速的过程中，功率的波动小；其缺点是叶片计制造中，由于定桨距失速叶宽大，机组动态载荷增加，要求一套叶尖刹车，在空气密度变化大的地区，在季节不同时输出功率变化很大。兆瓦级以上大型风电机组很少应用定桨距失速调节。

5.3 变桨距风电机组的控制

5.3.1 机组的控制特性

1. 输出功率特性

与定桨距风力发电机组相比，变桨距风力发电机组具有在额定功率点以上输出功率平稳的特点，其功率调节不完全依靠叶片的气动性能。当功率在额定功率以下时，控制器将桨距角置于 0°附近，不作变化，可认为等于定桨距风力发电机组，发电机的功率根据叶片的气动性能随风速的变化而变化。

当功率超过额定功率时，变桨距机构开始工作，调整桨距角，使叶片攻角不变，将发电机的输出功率限制在额定值附近。为了使变桨距风力发电机组的功率调节跟得上高频风速变化，变桨距风力发电机组除了对桨距角进行控制以外，还通过控制发电机转子电流控制发电机转差率，使得发电机转速在一定范围内能够快速响应风速的变化，以吸收瞬变的风能，使输出的功率曲线更加平稳。

图 5-8 所示为定桨距风力发电机组和变桨距风力发电机组功率曲线的比较。

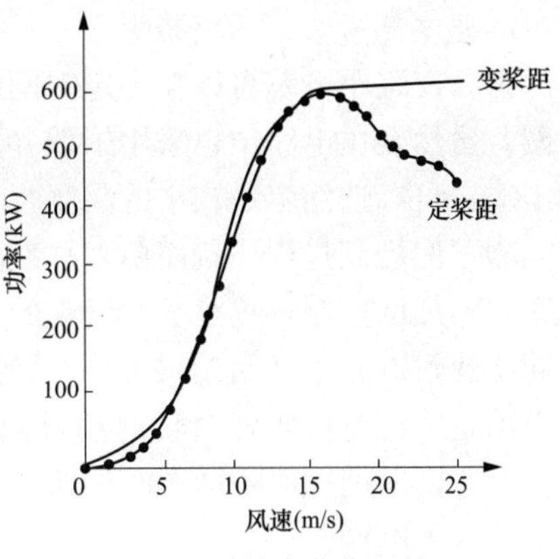

图 5-8　功率曲线比较

2. 在额定点具有较高的风能利用系数

与定桨距风力发电机组相比，在相同的额定功率点，变桨距风力发电机组额定风速比要低。对于定桨距风力发电机组，一般在低风速段的风能利用系数较高。当风速接近额定点，风能利用系数开始大幅下降。因为随着风速的升高，功率上升已趋缓，而过了额定点后，叶片开始失速，风速升高，功率反而下降。对于变桨距风力发电机组，由于叶片节距可以控制，无需担心风速超过额定点后的功率控制问题，使得额定功率点仍然具有较高的风能利用系数。

3. 确保高风速段的额定功率

变桨距风力发电机组的桨距角是根据发电机输出功率的反馈信号来控制的，不受气流密度变化的影响。无论是由于温度变化还是海拔引起空气密度变化，变桨距系统都能通过调整叶片角度，获得额定功率输出。这对于功率输出完全依靠叶片气动性能的定桨距风力发电机组来说，具有明显的优越性。

4. 起动性能与制动性能

变桨距风力发电机组在低风速时，桨距可以转动到合适的角度，使风轮具有最大的起动力矩，从而更容易起动。在变桨距风力发电机组上，一般不再设计电动机起动的程序。当风力发电机组需要脱离电网时，变桨距系统可以先转动叶片使之减小功率，在发电机与电网断开之前，功率减小至 0，这意味着当发电机与电网脱开时，没有转矩作用于风力发电机组，避免了在定桨距风力发电机组上每次脱网时所要经历的突甩负载的过程。

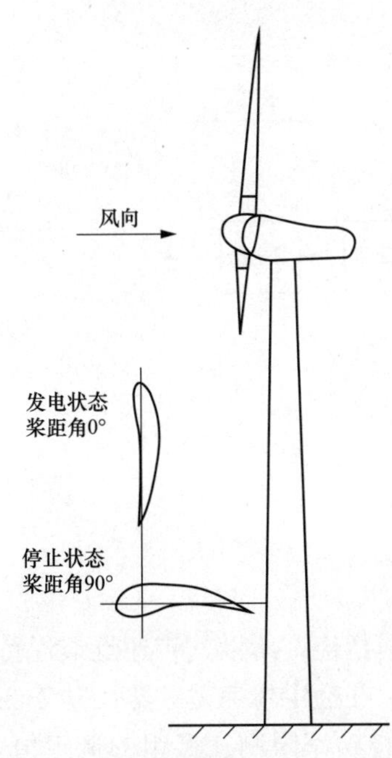

图 5-9　不同桨距角时的叶片截面

5.3.2　运行状态

变桨距风力发电机组根据变距系统所起的作用可分为三种运行状态，即风力发电机组的起动状态（转速控制）、欠功率状态（不控制）和额定功率状态（功率控制）。

1. 起动状态

变距风轮的叶片在静止时，桨距角为 90°（见图 5-9），这时气流对叶片不产生转矩，整个叶片实际上是一块阻尼板。当风速达到起动风速时，叶片向 0°方向转动，直到气流对叶片产生一定的攻角，风轮开始起动，在发电机并入电网以前，变桨距系统的桨距给定值由发电机转速信号控制。转速控制器按一定的速度上升斜率给出速度参考值，变桨距系统根据给定的速度参考值，调整桨距角，进行速度控制。为了确保并网平稳，对电网产生尽可能小的冲击，变桨距系统可以在一定时间内，保持发电机的转速在同步转速附近，寻找最佳时机并网。虽然在主电路中也采用了软并网技术，但由于并网过程的时间短（仅持续几个周波），冲击小，可以选用容量较小的晶闸管。

为了使控制过程比较简单，早期的变桨距风力发电机组在转速达到发电机同步转速前对桨距并不加以控制，只是按所设定的变距速度将桨距角向0°方向打开，直到发电机转速上升到同步速附近，才开始投入工作。转速控制的给定值是恒定的（即同步转速），转速反馈信号与给定值进行比较，当转速超过同步转速时，桨距就向迎风面积减小的方向转动一个角度，反之则向迎风面积增大的方向转动一个角度。当转速在同步转速附近保持一定时间后发电机即并入电网。

2. 欠功率状态

欠功率状态是指发电机并入电网后，由于风速低于额定风速，发电机在额定功率以下的低功率状态运行。与转速控制相同的道理，在早期的变桨距风力发电机组中，对欠功率状态不加控制。这时的变桨距风力发电机组与定桨距风力发电机组相同，其功率输出完全取决于叶片的气动性能。

为了改善低风速时风力发电机组的性能，采用了优化滑差技术，即根据风速的大小，调整发电机转差率，使其尽量运行在最佳叶尖速比上，以优化功率输出。

3. 额定功率状态

当风速达到或超过额定风速后，风力发电机组进入额定功率状态。在传统的变桨距控制方式中，将转速控制切换到功率控制，变桨距系统开始根据发电机的功率信号进行控制。控制信号的给定值是恒定的，即额定功率。功率反馈信号与给定值进行比较，当功率超过额定功率时，桨距就向迎风面积减小的方向转动一个角度，反之则向迎风面积增大的方向转动一个角度。其控制系统如图5-10所示。

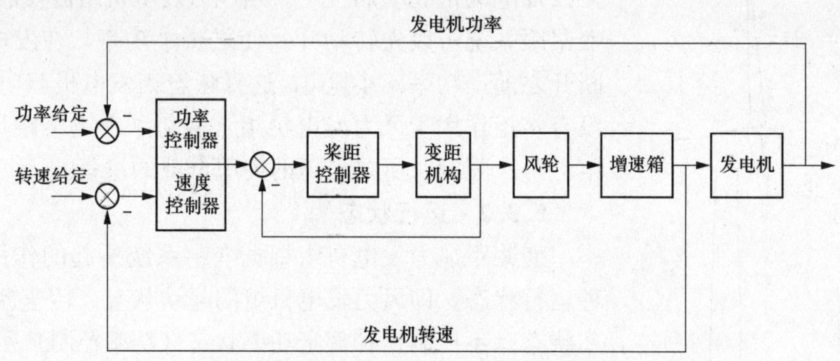

图5-10 变桨距风力发电机组的控制框图

5.3.3 恒速变桨距风力发电机组的控制

恒速变桨距风力发电机组通常将感应的电机直接与交流电网相连，所以其转速近似保持恒定。随着风速的变化，输出功率的变化与风速的立方成比例。在额定风速时，输出功率与风力发电机组的额定值相等，为了减小叶轮的空气动力系数并将功率限制在机组的额定值，叶片开始调节桨距角。通常的控制策略是根据功率误差来调节桨距角，功率误差定义为额定功率与电量传感器测得的实际发电功率的差。因此，其基本目标就是设计出使误差最小化的动态变桨算法。

闭环控制器的主要组成部分如图 5-11 所示。控制器通常采用 PI 或 PID 算法。

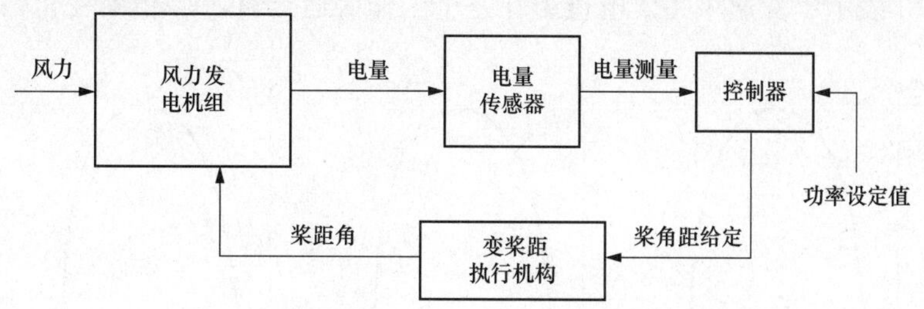

图 5-11　恒速变桨距风力发电机组闭环控制器

5.3.4　变速变桨距风力发电机组的控制

变速风力发电机组可以通过发电机直接控制载荷转矩，所以风力发电机组风轮转速允许在一定的范围内进行变化。变速控制风力发电机组的优点就是在额定风速以下时，风轮转速可以随风速成比例调节，所以风速变化时可以维持最佳叶尖速比不变。在这个叶尖速比下，风能利用系数 C_P 最大，即风轮可以实现最大风能捕获。这经常用来说明具有同直径的变速风力发电机组可以比恒速风力发电机组获得更多能量。然而，事实上，完全实现理论上的最大风能捕获是非常困难的。

风力机的特性通常由一簇风能利用系数 C_P的无因次性能曲线来表示，风能利用系数是风力发电机叶尖速比 λ 的函数，如图 5-12 所示。

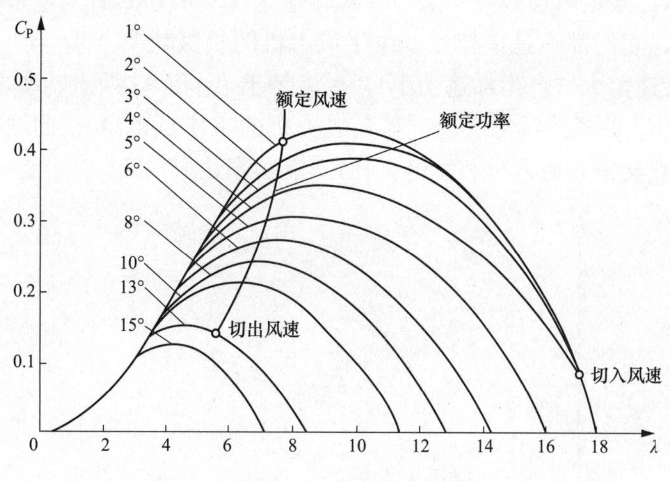

图 5-12　风力机性能曲线

根据变速风力发电机组在不同区域的运行，将基本控制方式确定为，低于额定风速时跟踪 C_{Pmax}曲线，以获得最大能量；高于额定风速时跟踪 P_{max}曲线，并保持输出稳定。

假定变速风力发电机组的桨距角是恒定的。当风速达到起动风速后，风轮转速由零增大到发电机可以切入的转速，C_P 值不断上升，如图 5-12 所示，风力发电机组开始作发电运行。通过对发电机转速进行控制，风力发电机组逐渐进入 C_P 恒定区（$C_P=C_{Pmax}$），这时机组在最佳状态下运行。随着风速增大，转速亦增大，最终达到一个允许的最大值，这时，只要功率低于允许的最大功率，转速便保持恒定。在转速恒定区，随着风速增大，C_P值减少，但功率仍然增大。达到功率极限后，机组进入功率恒定区，这时随风速的增大，转速必须降低，使叶尖速比减少的速度比在转速恒定区更快，从而使风力发电机组在更小的C_P值下作恒功率运行。图 5-13 表示了变速风力发电机组在三个工作区运行时，C_P值的变化情况。

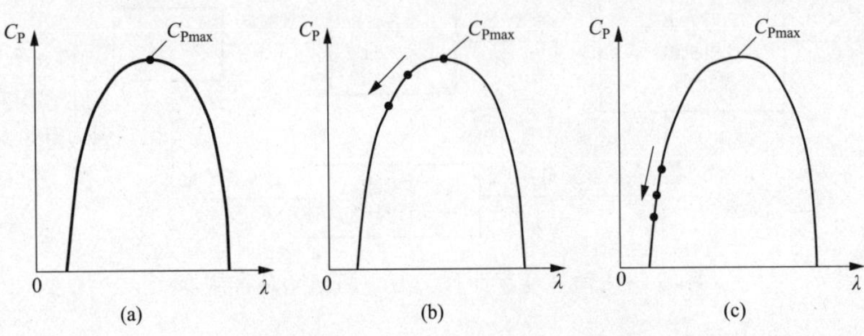

图 5-13 三个区域的 C_P 值变化情况

(a) C_P恒定区；(b) 转速恒定区；(c) 功率恒定区

1. C_P恒定区

在C_P恒定区，风力发电机组受到给定的功率-转速曲线控制。最佳功率（P_{opt}）的给定参考值随转速变化，由转速反馈算出。P_{opt}以计算值为依据，连续控制发电机输出功率，使其跟踪 P_{opt}曲线变化。用目标功率与发电机实测功率之偏差驱动系统达到平衡。

功率-转速特性曲线的形状由 C_{Pmax}和 λ_{opt}决定。图 5-14 给出了转速变化时不同风速下风力发电机组功率与目标功率的关系。

如图 5-14 所示，假定风速是 v_2，点 A_2 是转速为 1200r/min 时发电机的工作点，点 A_1 是风力机的工作点，它们都不是最佳点。由于风力机的机械功率（A_1 点）大于电功率（A_2 点），过剩功率使转速增大（产生加速功率），后者等于 A_1 和 A_2 两点功率之差。随着转速增大，目标功率遵循 P_{opt}曲线持续增大。同样，风力机的工作点也沿 v_2 曲线变化。工作点 A_1 和 A_2最终将在 A_3点交汇，风力机和发电机在 A_3点功率达成平衡。

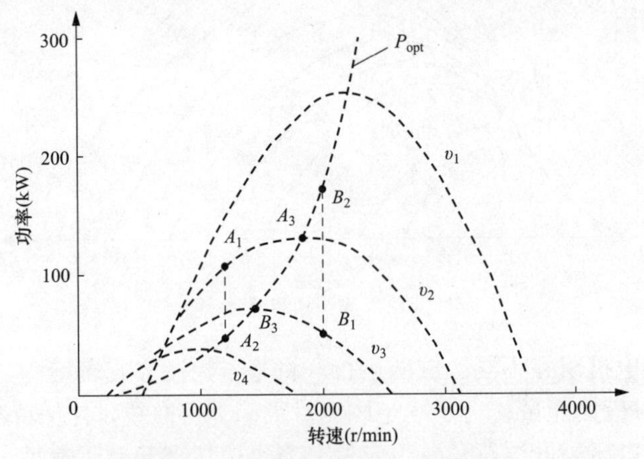

图 5-14 最佳功率和风轮转速

当风速为 v_3 时，发电机转速大约是 2000r/min。发电机的工作点是 B_2，风力机的工作点是 B_1。由于发电机负荷大于风力机产生的机械功率，故风轮转速减小。随着风轮转速的减小，发电机功率不断修正，沿 P_{opt} 曲线变化。风力机械输出功率亦沿 v_3 曲线变化。随着风轮转速降低，风轮功率与发电机功率之差减小，最终两者将在 B_3 点交汇。

2. 转速恒定区

如果保持 C_{Pmax}（或 λ_{opt}）恒定，即使没有达到额定功率，发电机最终将达到其转速极限。此后风力机进入转速恒定区。在这个区域，随着风速增大，发电机转速保持恒定，功率在达到极值之前一直增大。控制系统按转速控制方式工作。风力机在较小的 A 区（C_{Pmax}的左面）工作。图 5-15 所示为发电机在转速恒定区的控制方案。其中 n 为转速当前值，Δn 为设定的转速增量，n_r为转速限制值。

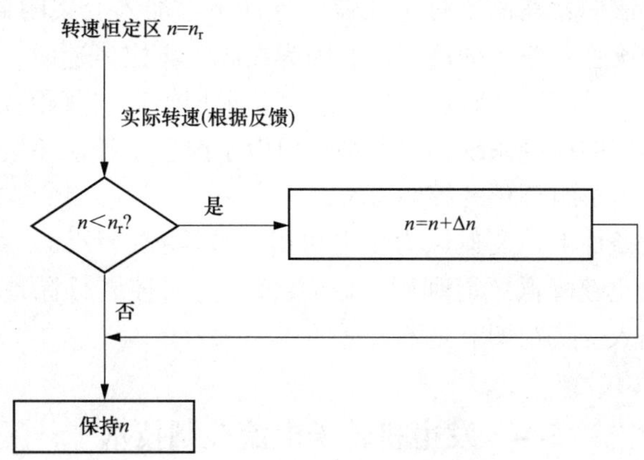

图 5-15　转速恒定区的实现

3. 功率恒定区

随着功率增大，发电机和变流器将最终达到其功率极限。在功率恒定区，必须靠降低发电机的转速使功率低于其极限。随着风速增大，发电机转速降低，使 C_P 值迅速降低，从而保持功率不变。

增大发电机负荷可以降低转速。风力机惯性较大，需要降低发电机转速，将动能转换为电能。图 5-16 所示为发电机在功率恒定区的控制方案。其中 n 为转速当前值，Δn 为设定的转速增量。

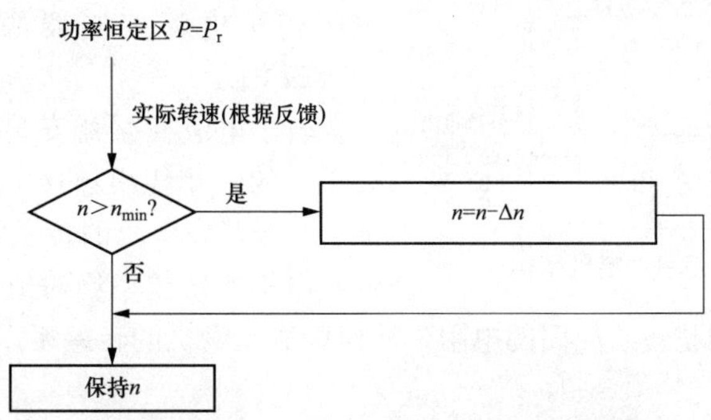

图 5-16　恒定功率的实现

如图 5-16 所示，以恒定速度降低转速，从而限制动能变成电能的能量转换。这样，为降低转速，发电机不仅有功率抵消风的气动能量，而且抵消惯性释放的能量。因此，要考虑发电机和变流器两者的功率极限，避免在转速降低过程中释放过多功率。

由于系统惯性较大，必须增大发电机的功率极限，使之大于风力机的功率极限，以便有足够空间承接风轮转速降低所释放的能量。这样，一旦发电机的输出功率高于设定点，那就直接控制风轮，以降低其转速。因此，当转速慢慢降低，功率重新低于功率极限以前，功率会有一个变化范围。

高于额定风速时，变速风力发电机组的变速能力主要用来提高传动系统的柔性。为了获得良好的动态特性和稳定性，在高于额定风速的条件下采用变桨距控制得到了更为理想的效果。在变速风力机的开发过程中，对采用单一的转速控制和加入变桨距控制两种方法均作了大量的实验研究。结果表明：在高于额定风速的条件下，加入变桨距调节的风力发电机组，显著提高了传动系统的柔性及输出的稳定性。因为在高于额定风速时，追求的是稳定的功率输出。采用变桨距调节，可以限制转速变化的幅度。采用转速与桨距双重调节，虽然增加了额外的变桨距机构和相应的控制系统的复杂性，但由于改善了控制系统的动态特性，仍然被普遍认为是变速风力发电机组理想的控制方案。

在低于额定风速的条件下，变速风力发电机组的基本控制目标是跟踪 C_{Pmax}曲线。根据图 5-12，改变桨距角会迅速降低风能利用系数 C_P值，这与控制目标是相违背的，因此在低于额定风速的条件下加入变桨距调节是不合适的。

5.4 发电机转子电流控制技术

为了有效地控制高速变化的风速引起的功率波动，变桨距风力发电机组采用了转子电流控制器（rotor current control，RCC）技术，即发电机转子电流控制技术。通过对发电机转子电流的控制来迅速改变发电机转差率，从而改变风轮转速，吸收由于瞬变风速引起的功率波动。

5.4.1 转子电流控制器的结构

转子电流控制器（RCC）技术必须使用在绕线转子异步发电机上，用于控制发电机的转子电流，使异步发电机成为可变转差率发电机。采用转子电流控制器的异步发电机结构如图 5-17 所示。

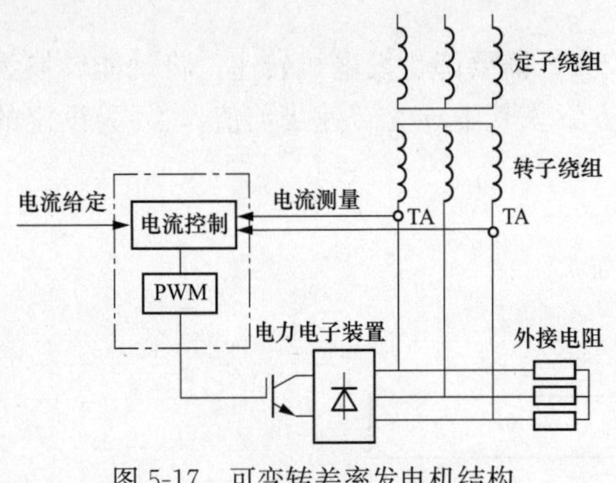

图 5-17 可变转差率发电机结构

转子电流控制器安装在发电机的轴上，与转子上的三相绕组连接，构成电气回路。将普通三相异步发电机的转子引出，外接转子电阻，使发电机的转差率绝对值增大至 10%，通过一组电力电子元器件来调整转子回路的电阻，从而调节发电机的转差率。转子电流控制器电气原理如图 5-18 所示。

RCC 依靠外部控制器给出的电流基准值和两个电流互感器的测量值，计算出转子回路的电阻值，通过 IGBT（绝缘栅双极型晶体管）的导通和关断来进行调整。IGBT 的导通与关断受宽度可调的脉冲信号（PWM）控制。

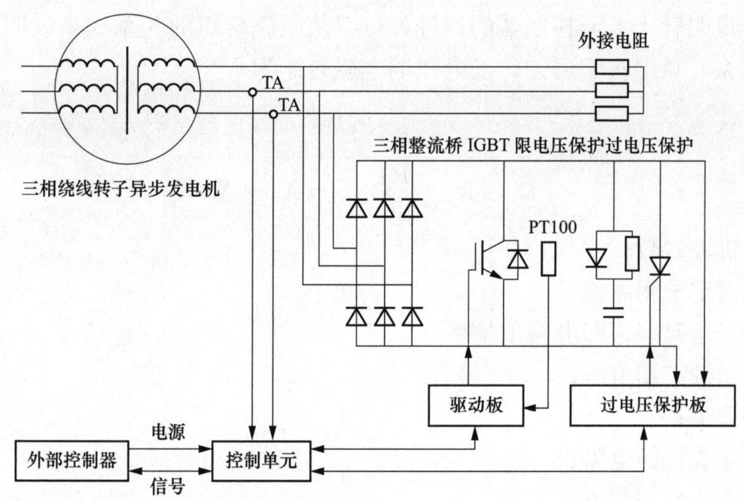

图 5-18 转子电流控制器电气原理

IGBT 是双极型晶体管和 MOSMFET（场效应晶体管）的复合体，所需驱动功率小，饱和压降低，在关断时不需要负栅极电压来减少关断时间，开关速度较高；饱和压降低减少了功率损耗，提高了发电机的效率；采用脉宽调制（PWM）电路，提高了整个电路的功率因数，同时只用一级可控的功率单元，减少了元件数，电路结构简单，由于通过对输出脉冲宽度的控制就可控制 IGBT 的开关，系统的响应速度加快。

转子电流控制器可在维持额定转子电流（即发电机额定功率）的情况下，在 0 至最大值之间调节转子电阻，使发电机的转差率绝对值大约在 0.6%（转子自身电阻）至 10%（IGBT 关断，转子电阻为自身电阻与外接电阻之和）之间连续变化。

为了保护 RCC 单元中的主元件 IGBT，设有阻容回路和过电压保护，阻容回路用来限制 ICBT 每次关断时产生的过电压峰值，过电压保护采用晶闸管，当电网发生短路或短时中断时，晶闸管全导通，使 ICBT 处于两端短路状态，转子总电阻接近于转子自身的电阻。

5.4.2 转子电流控制器原理

转子电流控制系统通过一个发电机转子电流控制环实现的，如图 5-19 所示。转子电流控制器由快速数字式 PI 控制器和一个等效变阻器构成。它根据给定的电流值，通过改变转子电路的电阻来改变发电机的转差率。在额定功率时，发电机的转差率绝对值能够从 1%～10%（1515～1650r/min）变化，相应的转子平均电阻从 0～100%变化。当功率给定值变化即转子电流给定值变化时，PI 调节器迅速调整转子电阻，使转子电流跟踪给定值，如果从主控制器传出的电流给定值是恒定的，它将保持转子电流恒定，从而使功率输出保持不变。与此同时，发电机转差率却在做相应的调整以平衡输入功率的变化。

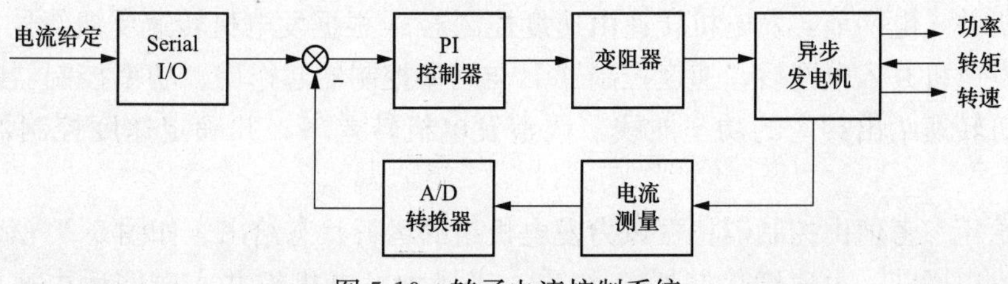

图 5-19 转子电流控制系统

为了进一步说明转子电流控制器的原理，可以从电磁转矩的关系式来说明转子电阻与发电机转差率的关系。从电机学可知，发电机的电磁转矩为

$$M_e=\frac{m_1PU_1^2\frac{R_2'}{s}}{\omega_1\left[\left(R_1+\frac{R_2'}{s}\right)^2+(X_1+X_2')^2\right]} \tag{5-1}$$

式中 P——电机极对数；

m_1——电机定子相数；

ω_1——定子角频率，即电网角频率；

U_1——定子额定相电压；

s——转差率；

R_1——定子绕组的电阻；

X_1——定子绕组的漏抗；

R_2'——折算到定子侧的转子每相电阻；

X_2'——折算到定子侧的转子每相漏抗。

由式（5-1）可知，只要$\frac{R_2'}{s}$不变，电磁转矩 M_e 就可保持不变。

5.4.3 带调整发电机转差率的变桨距系统

由于传统变桨距系统的响应速度限制，对快速变化的风速，通过改变桨距来控制输出功率的效果并不理想。因此，为了优化功率曲线，改进的变桨距风力发电机组在进行功率控制的过程中，其功率反馈信号不再作为直接控制桨距的变量。变桨距系统由风速低频分量和发电机转速控制，风速的高频分量产生的机械能波动，通过迅速改变发电机的转速来进行平衡，即通过转子电流控制器对发电机转差率进行控制，使功率曲线达到理想的状态。带转差率控制的变桨距系统如图 5-20 所示。

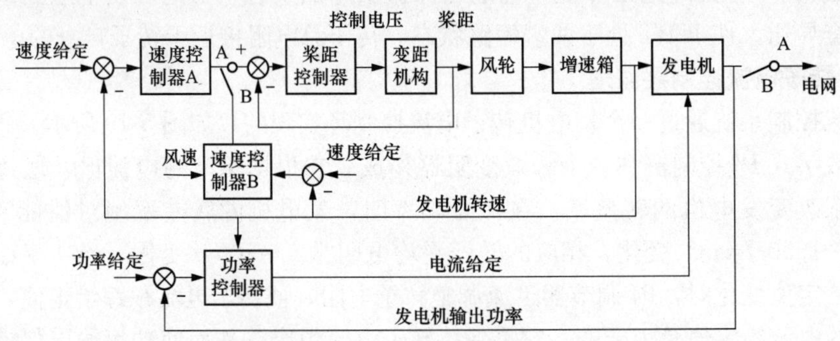

图 5-20 带转差率控制的变桨距系统

在发电机并入电网前，发电机转速由速度控制器 A 根据发电机转速反馈信号与给定信号直接控制；发电机并入电网后，速度控制器 B 与功率控制器起作用。功率控制器的任务主要是根据发电机转速给出相应的功率曲线，调整发电机转差率，并确定速度控制器 B 的速度给定。

桨距的给定参考值由控制器根据风力发电机组的运行状态给出。如图 5-20 所示，当风力发电机组并入电网前，由速度控制器 A 给出，当风力发电机组并入电网后由速度控制器 B

给出。

速度控制系统 A 在风力发电机组进入待机状态或从待机状态重新起动时投入工作，如图 5-21 所示。在这些过程中通过对桨距角的控制，转速以一定的变化率上升，控制器也用于在同步转速（50Hz 时 1500r/min）时的控制。当发电机转速在同步转速±10r/min（可调）内持续 1s（可调）发电机将切入电网。

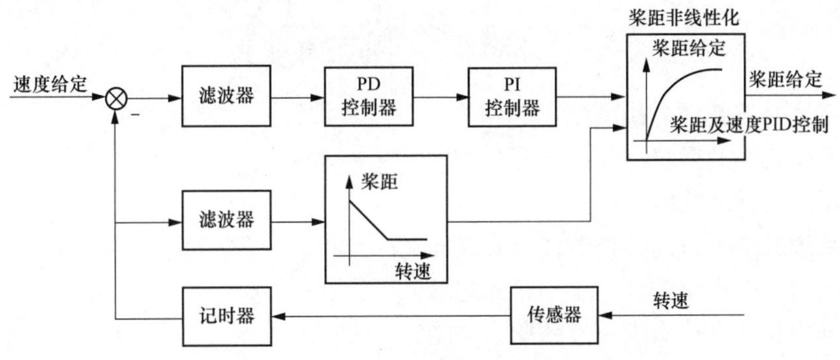

图 5-21 速度控制系统 A

控制器包含着常规的 PD 和 PI 控制器，接着是桨距角的非线性化环节，通过非线性化处理，增益随桨距角的增加而减小，以此补偿由于转子空气动力学产生的非线性，因为当功率不变时，转矩对桨距角的比是随桨距角的增加而增加的。当风力发电机组从待机状态进入运行状态时，变桨距系统先将桨距角快速地转到 45°，风轮在空转状态进入同步转速。当转速从 0 增加到 500r/min（可调）时，桨距角给定值从 45°线性地减小到 5°。这一过程不仅使转子具有高起动力矩，而且在风速快速地增大时能够快速起动。

发电机转速通过主轴上的感应传感器测量，每个周期信号被送到微处理器作进一步处理，以产生新的控制信号。

发电机切入电网以后，速度控制系统 B 作用。如图 5-22 所示，速度控制系统 B 同时以发电机转速和风速为输入。在达到额定值前，速度给定值随功率给定值按比例增加。额定的速度给定值是 1560r/min，相应的发电机转差率绝对值是 4%（可调）。如果风速和功率输出一直低于额定值，发电机转差率绝对值将降低到 2%（可调），桨距控制将根据风速调整到最佳状态，以优化叶尖速比。

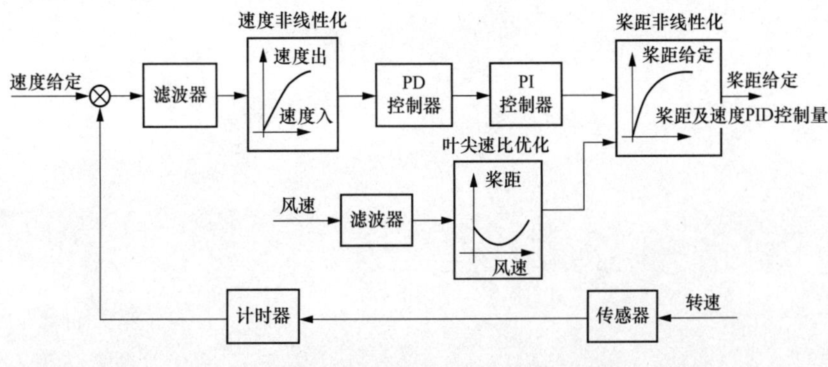

图 5-22 速度控制系统 B

如果风速高于额定值，发电机转速通过改变桨距来跟踪相应的速度给定值。功率输出将稳定地保持在额定值上。从图 5-22 中可以看到，在风速信号输入端设有低通滤波器，桨距控制对瞬变风速并不响应。

与速度控制器 A 的结构相比，速度控制器 B 增加了速度非线性化环节。这一特性增加了小转差率时的增益，以便控制桨距角加速趋于 0°。

思考题

1. 控制系统有哪几部分构成的？
2. 风力发电机组的微机控制控制哪些信息？
3. 控制系统有什么功能要求？
4. 控制系统安全运行的必备条件有哪些？
5. 大型风力发电机组控制系统是怎样的总体结构？
6. 可以采用哪些方法实现不连续变速功能？
7. 定桨距风电机组的运行过程分哪几个步骤？
8. 定桨距风电机组的叶片的失速调节原理是什么？
9. 变桨距风力发电机组的输出功率有什么特点？
10. 变桨距风力发电机组根据变距系统所起的作用可分为哪三种运行状态？
11. 风力机的风能利用系数 C_P 有什么特点？
12. 转子电流控制系统是如何工作的？

6 风力发电机组的发电系统

本章主要介绍风力发电机组的发电机以及发电系统相关知识。

6.1 发 电 机

风力发电包含了由风能到机械能和由机械能到电能两个能量转换过程，发电机及其控制系统承担了后一种能量转换任务。它不仅直接影响这个转换过程的性能、效率和供电质量，而且也影响到前一个转换过程的运行方式、效率和装置结构。因此，研制和选用适合于风电转换用的运行可靠、效率高、控制及供电性能良好的发电机系统，是风力发电工作的一个重要组成部分。

发电机通常由定子、转子、端盖以及轴承等部件构成。定子由定子铁芯、线包绕组、机座以及固定这些部分的其他结构件组成。转子由转子铁芯（或磁极、磁轭）绕组、护环、中心环、滑环、风扇及转轴等部件组成。由轴承及端盖将发电机的定子，转子连接组装起来，使转子能在定子中旋转，做切割磁力线的运动，从而产生感应电势，通过接线端子引出，接在回路中，便产生了电流。

风力发电机的类型很多，按照输出电流的形式可以分为直流发电机和交流发电机两大类。其中直流发电机又可以分为永磁直流发电机和励磁直流发电机；交流发电机又可以分为同步发电机和异步发电机。

同步发电机的定子磁场是由转子磁场引起的，并且它们之间总保持等速同步关系，故称同步发电机。而异步发电机的定子旋转磁场和转子旋转磁场不同步，它是利用定子和转子间的气隙旋转磁场与转子绕组中产生感应电流相互作用的交流发电机，所以异步发电机又称为感应发电机。

6.1.1 同步发电机

同步发电机是目前使用最多的一种发电机。对于大功率发电机，同步发电机性能优于感应发电机。因此，在风力发电机组的早期发展中通常都要考虑使用同步发电机。

1. 结构

同步发电机的转子有凸极式和隐极式两种。

隐极式的同步发电机转子呈圆柱体状，其定子、转子之间的气隙均匀，励磁绕组为分布绕组，分布在转子表面的槽内。凸极式转子具有明显的磁极，绕在磁极上的励磁绕组为集中绕组，定、转子间的气隙不均匀。凸极式同步发电机结构简单、制造方便，一般用于低速发电场合；隐极式的同步发电机结构均匀对称，转子机械强度高，可用于高速发电。大型风力发电机组一般采用隐极式同步发电机。

同步发电机的励磁系统一般分为两类，一类用直流发电机作为励磁电源的直流励磁系统，另一类用硅整流装置将交流转化成直流后供给励磁的整流器励磁系统。发电机容量大时，一般采用整流器励磁系统。

2. 工作原理

同步发电机在风力机的拖动下，转子（含磁极）以转速 n 旋转，旋转的转子磁场切割定子上的三相对称绕组，在定子绕组中产生频率为 f 的三相对称的感应电动势和电流输出，从而将机械能转化为电能。由定子绕组中的三相对称电流产生的定子旋转磁场的转速与转子转速相同，即与转子磁场相对静止。因此，发电机的转速、频率和极对数之间有着严格不变的固定关系，即

$$f=\frac{Pn}{60} \tag{6-1}$$

式中 f——发电机的频率，Hz；

n——发电机的转速，r/min；

P——发电机旋转磁场的极对数。

当发电机的转速一定时，同步发电机的频率稳定，电能质量高；同步发电机运行时可通过调节励磁电流来调节功率因数，既能输出有功功率，也可提供无功功率，可使功率因数为 1，因此被电力系统广泛接受。但在风力发电中，由于风速的不稳定性使得发电机获得不断变化的机械能，给风力发电机造成冲击和高负载，对风力发电机及整个系统不利。为了维持发电机发出电流的频率与电网频率始终相同发电机的转速必须恒定，这就要求风力发电机有精确的调速机构，以保证风速变化时维持发电机的转速不变，即等于同步转速。

6.1.2 永磁同步发电机

永磁同步发电机定子与普通交流电机相同，由定子铁芯和定子绕组组成，在定子铁芯槽内安放有三相绕组。转子采用永磁材料励磁。当风轮带动发电机转子旋转时，旋转的磁场切割定子绕组，在定子绕组中产生感应电动势，由此产生交流电流输出。定子绕组中的交流电流建立的旋转磁场转速与转子的转速同步。

永磁发电机的横截面如图 6-1 所示。

永磁发电机的转子上没有励磁绕组，因此无励磁绕组的铜损耗，发电机的效率高；转子上无集电环，运行更为可靠；永磁材料一般有铁氧体和钕铁硼两类，其中采用钕铁硼制造的发电机体积较小，重量较轻，因此应用广泛。

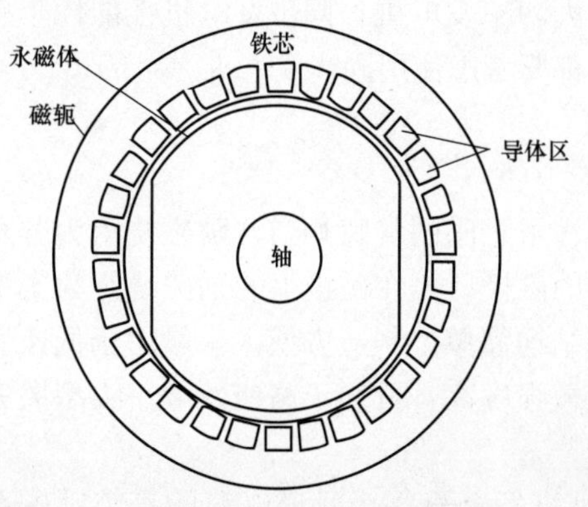

图 6-1 永磁发电机的横截面

永磁发电机的转子极对数可以做得很多。从式 (6-1) 可知，其同步转速较低。轴向尺寸较小，径向尺寸较大，可以直接与风力发电机相连接，省去了齿轮箱，减小了机械噪声和机组的体积，从而提高系统的整体效率和运行可靠性。但其功率变换器的容量较大，成本较高。

永磁发电机在运行中必须保持转子温度在永磁体最高允许工作温度之下，因此风力发电机中永磁发电机常做成外转子型，以利于永磁体散热。外转子永磁发电机的定子固定在发电机的中心，而外转子绕着定子旋转。永磁体沿圆周径向均匀安放在转

子内侧，外转子直接暴露在空气之中，因此相对于内转子具有更好的通风散热条件。

低速发电机组除应用永磁发电机外，也可采用电励磁式同步发电机，同样可以实现直接驱动的整体结构。

6.1.3 笼型异步发电机

1. 结构

笼型异步发电机结构如图 6-2 所示。在定桨距并网型风力发电系统中，一般采用笼型异步发电机。

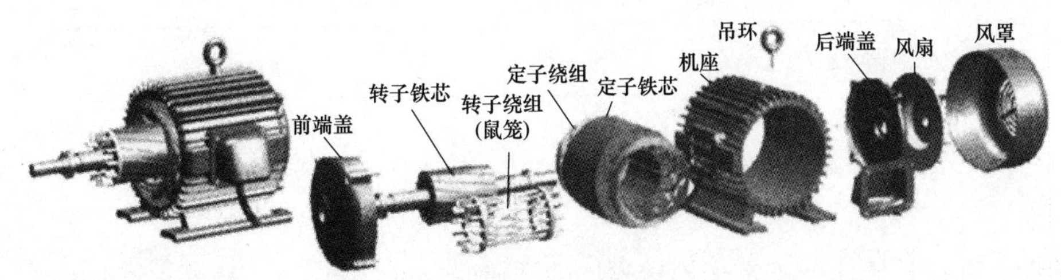

图 6-2 笼型异步发电机结构

异步发电机定子铁芯和定子绕组的结构与同步发电机相同。转子采用笼型结构，转子铁芯由硅钢片叠成，呈圆筒形，槽中嵌入金属（铝或铜）导条，在铁芯两端用铝或铜端环将导条短接。转子不需要外加励磁，没有滑环和电刷，因而其结构简单、坚固，基本上无需维护。

2. 工作原理

根据电机学的理论，向对称分布在圆周上的三相绕组中通入对称三相交流电流，可以产生旋转磁场。旋转磁场的转向取决于三相电流的相序，转速 n_1 取决于电流的频率 f_1 和极对数 P

$$n_1 = \frac{60f_1}{p} \tag{6-2}$$

式中 n_1——同步转速，r/min；

f_1——电流频率，Hz；

P——电机绕组的极对数。

在转子导条中产生感应电动势 e，e 在转子绕组中产生感应电流 i，i 在磁场中产生电磁力 f，f 产生电磁转矩 T，正常情况下，异步电机的转子转速总是略低于或略高于旋转磁场的转速（同步转速 n_1），旋转磁场的转速 n_1 与转子转速 n 之差称为转差，转差与同步转速的比值称为转差率（滑差率），用 s 表示，即

$$s = \frac{n_1 - n}{n_1} \times 100\% \tag{6-3}$$

转差率是表征异步电机运行状态的一个基本变量，转子转速 n 可表示为

$$n = (1 - s)n_1 \tag{6-4}$$

当异步电机的负载发生变化时，转子的转差率随之变化，使转子导体中的电势、电流和电磁转矩发生相应的变化，以适应负载的需要，因此异步电机的转速随负载的变化而变动。

按照转差率的正、负和大小，异步电机可分为电动机、发电机和电磁制动 3 种运行状态，如图 6-3 所示。

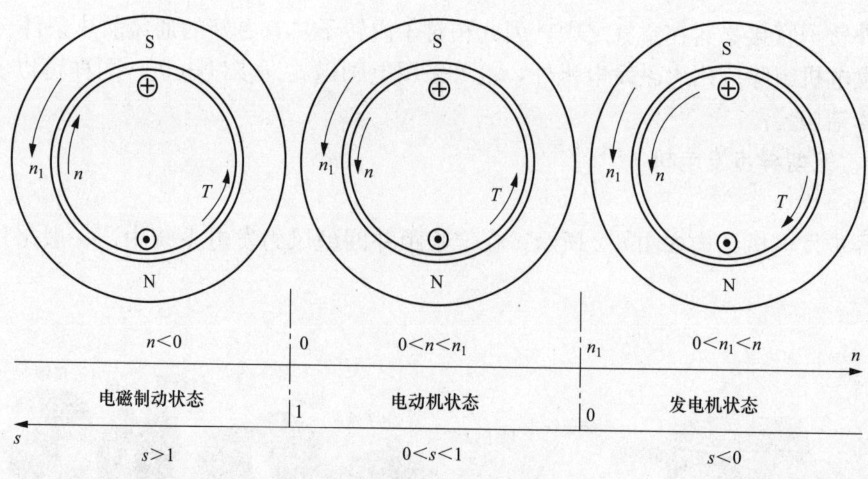

图 6-3 异步电机的运行状态

当异步电机转子转速低于定子旋转磁场的转速时（$0<n<n_1$），转差率 $0<s<1$，此时转子感应电流与气隙磁场相互作用，将产生一个与转子转向同方向的电磁转矩，即驱动性质的电磁转矩，此时异步电机处于电动机运行状态，异步电机自电网吸取电能。如表 6-1 所示。

表 6-1 异步电机运行状态比较

运行状态	电动机	发电机	电动制动
n 与 s 的关系	$n<n_1$，$0<s<1$	$n>n_1$，$s<0$	n 与 n_1 反向，$n<0$，$s>1$
电动势的性质	反电动势	电源	反电动势
T 的性质	电磁驱动力矩	电磁阻力矩	电磁阻力矩
能量转换	电能→机械能	原动机机械能→电能	电能＋机械能→内部损耗（短路）

若异步电机用风力机驱动，使转子转速高于定子旋转磁场的转速（$0<n_1<n$），则转差率 $s<0$，此时转子导体中的感应电势以及电流的有功分量将与电动机状态时相反，因此电磁转矩的方向将与旋转磁场和转子转向两者相反，即电磁转矩为制动性质的转矩。此时转子从原动机吸收机械功率，通过电磁感应由定子输出电功率，异步电机处于发电机运行状态，此时异步电机吸收由原动机供给的机械能而向电网输出电能。

若由于机械或其他外因使异步电机转子逆着定子旋转磁场方向旋转（$n<0$），转差率 $s>1$，此时转子导体中的感应电势和电流的有功分量与电动机状态时同方向，故电磁转矩方向与电动机状态相同。但由于转子转向改变，故对转子而言，此电磁转矩表现为制动转矩。此时异步电机处于电磁制动状态，它既从外界输入机械功率，同时又从电网吸收电功率，两者都变成电机内部的损耗而消耗掉。

6.1.4 绕线转子异步发电机

绕线转子异步发电机多用于变桨距和部分变速的风力发电机组中。

绕线转子异步发电机的定子与笼型异步发电机相同，转子绕组和定子绕组相似，使用绝缘导线嵌于转子铁芯槽内，采用星型连接的三相对称绕组，然后把 3 个出线端分别接到转轴上的 3 个集电环，如图 6-4 所示。其电磁过程与笼型感应发电机相同，在此就不再累述。

6.1.5 双馈异步发电机

双馈异步发电机又称为交流励磁发电机，用于变桨距、变速的风力发电机组。双馈式变速恒频风力发电机组是目前国内外风力发电机组的主流机型。

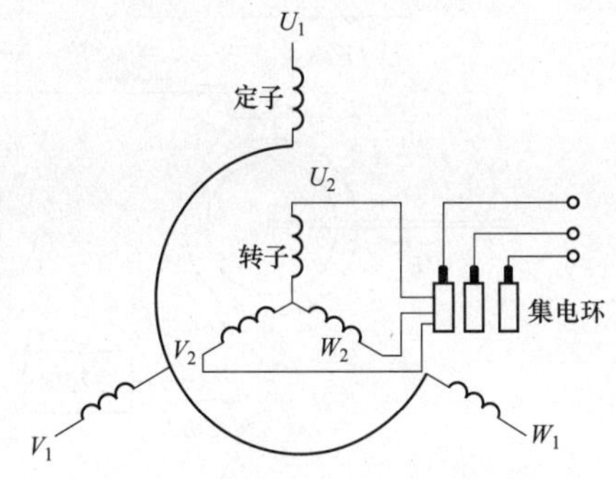

图 6-4 三相绕线转子异步发电机绕组接线

双馈异步风力发电机是绕线式异步发电机的一种。所谓双馈型风力发电机是指发电机的定子绕组发出的电能直接接入到电网中，转子绕组通过双向变流器与电网相连接。当风机的风叶转速发生变化时，风力系统控制器首先调整桨距，使得风叶的转速保持在规定的范围内。同时风力系统控制器调节转子上电流的频率，保证定子总是发出 50Hz 的电能。当转子转速低于电机同步转速时，转子处于发电状态，否则处于电动状态，即需要从电网中提供能量。

1. 结构

双馈异步风力发电机是绕线型转子三相异步发电机的一种，其定子绕组直接接入交流电网，转子绕组端接线由 3 个滑环引出，接至 1 台频率、电压可调的低频电源（循环变换器）供给三相变频（低频）交流励磁电流。

2. 工作原理

异步发电机中定子、转子电流产生的旋转磁场始终是相对静止的，当发电机转速变化而频率不变时，发电机转子的转速和定子、转子电流的频率关系可表示为

$$f_1 = \frac{P}{60}n \pm f_2 \tag{6-5}$$

其中

$$f_1 = Pn_1/60$$

式中 f_1——定子电流的频率，Hz；

P——发电机的极对数；

n——转子的转速，r/min；

f_2——转子电流的频率，Hz；

n_1——同步转速。

由式（6-2）、式（6-3）和式（6-5）可知 $f_2=|s|f_1$，故 f_2 又称为转差频率。

由式（6-5）可见：当发电机的转速 n 变化时，可通过调节 f_2 来维持 f_1 不变，以保证与电网频率相同，实现变速恒频控制。

根据转子转速的不同，双馈异步发电机可以有三种运行状态：

（1）亚同步运行状态。此时 $n<n_1$，转差率 $s>0$，式（6-5）取正号，频率为 f_2 的转子电流产生的旋转磁场的转速与转子转速同方向，功率流向如图 6-5（a）所示。

（2）超同步运行状态。此时 $n>n_1$，转差率 $s<0$，式（6-5）取负号，转子中的电流相序发生了改变，频率为 f_2 的转子电流产生的旋转磁场的转速与转子转速反方向，功率流向如图 6-5（b）所示。

（3）同步运行状态。此时 $n=n_1$，$f_2=0$，转子中的电流为直流，与同步发电机相同。

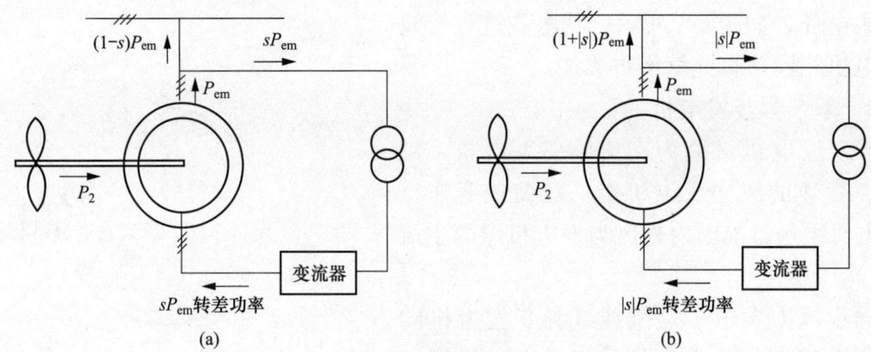

图 6-5 双馈异步发电机运行时的功率流向

（a）亚同步运行；（b）超同步运行

由此可见，双馈异步发电机实际上是一种改进的异步发电机，可以认为它是由绕线转子异步发电机和在转子电路上所带交流励磁器组成。同步转速下，转子励磁输入功率，定子侧输出功率；同步转速之上，转子与定子均输出功率，“双馈”的名称由此而得。双馈异步发电机实行交流励磁，可以调节励磁电流幅值、频率和相位，控制上更加灵活，改变转子励磁电流频率，可以实现变速恒频运行。既可调节无功功率又可调节有功功率，运行稳定性高。

6.1.6 无刷双馈异步发电机

1. 结构

无刷双馈异步发电机的结构原理如图 6-6 所示，系统原理如图 6-7 所示。无刷双馈异步发电机由两台绕线型三相异步电机组成，一台作为主发电机，其定子绕组与电网连接；另一台作为励磁电机，其定子绕组通过变频器与电网连接。两台异步电机的转子为同轴连接，转子绕组在电路上互相连接，因而在转子转轴上皆无滑环和电刷。

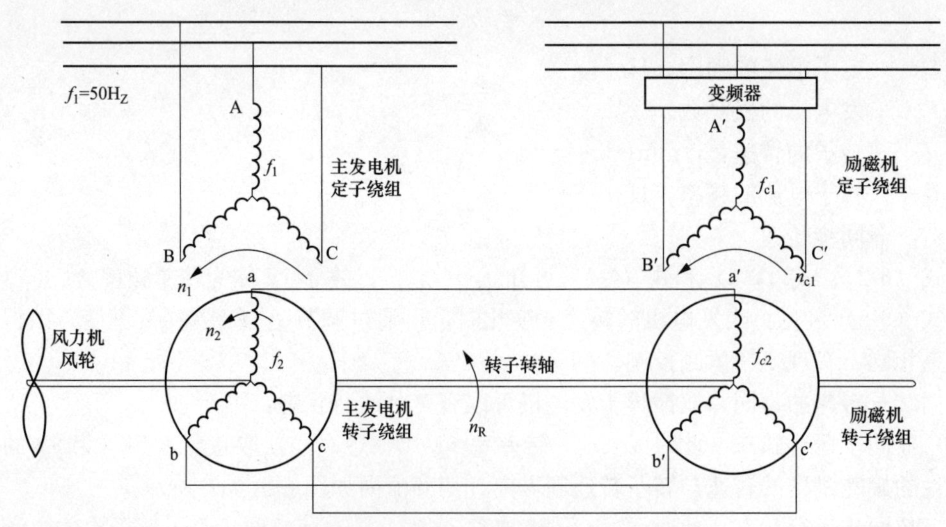

图 6-6 无刷双馈异步风力发电机的结构原理

2. 原理

如图 6-6 所示，无刷双馈异步发电机转子与风力机连接，风力机的转速 n_R，可随风速而

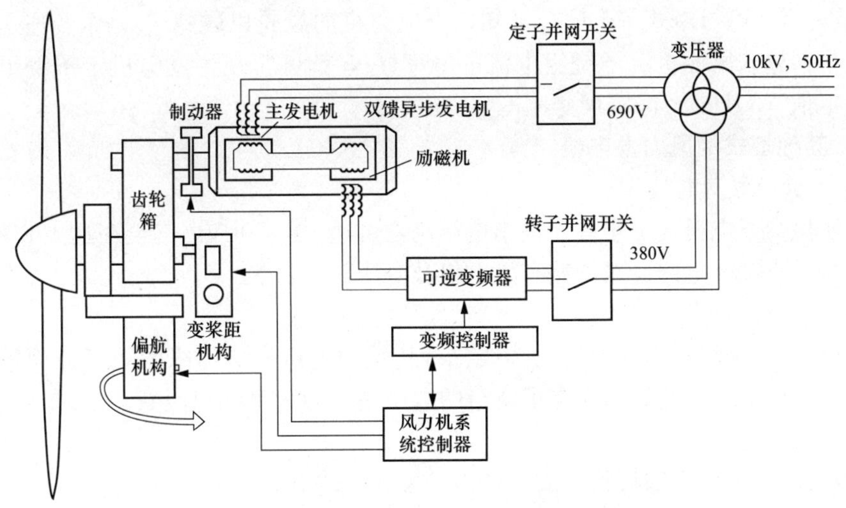

图 6-7　无刷双馈异步风力发电机系统原理

变化。发电机的极对数为 P，励磁机的极对数为 P_e。发电机转子绕组与励磁机转子绕组直接相连，变频器向励磁机定子绕组提供频率为 e_1 的励磁电流，而发电机定子绕组输出频率为 f_{e1} 的电功率。在发电机转速变化的情况下，可通过改变励磁电流的频率 e_1，使发电机的输出电频率保持不变。

当励磁机定子绕组通入频率为 e_1 的励磁电流后，在该绕组产生一旋转磁场，其转速为

$$n_{e1}=\frac{60f_{e1}}{P_e} \tag{6-6}$$

则在励磁机转子感应频率为 f_{e2} 的三相电流，f_{e2} 的表达式为

$$f_{e2}=\frac{P_e(n_R\pm n_{e1})}{60} \tag{6-7}$$

式中，当 n_R 与 n_{e1} 旋转方向相反时，取“+”号，反之取“−”号。由于发电机转子绕组与励磁机转子绕组直接连接，因此两绕组中的电流相同，即发电机转子绕组中电流频率 $f_2=f_{e2}$，即

$$f_2=f_{e2}=\frac{P_e(n_R\pm n_{e1})}{60} \tag{6-8}$$

则在发电机转子绕组上产生一旋转磁场，其相对于转子自身的旋转转速 n_2 为

$$n_2=\frac{60f_2}{P}=\frac{P_e}{P}(n_R\pm n_{e1}) \tag{6-9}$$

该旋转磁场相对于发电机定子的转速 n_1 为

$$n_1=n_R\pm n_2 \tag{6-10}$$

$$f_1=\frac{Pn_1}{60}=\frac{P(n_R\pm n_2)}{60} \tag{6-11}$$

$$f_1=\frac{(P\pm P_e)n_R}{60}\pm f_{e1} \tag{6-12}$$

式中，当发电机转子绕组与励磁机转子绕组反相序连接时，即发电机转子旋转磁场 n_2 与 n_R 的转向相同时，取“+”号，反之则取“−”号。这样，发电机定子绕组的感应电势

频率 f_1 为整理后，可得由式（6-12）可知，当风力机的风轮以转速 n_R。作变速运动时，只需改变由变频器输入励磁机定子绕组电流的频率 f_{el}，就可实现主发电机定子绕组输出电流的频率为恒定值（50Hz），即实现变速恒频发电运行。

6.1.7 其他型式的风力发电机

1. 高压同步风力发电机

高压同步风力发电机的定子绕组输出电压高，可达 10～20kV，甚至高达 40kV 以上，可不用升压变压器直接与电网连接，兼有发电机及变压器的功能。

（1）结构特点。

1）发电机定子绕组利用圆形的电缆线代替传统发电机中带绝缘的矩形截面铜导体，电缆具有坚固的固体绝缘，此外因为定子绕组的电压高，为满足绕组匝数的要求，定子铁芯槽形为深槽。

2）发电机转子采用永磁材料制成，且为多极的，转子上没有滑环。

（2）应用特点

1）系统的损耗降低，效率可提高 5%左右。不用增速齿轮箱，同时省去了一台升压变压器。

2）提高了系统运行的可靠性。无增速齿轮箱，避免线圈匝间及相间的绝缘击穿。

3）与电网连接方便、稳妥。高压发电机的输出端可经过整流装置变换为高压直流电输出，并接到直流母线上，实现并网。再将直流电经逆变器转换为交流电，输送到地方电网；若远距离输送时，可通过再设置更高变比的升压变压器接入高压输电线路，如图 6-8 所示。

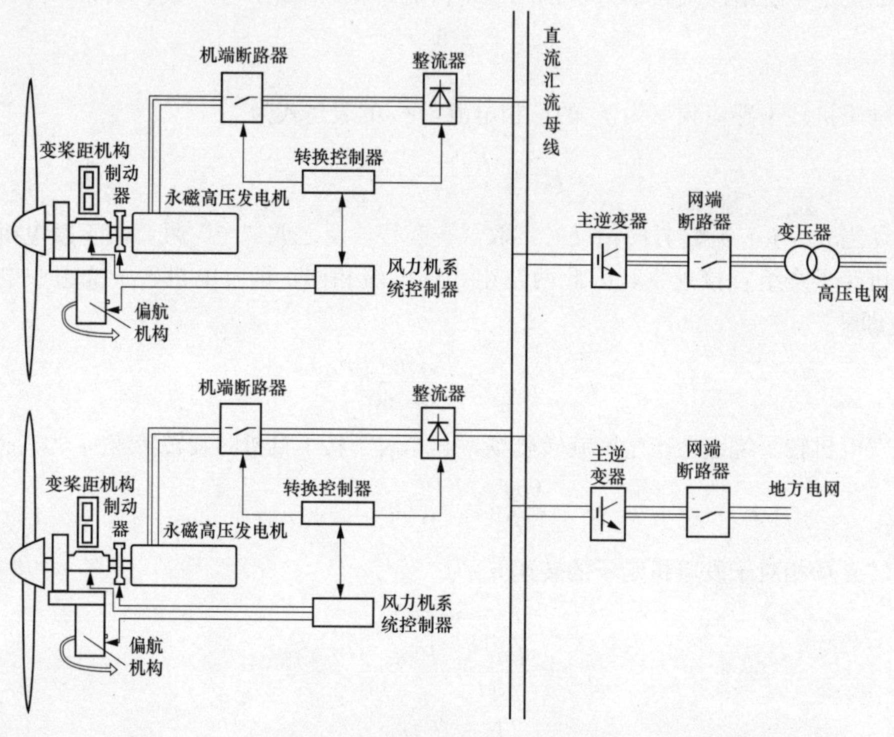

图 6-8 高压同步风力发电机系统

4）深槽形定子铁芯，定子齿抗弯强度要求高。

5）永磁转子性能稳定性要求高，造价高。

2. 直流发电机

所有的电机，在内部工作原理上来讲，都是交流电机，因为导体交替地在 N 极和 S 极的磁场中旋转。直流电机将交流电转换为外部使用的直流电，它通过机械换向器来实现这项功能。换向器通过在一系列的铜导体上滑动碳刷来实现这项功能，它持续地把正输出端切换到发出正极性电压的导体上，对负极性输出端同样如此。滑动接触内在地会导致低可靠性和高维护成本。尽管有这些缺点，但是由于它极为简单的速度控制模式，所以直流电机直到 20 世纪 80 年代早期还被作为电动机广泛地使用着。

直流电机已经在少数小容量风力发电系统中用做发电机，特别是在当地使用直流电的地方。然而，常规直流电机带有机械换向器和滑动碳刷，今天已经丧失了优势。其无刷结构在直流电机可以带来系统优势的场合中得到应用。

常规直流电机靠并联直流线圈或者串联直流线圈来建立磁场。现代直流电机经常设计成带有永磁体的结构以消除场电流，进而也消除了换向器。此设计成内外倒置的结构，转子上带有永磁极，定子带有电枢线圈。定子发出交流电，然后经过固态半导体器件整流。这样的电机不需要换向器和碳刷，因此可靠性大大提高。永磁直流电机用在小型风力发电机中。然而，由于永磁容量和强度的限制，无刷直流电机容量一般限制在 100kW 以下。

6.2 发 电 系 统

当风力发电机与电网并联运行时，要求风力发电机的频率与电网频率保持一致，即恒频。恒速恒频指在风力发电过程中，保持发电机的转速不变，从而得到恒定的频率；变速恒频是指在风力发电过程中发电机的转速可随风速变化，通过其他控制方式来得到恒定的频率。

6.2.1 恒速恒频发电系统

恒速恒频发电系统可以采用同步发电机，运行于由电网频率所决定的同步转速；或者采用异步发电机，以稍高于同步速度的转速运行。

1. 采用同步发电机

采用三相同步发电机的风力发电系统，一般将输出端直接连到临近的三相电网或输配电线路。同步发电机能够向电网或负载提供有功功率和无功功率，满足各种不同负载的需要。采用同步发电机的发电系统可以单独成网，而且不需要附加励磁即可向电网中输送电能。但如果离网运行则需要连续励磁机才能发电。

2. 采用异步发电机

恒速恒频发电系统多采用笼型异步发电机，这种发电机不需要外加励磁，没有集电环和电刷，结构简单，无需维护，且易于实现并网。采用异步发电机的恒速恒频发电系统结构如图 6-9 所示。

恒速恒频发电系统结构简单，但风能利用系统较低，在大型风力发电机组中已经较少采用。

6.2.2 变速恒频发电系统

变速恒频是指发电机的转速随风速变化，发出的电流通过适当的变换，使输出频率与电网频率相同。

变速恒频风力发电系统是 20 世纪 70 年代中期以后逐渐发展起来的一种风力发电系统，

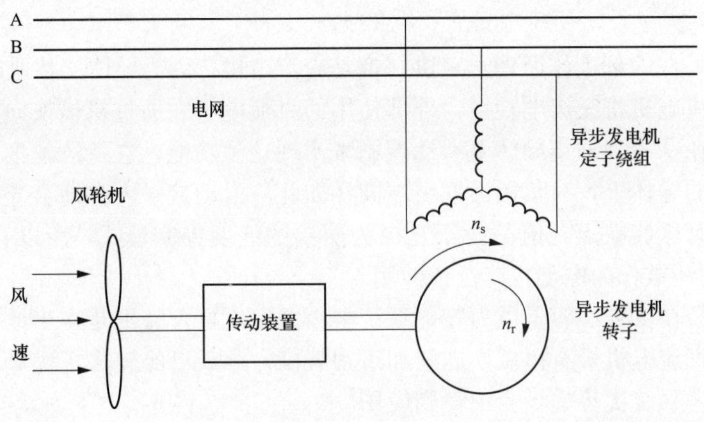

图 6-9 恒速恒频发电系统结构图

该系统在结构上和实用中具有很多优越性，利用电力电子学是实现变速运行最佳化的最好方法之一。

6.2.2.1 变速恒频风力发电系统分类

变速恒频风力发电系统按照使用的发电机的不同，主要分为同步发电机系统和异步发电机系统。其中同步发电机系统包括永磁同步发电机系统和电励磁同步发电机系统；异步发电机系统包括笼型异步发电机系统和绕线型异步发电机系统。变速运行的风力发电机又分为不连续变速和连续变速两大类，下面分别做概要介绍。

1. 不连续变速系统

一般来说，利用不连续变速发电机可以获得连续变速运行的某些好处，但不是全部好处。主要效果是比以单一转速运行的风电机组有较高的年发电量，因为它能在一定的风速范围内运行于最佳叶尖速比附近。但它面对风速的快速变化（湍流）实际上只是一台单速风力机，因此不能期望它像连续变速系统那样有效地获取变化的风能。更重要的是，它不能利用转子的惯性来吸收峰值转矩，所以这种方法不能改善风力机的疲劳寿命。

不连续变速发电机主要采用双速异步发电机，双速异步发电机是指具有两种不同同步转速（低同步转速及高同步转速）的电机，一般有 1000r/min 和 1500r/min 两种同步转速。异步电机的同步转速与异步电机定子绕组的极对数及所并联电网的频率的关系见式（6-2），因此，只要改变异步电机定子绕组的极对数，就能得到不同的同步转速。改变电机定子绕组的极对数，主要有以下 3 种方法。

（1）采用两台异步电机，它们的定子绕组极对数不同，一台低同步转速，一台高同步转速。

（2）定子绕组采用双绕组的双速电机，即在异步电机的定子上设置两套极对数不同的相互独立的绕组。

（3）单绕组双速电机，即靠改变电机的定子绕组的连接方式，获得不同的极对数，转子为笼型的，因笼型转子能自动适应定子绕组极对数变化。

2. 连续变速系统

连续变速系统可以通过多种方法得到，目前最有应用前景的主要是电力电子学方法，这种变速风力发电系统主要由两部分组成，即发电机和电力电子变换装置。发电机可以是同步发电机、笼型感应发电机、绕线型感应发电机、磁场调制发电机、无刷双馈发电机等；电力电子变换装置有交流-直流-交流变换器和交流-交流变换器等。

6.2.2.2　*几种变速恒频风力发电系统*

1. 同步发电机变速恒频系统

同步电机是自励磁电机，机电转换效率高，容易做成多极数低转速型，因而可以采用风机直接驱动，省去增速齿轮箱；系统成本低，可靠性高。同步发电机变速恒频发电系统结构如图 6-10 所示。如果能控制转子励磁电流的大小，还可控制发电机的功率因数。当采用永磁转子时，电极极距可以很小，因而可以大大减小多极数低转速电机的径向尺寸，但发电机的电压和功率因数就比较难控制了。此外，发电机的全部功率经由变频器输送到电网，变频器容量很大，至少要达到发电机额定功率的 1.5 倍，这是其不利的一面。

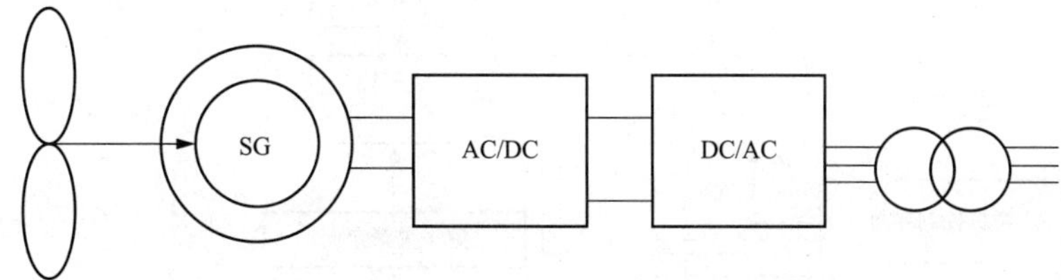

图 6-10　同步发电机变速恒频系统结构图

2. 笼型异步发电机变速恒频系统

笼型异步发电机结构简单，成本低，易于维护，适应恶劣环境，因而在风力发电中广泛应用。由于变频器要通过全部发电功率，容量要达到发电功率的 1.3～1.5 倍才能安全运行。因此系统庞大，只适用于小容量风力发电系统。

笼型异步发电机变速恒频风力发电系统示意如图 6-11 所示，其定子绕组通过 AC-DC-AC 变流器与电网相连，变速恒频变换在定子电路中实现。当风速变化时，发电机的转子转速和发电机发出电能的频率随着风速的变化而变化，通过定子绕组和电网之间的变流器将频率变化的电能转化为与电网频率相同的电能。这种方案虽然可以实现变速恒频的目的，但因变流器连在定子绕组中，变流器的容量要求与发电机的容量相同，整个系统的成本和体积增大，在大容量发电机组中难以实现。此外，笼型异步发电机需从电网中吸收无功功率来建立磁场，使电网的功率因数下降，需加电容补偿装置，其电压和功率因数的控制也较困难。

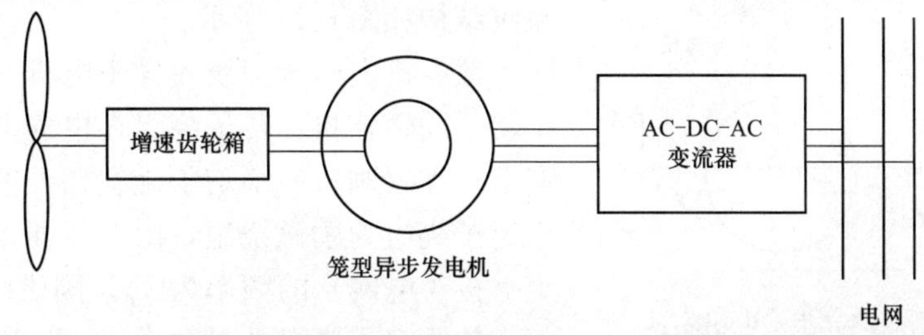

图 6-11　笼型异步发电机变速恒频风力发电系统示意

3. 双馈异步发电机变速恒频系统

如果发电机采用转子交流励磁双馈发电机时，就有了双馈异步发电机变速恒频发电系统，系统结构如图 6-12 所示。

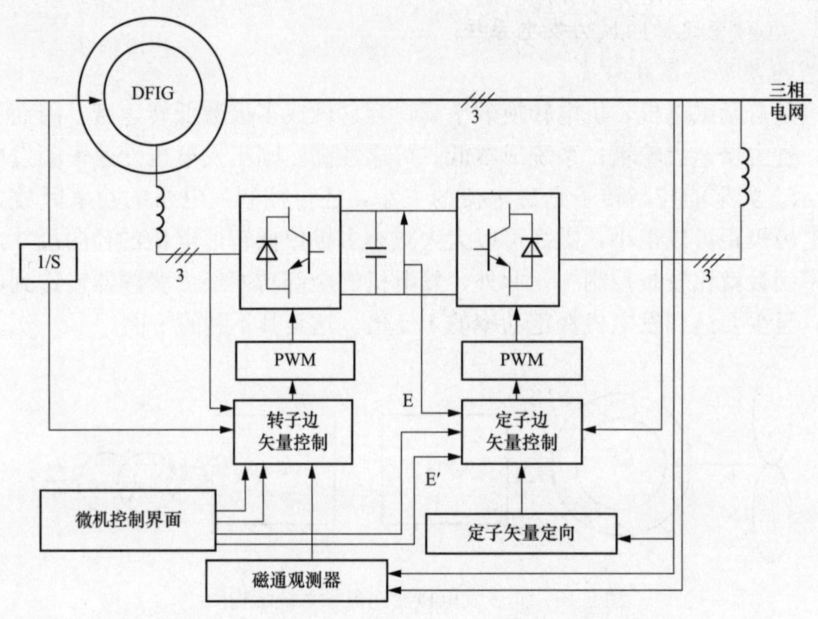

图 6-12　双馈异步发电机变速恒频系统结构图

当转子速度随风速变化时，控制转子电流的频率，就可使定子频率始终与电网频率保持一致。由于变频器在转子侧，只需要一部分功率容量（发电界定功率的 1/4），变频器就能在超载范围内调节系统。因此相对于前两种变速恒频系统而言，降低了变频器的成本和控制难度，定子直接接于电网，抗干扰性好，系统稳定性强，还可以灵活控制有功无功，十分适用于大中容量风力发电。为了克服此系统无法实现弱磁，美国 Thoms. A. Lipo 提出双变频器的双馈异步发电机变速恒频系统，双馈电机可长期运行于超同步模式。

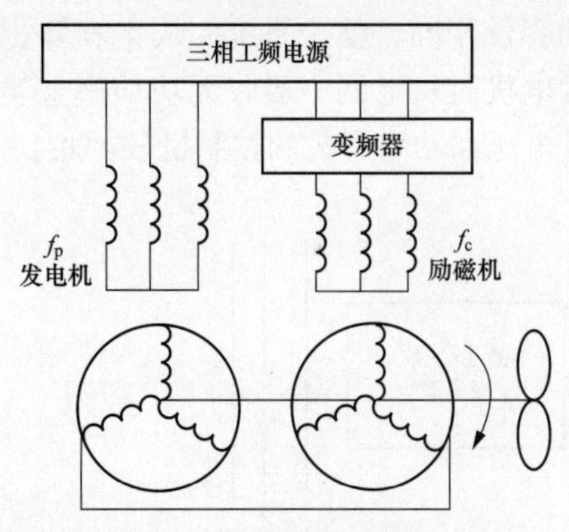

图 6-13　无刷双馈异步发电机变速恒频系统结构图

4. 无刷双馈异步发电机变速恒频系统

无刷双馈电机没有滑环和电刷，克服了双馈电机有刷和滑环等机械部件的缺点，且能低速运行，因而受到广泛关注。应用无刷双馈电机的变速恒频系统结构如图 6-13 所示。

该电机由两台绕线式异步电机背靠背而成。两个转子同轴连接，转子绕组在电气上直接相连，没有滑环和碳刷；一个定子绕组向外输出功率，另一个定子绕组为励磁绕组，由变频器供电。设功率绕组（接于电网）的频率为 f_p，励磁绕组频率为 f_c，相应的两定子绕组极对数为 P_p 和 P_c，则运行后有如下关系：$n_r=60\times(f_p\pm f_c)/(P_p+P_c)$。当转子转速 n_r 发生变化时，通过改变励磁电流频率 f_c，即可使发电机输出频率 f_p 不变，实现变速恒频控制。

6.2.3 风力发电专用箱式变压器

风力发电专用箱式变压器（又称箱变，简称变压器）是连接发电机和系统的桥梁，发电机发出的电压经变压器将三相 690V 升高到三相 20kV 或 30kV（根据电网电压确定）后并入电网，向系统供电。

变压器为灌封式三相干式变压器，无油浸自冷式。有不同的输出电压等级选项（标准型号为 20kV 或 30kV）、不同的视在功率范围。一般为Y/△接线方式，该变压器专为风场应用而设计。变压器具有 3×690V（星形连接）的低压输出，20kV/690V 变压器外形尺寸为 1720mm×1640mm×650mm，图 6-14 和图 6-15 分别为 30kV/690V、900kVA 变压器平面图和纵截面图。

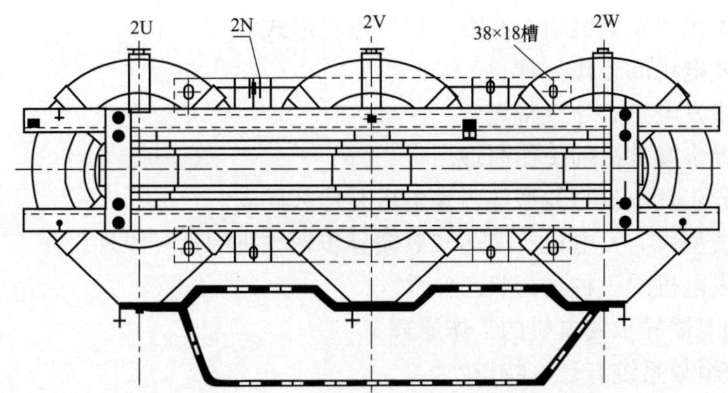

图 6-14 30kV/690V、900kVA 变压器平面图

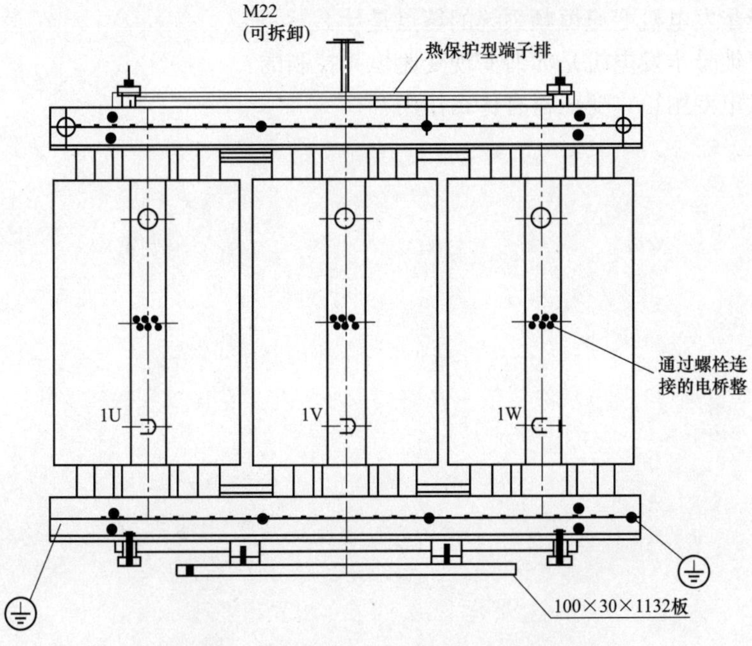

图 6-15 30kV/690V、900kVA 变压器纵截面图

变压器位于塔架的底部，在距离塔架底座 10m 的电网平台上。由于这是一个干式变压器，故火灾风险很小。此外，变压器还配有所有防止损坏所需的保护设备，如电弧检测器和保护熔丝。

变压器的冷却方式有自然风冷、强迫空气冷却、强迫油循环水冷却、强迫油循环导向冷却、水内冷等。针对风电场人员少，维护能力较弱，应首选自冷变压器、强迫空气冷却次之。

思考题

1. 发电机的一般结构是怎样的?
2. 什么是同步发电机和异步发电机?
3. 常用并网型风力发电机组的有哪三种发电机形式?
4. 简述同步发电机的工作原理。
5. 永励磁同步发电机有什么特点?
6. 简述笼型异步发电机的工作原理。
7. 绕线转子异步发电机与笼型异步发电机有什么异同?
8. 什么是双馈型风力发电机? 简述其双馈异步发电机的运行原理。
9. 双馈异步发电机的三种运行状态?
10. 简述无刷双馈异步发电机的工作原理。
11. 双馈变速恒频系统有什么特点?
12. 直流发电机是如何工作的?
13. 变速恒频风力发电系统有哪些分类方法?
14. 笼型异步发电机变速恒频系统的特点是什么?
15. 双馈异步发电机变速恒频系统的特点是什么?
16. 无刷双馈异步发电机是如何实现变速恒频控制的?
17. 风力发电专用箱式变压器有什么作用?

7 风力发电机组的辅助系统

本章介绍了风力发电机组的辅助系统，包括支撑系统、冷却系统和润滑系统。

7.1 支 撑 系 统

风力发电机组的支撑结构有机舱、塔架和基础三部分。

7.1.1 机舱部分

风力机长年在野外运转，不但要经受狂风暴雨的袭击，还时刻面临尘砂磨损和盐雾侵蚀的威胁。为了使塔架上方的主要设备（桨叶除外）免受风沙、雨雪、冰雹及盐雾的直接侵害，往往用机舱把它们密封起来。

机舱由底盘和机舱罩组成，机舱内通常布置有传动系统、液压与制动系统、偏航系统、控制系统及发动机等。

机舱要设计得轻巧、美观并尽量带有流线型，下风向布置的风力发电机组尤其需要这样，最好采用重量轻、强度高而又耐腐蚀的玻璃钢制作；也可直接在金属机舱的面板上相间敷以玻璃布与环氧树脂保护层。机舱由机舱底盘、机舱罩和整流罩组成。

机舱一般包容了将风轮获得的能量进行传递、转换的全部机械和电气部件。位于塔架上面的水平轴风力机机舱，通过轴承可随风向旋转。机舱多为铸铁结构，或采用带加强筋的板式焊接结构。风轮轴承、传动系统、齿轮箱、转速与功率调节器、发电机（或泵等其他负载）、刹车系统等均安装在机舱内，如图 7-1 所示。

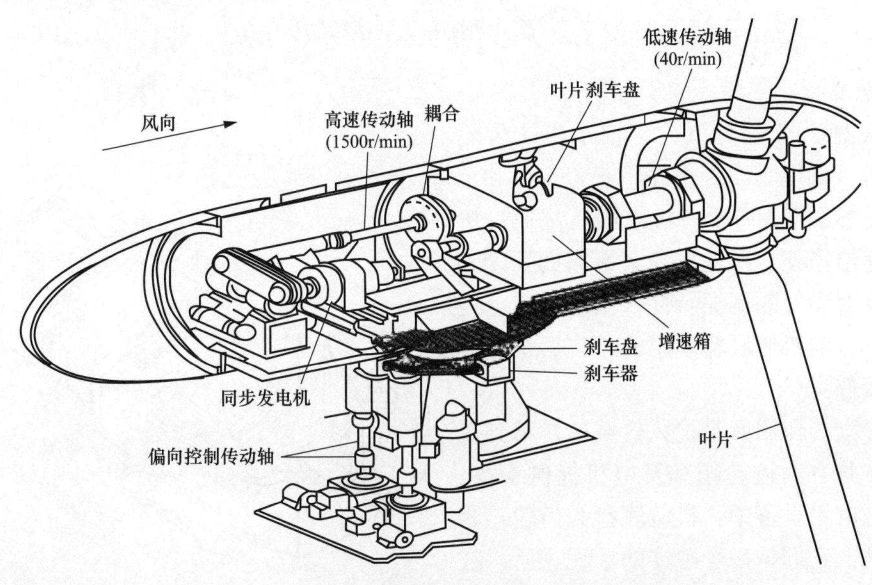

图 7-1 大中型水平轴风力发电机的机舱及内外部件

设计机舱的要求是：尽可能减小机舱质量而增加其刚度；兼顾舱内各部件安装、检修便利与机舱空间要紧凑这两个相互矛盾的需求；满足机舱的通风、散热、检查等维护需求，如图 7-2 所示；机舱对流动空气的阻力要小以及考虑制造成本等因素。机舱装配时需要注意的是：从风轮到负载（发电机）各部件之间的联轴节要精确对中。由于所有的力、力矩、振动通过风轮传动装置作用在机舱结构上，反过来机舱结构的弹性变形又作为相应的耦合增载施加在主轴、轴承、机壳上。为减少这些载荷，建议使用弹性联轴节。所有的联轴节既要承受风力机正常运行时所传递的力矩，也要承受机械刹车的刹车力矩。

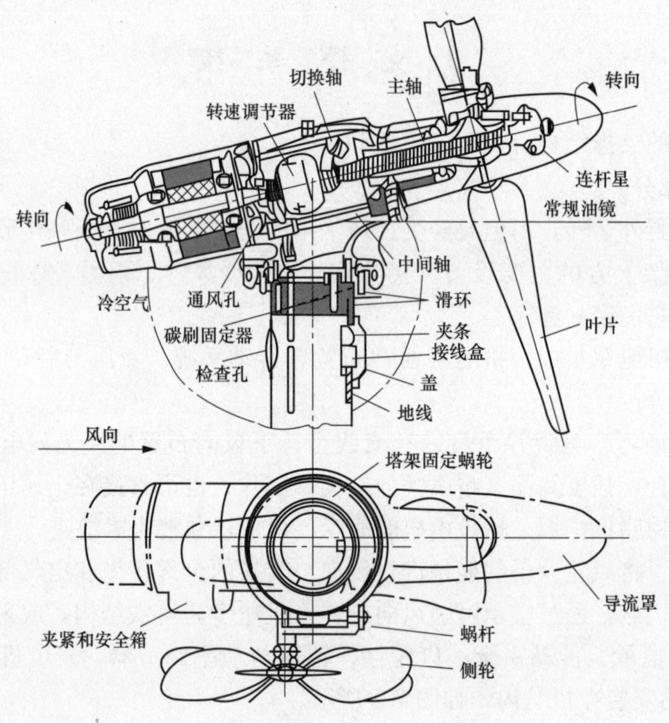

图 7-2 部件紧凑布置的机舱结构

1. 机舱底盘

机舱底盘上布置有风轮、轴承座、齿轮箱、发电机、偏航驱动等部件，起着定位和承载的作用，如图 7-3 所示。机组载荷都通过机舱底盘传递给塔架，机舱底盘具有高的强度和刚度，还具有良好的减振特性。机舱底盘分为前后两部分。前机舱底盘多用铸件，后机舱底盘多用焊接件。

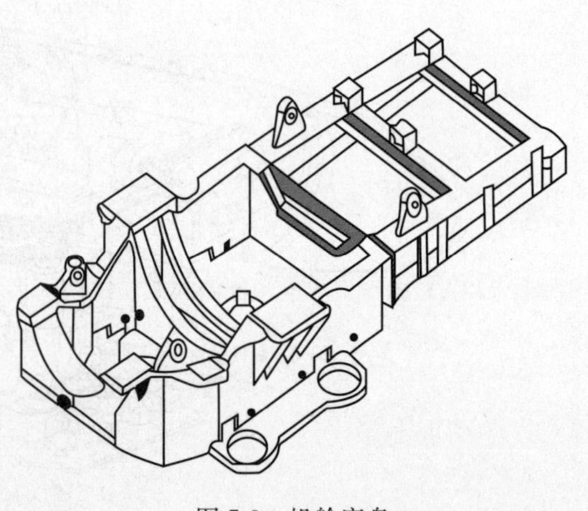
图 7-3 机舱底盘

机舱底盘的作用就是把风轮载荷转移到偏航轴承上，并且为齿轮箱和发电机提供支撑。尽管在风电机组设备中，机舱底盘和齿轮箱相连，但原则上它们是一个独立的单元，所以在一般情况下，机舱底盘是一个独立的实体。机舱底盘是通过横向或纵向的梁焊接，或者是通过铸造来精确满足载荷的要求。一个常见的结构是反截锥体，前面支撑低速轴的主轴承，左舷和右舷的齿轮箱支撑在后面，发电机固定在安装平台上，通过螺钉与主铸件相连。

2. 机舱罩

机舱罩即保护风轮机机舱内部机械部件不受气候因素和外部环境条件影响的外罩，由玻璃纤维增强型有机复合材料制成，其主要部件如图 7-4 所示。

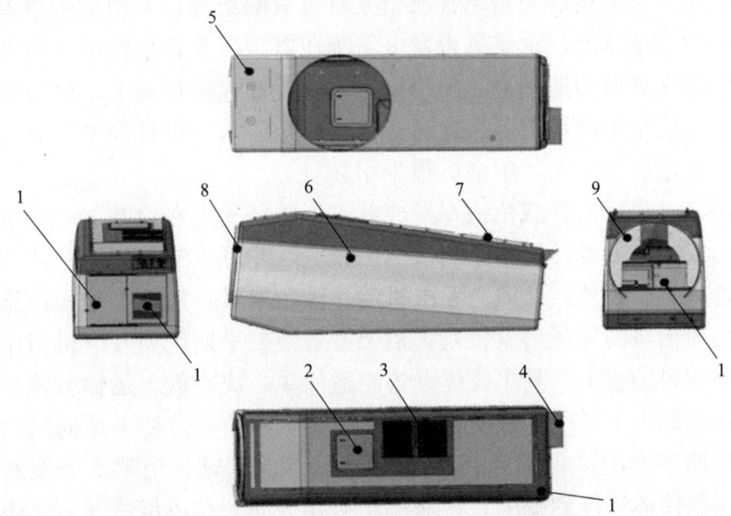

图 7-4 机舱外罩的主要部件

1—上板；2—天窗；3—齿轮箱机油冷却器；4—发电机出风口；5—下板；6—右侧和左侧壁；7—扶手；8—排水环；9—前板；10—门；11—仓门；12—固定板

机舱罩可分为下舱罩和上舱罩两部分。机舱罩一般由厚度为 8～10mm 的玻璃钢制造，上下舱罩可通过向机舱内部凸起带数十个螺钉孔的凸缘，用不锈钢螺栓连接成整体。上下舱罩均带有中空式加强筋，加强筋之间距离约为 1m。网格式的加强筋分布在上下舱罩的里面。

偏航回转支撑轴承内圈与机舱底盘的凸缘用一组螺钉固定连接在一起，而偏航回转支撑轴承的带外齿的外圈与塔筒顶部的凸缘用一组螺栓紧固连接在一起，为防止雨水，下舱罩底部设有一个大圆孔，此圆孔应将上述带外齿的回转支撑轴承外圈包含在机舱内部，此圆孔与塔筒外壁的间隙约为 40～50mm。

下舱罩底部还设有两个可遮盖的通风孔以及吊车起吊重物用的孔（吊车的起重链条通过此孔）；舱罩后部设有百叶窗式的通风孔。

下舱罩下部内表面上一定的位置和高度处，间隔的固定有若干个与机舱底盘的支架互相固定的机舱连接板；带有橡胶减振器的螺栓穿过机舱连接板上的孔和机舱底盘支架上相应孔，用减振螺栓将机舱固定在机舱底盘上。

机舱罩的上舱罩顶部设有通风口（便于人员到机舱顶上去安装、修理在舱顶的风速风向仪）以及两个安装风力发电机组用的吊孔。

3. 整流罩

整流罩又称导流罩，其外部呈流线型，有利于减小风对机舱的作用力。整流罩与轮毂固接，与风轮一起旋转。

7.1.2 塔架部分

塔架的功能是支撑位于空中的风力发电系统，塔架与基础相连接，承受风力发电系统运行引起的各种载荷，同时传递这些载荷到基础，使整个风力发电机组能稳定可靠地运行。

7.1.2.1 塔架分类

根据结构不同，水平轴风力机塔架可分为3类。

（1）拉索式塔架。拉索式塔架是单管或桁架与拉索的组合，采用钢制单管或角铁焊接的桁架支撑在较小的中心地基上，承受风力发电系统在塔顶以上各部件的气体及质量载荷，同时通过数根钢索固定在离散的地基上，由每根钢索设置螺栓进行调节，保持整个风力发电机组对地基的垂直度，使机组能稳定可靠地运行。这种组合塔的设计简单，制造费用较低，适用于中、小型风力发电机组，大、中型机很少用。

（2）桁架式塔架。采用钢管或角铁焊接成截锥形桁塔支撑在地基上，桁塔的横截面多为正方形或正多边形。桁塔的设计简单，制造费用较低，并可以沿着桁塔立柱的脚手架爬升至机舱，但其安全性较差。另外，从风力发电机的总体布局看，机舱与地面设施的连接电缆等均暴露在外面，因而桁塔的外观形象较差。桁架型塔架在早期风力发电机组中大量使用，目前主要用于中、小型风力机上，其主要优点为制造简单、成本低、运输方便，但其主要缺点为不美观，通向塔顶的上下梯子不好安排，上下时安全性差，会使下风向风力机的叶片产生很大的紊流等。早期多用，20世纪80年代后较少采用。通常，桁架式塔架通过角材组装而成，并利用螺栓将斜撑体连接到腿上，将腿都连接在一起。在典型情况下，塔架呈方形，有4条腿，以便于斜撑体的连接。

桁架式塔架的优点之一是通过在塔架的底部将塔架的腿呈八字形张开来节省材料，而不会危害塔架本身的稳定性和带来运输问题。

（3）锥筒式塔架。目前的主流。锥筒式塔架可以分为三类：

1）钢制塔架。采用强度和塑性较好的多段钢板进行滚压，对接焊成截锥式筒体，两端与法兰盘焊接而构成截锥塔筒。采用截锥塔筒可以直接将机舱底盘固定在塔顶处，对于塔梯、安全设施及电缆等不规则部件或系统布局都包容在筒体内部，并可以利用截锥塔筒的底部空间设置各种必需的控制及监测设备，因此，采用锥筒塔的风力发电机组的外观布局很美观。对比桁架式塔架结构，虽然截锥塔筒的迎风阻力较大，但在目前兆瓦级风力发电机组，仍然广泛采用这种塔架。

2）钢混组合塔架。这种锥筒塔架是分段采用钢制与钢筋混凝土制造的两种塔筒组合，其主要构造特点：锥筒塔架分为上、下两段，其上段为钢制塔架，下段则为钢筋混凝土塔架。

3）钢筒夹混塔架。这种锥筒塔架采用双层同心的钢筒，在钢筒间填充混凝土制造而成，塔筒横截面组合的示意如图7-5所示。

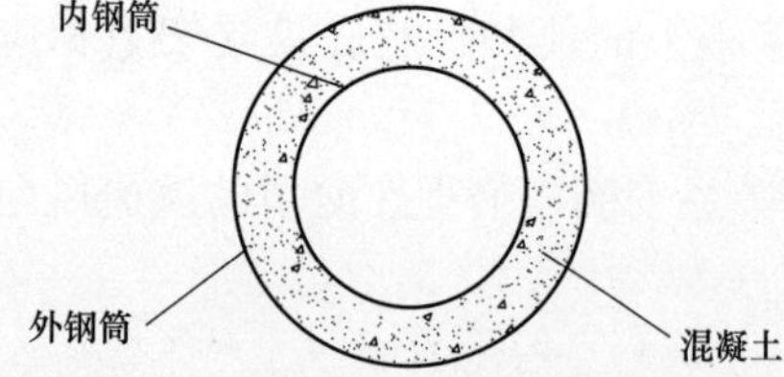

图7-5 钢筒夹混塔架横截面

圆筒形塔架在当前风力发电机组中大量采用，其优点：美观大方，上下塔架机舱安全可靠，无需定期拧紧结点螺栓，对风的阻力较小，特别是对于下风向风力机产生紊流的影响要比桁架式塔架小，视觉较好。塔架材料多用钢材，通常要做防腐处理。

7.1.2.2 塔架高度

塔架高度主要依据风轮直径确定，但还要考虑安装地点附近的障碍物情况、风力机功率收益与塔架费用提高的比值（塔架增高，风速提高，风力机功率增加，但塔架费用也相应提高）以及安装运输等问题。随着塔架高度的增加，风力机的安装费用会有很大的提高，大型风力机更是如此。

由于风速的剪切效应影响，大气风速随地面高度的增高而增大，因此普遍希望增高机组的塔筒高度，可是增加塔筒高度将使其制造费用相应增加，随之也带来技术及吊装的难度，需要进行技术与经济的综合性考虑，可以参考式（7-1）初选塔筒的最低高度

$$H_{tg} = R + H_{zg} + A_z \tag{7-1}$$

式中 H_{tg}——塔架最低高度，m；

R——风轮半径，m；

H_{zg}——接近机组的障碍物高度，m；

A_z——风轮叶尖的最低点与障碍物顶部的距离，一般取 1.5～2.0，m。

当风力发电机组处于偏离设计风速分布较大的风电场运行时，很有可能难以获得预期的发电效果，在机组风轮一定的条件下，最佳的弥补方法是改变塔筒的高度，使机组能获得满意的风速而运行，为此同一种风力发电机组中，经常配有不同高度的塔筒。

图 7-6 给出了由 113 台风力机统计得到的塔架高度与风轮直径的关系，可以看出风轮直径减小，塔架的相对高度增加。小风力机受周围环境的影响较大，塔架相对高一些，可使它在风速较稳定的高度上运行。25m 直径以上的风轮，其轮毂中心高与风轮直径的比应为 1∶1。

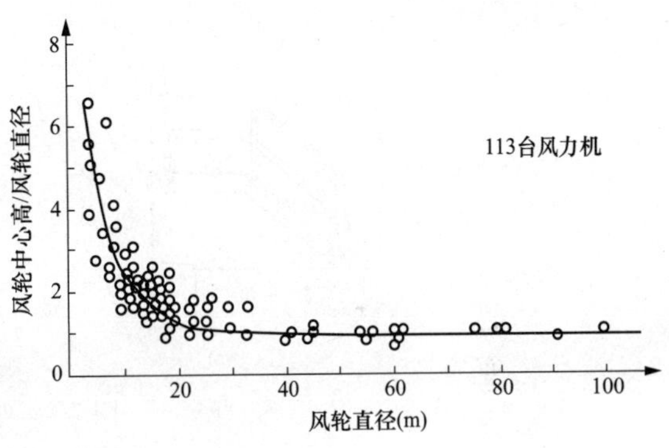

图 7-6 风力机相对塔架高度的统计规律

7.1.2.3 塔架结构

钢制塔架由塔筒、塔门、塔梯、电缆梯与电缆卷筒支架、平台、外梯、照明设备、安全与消防设备等组成。

1. 塔筒

塔筒是塔架的主体承力构件。为了吊装及运输的方便，一般将塔筒分成若干段，并在塔筒底部内、外侧设法兰盘，或单独在外侧设置法兰盘采用螺栓与塔基相连，其余连接段的法兰盘为内翻形式，均采用螺栓进行连接，根据结构强度的要求，各段塔筒可以用不同厚度的钢板。

2. 平台

塔架中设置若干平台，为了安装相邻段塔筒、放置部分设备和便于维修内部设施。塔筒连接处平台距离法兰接触面 1.1m 左右，以方便螺栓安装。另外还有一个基础平台，位置与塔门位置相关，平台是由若干个花纹钢板组成的圆板，圆板上有相应的电缆桥与塔梯通道，每个平台一般有不少于 3 个的吊板通过螺栓与塔壁对应的安装基座相连接，平台下面还设有支撑钢梁。这些平台用于支撑塔架的内部部件，使工作人员可执行保养任务，并允许在进入机舱时进行停留。

平台的数量取决于塔架分段的数量。平台被分为下部平台、中部平台和上部平台。一般来说，平台由防滑的褶皱金属板构成以防止打滑和跌倒，但下部平台除外，而变压器就位于这两部分的平台上。这些平台支撑在梁架上。根据平台上所安置的部件，所有平台都装备有不同的防护装置，下部平台要从外部通过进口门和一个梯架抵达，梯架贯穿从外部地面至平台的整段距离。其他平台可使用检修梯架从下部平台抵达或者使用电梯抵达。

3. 电缆及其固定

电缆由机舱通过塔架到达相应的平台或拉出塔架以外。从机舱拉入塔架的电缆保证电缆有一定长度的自由旋转，同时承载相应部分的电缆重量。电缆通过支架随机舱旋转，达到解缆设定值后自动消除旋转，安装维护时应检查电缆与支架间隙，不应出现电缆擦伤。经过电缆卷筒与支架后，电缆由电缆梯固定并拉下。

4. 内梯与外梯

内梯与外梯用于管理和维修人员登上机舱，有些机组的内梯已采用电梯。外梯有直梯和螺旋梯两种，如图 7-7 所示。

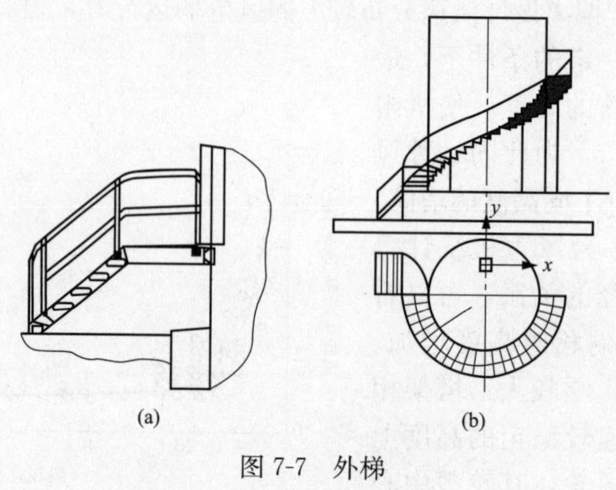

图 7-7　外梯

(a) 直梯；(b) 螺旋梯

7.1.2.4　塔架的固有频率

塔架的振动是风力发电机组维护中值得关心的问题。振幅的大小与激振频率和塔架的固有频率有关。

考虑塔架自身的均布质量 m_i 和位于塔顶的风轮及机舱集中质量 m，此圆柱塔架系统的固有频率 f 可按式（7-2）估计

$$f=\frac{1}{2\pi}\sqrt{\frac{g}{y}} \tag{7-2}$$

式中　g——重力加速度，取 9.81，m/s^2；

y——梁顶端的弯曲挠度，m。

假定塔架水平放置、底部固定，塔架自身均布质量 $\bar{m}_l$ 与风轮、机舱集中质量 m 在重力场作用下引起梁顶端的弯曲挠度（见图 7-8）为

$$y=\frac{1}{EJ_x}\left(\frac{\bar{m}_l g l^3}{8}+\frac{mgl^3}{3}\right) \tag{7-3}$$

式中　E——钢的弹性模量，取 7.1×10^{11}，N/m^2。

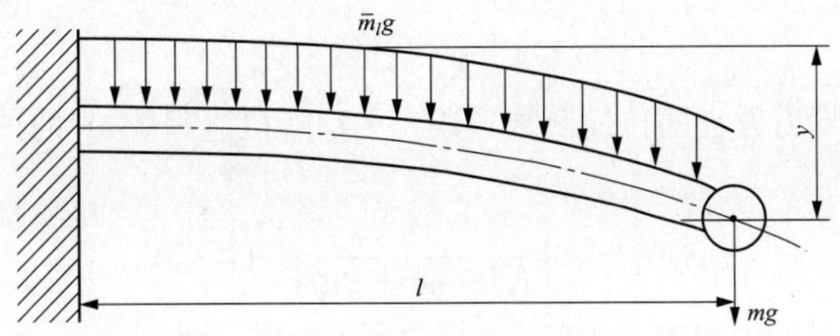

图 7-8　塔架的弯曲挠度

梁的弯曲变形形状也是它在一阶固有频率下的振型。圆形管横断面上的惯性矩 J_x（单位为 m^4）为

$$J_x = \frac{\pi(D^4 - d^4)}{64} \tag{7-4}$$

式中　d、D——管的内、外径，m。

塔架的固有频率还可通过以下方式求得。

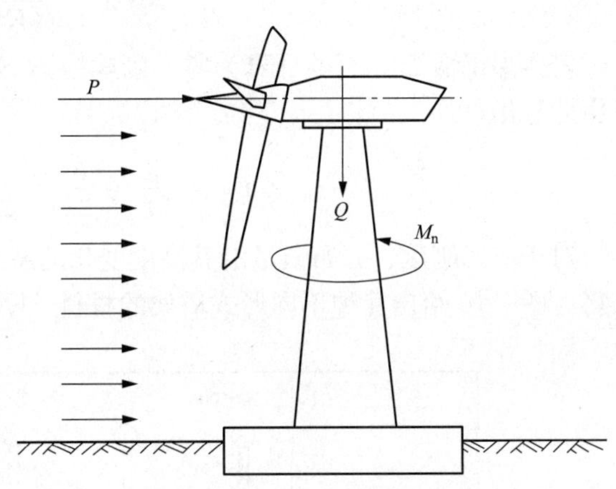

图 7-9　塔架的受力简图

图 7-9 是塔架的受力简图，在对塔架进行运动分析时，视该结构为单自由度体系（因塔体为等厚钢管构成）。则

$$\frac{\mathrm{d}^2 s(t)}{\mathrm{d}t^2} + 2\zeta \frac{\mathrm{d}s(t)}{\mathrm{d}t} + K^2 s(t) = F(t) \tag{7-5}$$

式中　$s(t)$——水平位移；

$2\zeta \frac{\mathrm{d}s(t)}{\mathrm{d}t}$——黏性摩擦阻力；

ζ——结构阻尼系数；

$K^2 s(t)$——弹性力；

K——结构弹性系数；

$F(t)$——风载。

可近似认为风载是具有固定力谱密度 $G_F(\omega)$ 的平稳随机过程。对式（7-5）进行傅氏变换

$$\int_{\infty}^{\infty} \frac{\mathrm{d}^2 s(t)}{\mathrm{d}t^2} e^{-i\omega t}\,\mathrm{d}t + 2\zeta \int_{\infty}^{\infty} \frac{\mathrm{d}s(t)}{\mathrm{d}t} e^{-i\omega t}\,\mathrm{d}t + K^2 \int_{\infty}^{\infty} s(t) e^{-i\omega t}\,\mathrm{d}t = \int_{\infty}^{\infty} F(t) e^{-i\omega t}\,\mathrm{d}t \tag{7-6}$$

并设

$$\int_{\infty}^{\infty} s(t) e^{-i\omega t}\,\mathrm{d}t = S_S(\omega)$$

$$\int_{\infty}^{\infty} F(t) e^{-i\omega t}\,\mathrm{d}t = G_F(\omega) \tag{7-7}$$

则式（7-6）可简化为

$$(i\omega)^2 S_s(\omega) + 2\zeta(i\omega) S_s(\omega) + K^2 S_s(\omega) = G_F(\omega) \tag{7-8}$$

则

$$S_s(\omega) = \frac{G_F(\omega)}{K^2 - \omega^2 + 2i\zeta\omega} \tag{7-9}$$

令
$$L(m)=\frac{1}{K^2-\omega^2+2i\zeta\omega} \tag{7-10}$$

式（7-10）就是动力方程的传递函数形式。平稳随机过程 $s(t)$ 的谱密度是动力方程的解，可以确定如下

$$S_s(\omega)=\left|\frac{1}{K^2-\omega^2+2i\zeta\omega}\right|^2 G_F(\omega) \tag{7-11}$$

在本结构中，钢管的内摩擦力及空气摩擦力可不考虑，则

$$S_s(\omega)=\frac{G_F(\omega)}{(K^2-\omega^2)^2} \tag{7-12}$$

若传递函数 $L(m)$ 的分母为零，则响应谱 $S_s(\omega)$ 的值为无穷大，因此结构的固有频率可由此导出

$$F_X=\frac{\omega}{2\pi}=\frac{K}{2\pi}=\frac{1}{2\pi}\sqrt{\frac{3EJq}{(L-l)_1^2 G}} \tag{7-13}$$

对于塔架刚度、分布质量沿其高度变化的系统，其固有频率可运用有限元数值计算方法求得。图 7-10 给出几种不同形式塔架的材料、刚性、质量、一阶固有频率。

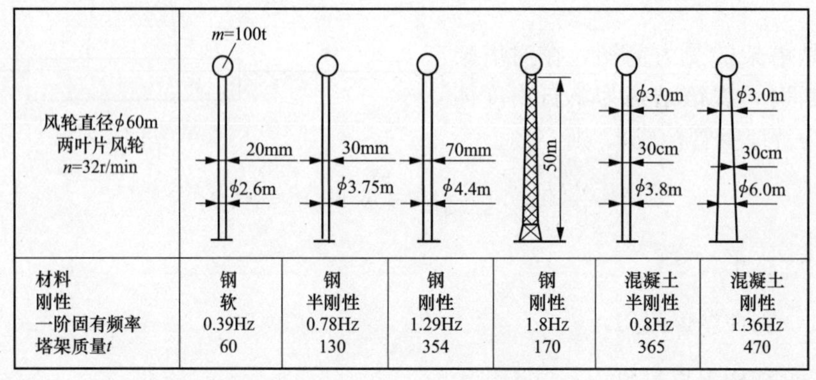

材料	钢	钢	钢	钢	混凝土	混凝土
刚性	软	半刚性	刚性	刚性	半刚性	刚性
一阶固有频率	0.39Hz	0.78Hz	1.29Hz	1.8Hz	0.8Hz	1.36Hz
塔架质量t	60	130	354	170	365	470

图 7-10 塔架的固有频率

7.1.2.5 塔架-风轮系统振动模态

风轮转动引起塔架受迫振动的模态是复杂的：有风轮转子残余的旋转不平衡质量产生的塔架以每秒转数 n 为频率的振动；由于塔影响、不对称空气来流、风剪切、尾流等造成的频率为 Nn 的振动（N 为叶片数）。塔架的一阶固有频率与受迫振动频率 n、Nn 值的差别必须超过这些值的 20%以上，才能避免共振。并且必须注意避免高次共振。

事实上，塔顶安装的风轮、机舱等集中质量已和塔架构成了一个系统，并且机舱集中质量又处于塔架这样一个悬臂梁的顶端，因而它对系统固有频率的影响很大。如果塔架-机舱系统的固有频率大于 Nn，被称为刚性塔；介于 n 与 Nn 之间的为半刚性塔；系统的固有频率低于 n 的是柔塔。塔架的刚性越大，质量和成本就越高。目前，大型风力机多采用半刚性塔。

恒定转速的风力发电机应保证塔架—机舱系统固有频率的取值在转速激励的受迫振动的频率之外。变转速风轮可在较大的转速变化范围内输出功率，但不允许在系统自振频率的共振区较长时间地运行，转速应尽快穿过共振区。对于刚性塔架，在风轮发生超速现象时，转速的叶片数倍频下的冲击也不得产生对塔架的激励共振。当叶片与轮毂之间采用非刚性连接

时，对塔架振动的影响可以减少。尤其在叶片与轮毂采用铰接（变锥度）或风轮叶片能在旋转平面前后 5°范围内挥舞时，取这样的结构设计能减轻由阵风或风的切变在风轮轴和塔架上引起的振动疲劳，缺点是构造复杂。

塔架在自然频率的调谐合适的斜坡至少在理论上是存在的，通过改变塔基直径，必要的强度抵抗极限载荷和疲劳载荷时可以将整塔架的自然频率调整至一个合适的值。

风轮、机舱和塔架组成的系统可作为一个弹性体来看待。图 7-11 给出叶片、机舱、塔架的实际运动情况，这些运动是在空气动力、离心力、重力和陀螺效应力作用下产生的。所有的力在风轮转动过程中周期性变化，使每一个部件在给定运动方向上产生振动。对系统、各部件做振动模态分析，就是理论上确定它们在相应的交变力、交变力矩作用下的振型、振幅和频率，从而为解决风力发电机组的动态稳定性问题提供重要依据。图 7-12 给出风力发电机叶片和塔架的各种振型。

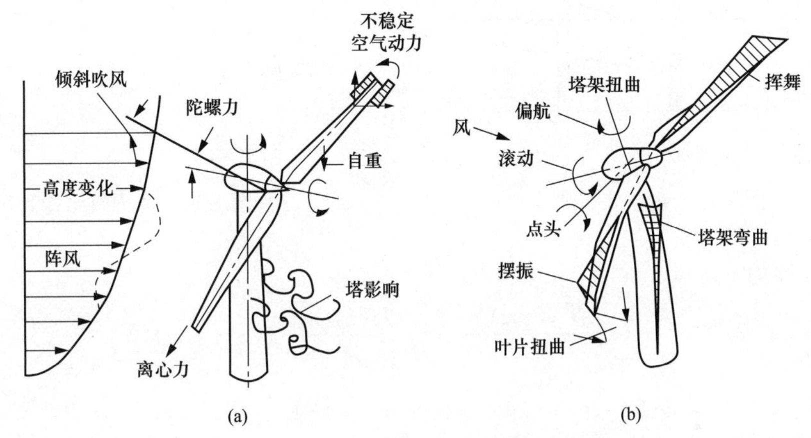

图 7-11 叶片/机舱和塔架的受力与运动

（a）受力；（b）运动

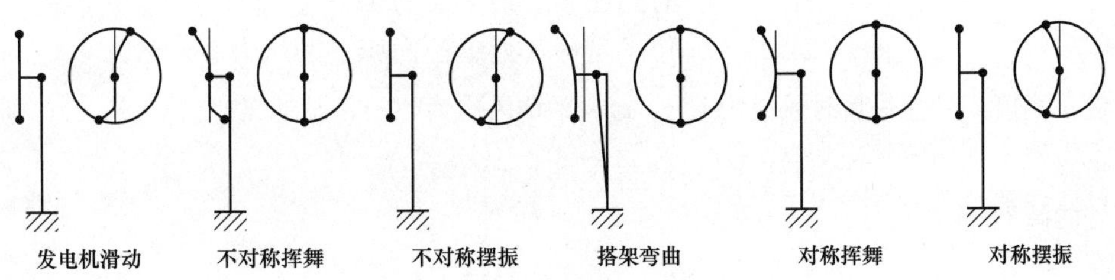

图 7-12 叶片和塔架的振型

风力机的动态稳定性由频率分布图来判定，如图 7-13 所示。在频率分布图中表示的是所涉及部件（风轮、塔架）的自振频率和高次谐振频率与无量纲风轮转速的关系。过坐标原点的斜线表示的是叶片频率的整数倍。一台恒转速风力机可通过垂直线来描述。部件的固有频率或高次振动是水平线。为了避免共振，固有频率和转速的交点不能在斜线上相交，如 1Ω 或它的叶片倍数（三叶片 3Ω），叶片高次谐振变得不很重要。叶片自振频率，特别是水平轴风力机与转速有关，随离心力增加而提高，在频率分布图上表现为随风轮转速增加向上弯曲。叶片在离心方向上产生位移，这一过程使叶片刚性提高。

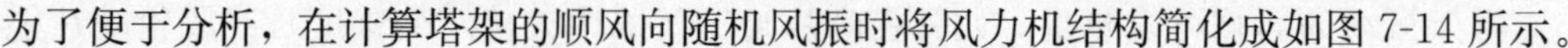
为了便于分析，在计算塔架的顺风向随机风振时将风力机结构简化成如图 7-14 所示。

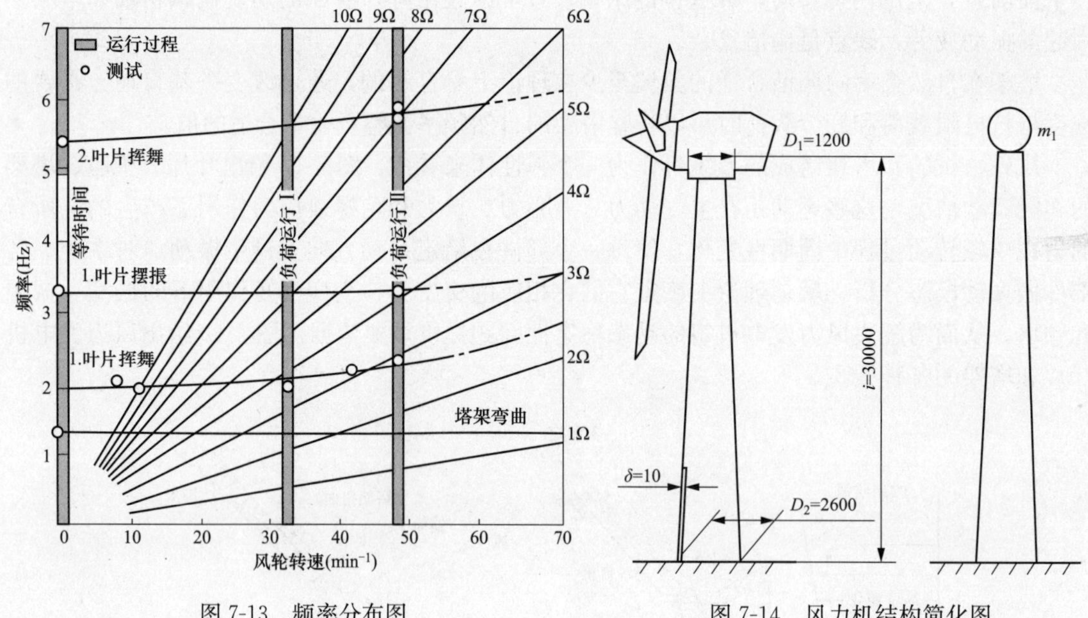

图 7-13　频率分布图

图 7-14　风力机结构简化图

其振动方程为

$$m(z)\frac{\vartheta^2 y(z,t)}{\vartheta t_2}+c(z)\frac{\vartheta y(z,t)}{\vartheta t}+k(z)y(z,t)$$

$$=P(z,t)=p(z)f(z)=\int_0^t \omega(z)f(t)\mathrm{d}x \tag{7-14}$$

式中　$m(z)$、$c(z)$、$k(z)$、$P(z)$——沿高度 z 处，单位高度上的质量、阻尼系数、刚度系数和水平风力；

$f(t)$——时间函数，最大值为 1；

$\omega(z)$——位于坐标 z 处单位面积上的风力。

设任一高度 z 处任一瞬时风速为 $V(z,\ t)$，平均风速为$\overline{V(z)}$，脉动风速为 $V_{\mathrm{f}}(z,\ t)$，则

$$V(z,t)=\bar{V}(z)+V_{\mathrm{f}}(z,t) \tag{7-15}$$

该处的瞬时 m 风压为

$$\omega(z,t)=\frac{1}{2}\rho u_{\mathrm{s}}(z)V^2(z,t) \tag{7-16}$$

$$V^2(z,t)=\bar{V}^2(z)+2\bar{V}(z)V_{\mathrm{f}}(z,t)+V^{2\prime\prime}f(z,t) \tag{7-17}$$

式中，$V_{\mathrm{f}}^2(z,\ t)$ 与 $\bar{V}^2(z)$ 相比是二阶微量，可略去，故

$$\omega(z,t)=\bar{\omega}(z)+\omega_{\mathrm{f}}(z,t) \tag{7-18}$$

$$\bar{\omega}(z)=\frac{1}{2}Pu\omega(z)\bar{V}^2(z) \tag{7-19}$$

$$\omega_{\mathrm{f}}(z)=\frac{1}{2}Pu\omega^{(z)V_{\mathrm{f}}^2(z,t)} \tag{7-20}$$

式中　$u\omega(z)$——体形系数。

结构的各阶振型都对风振力及响应有所贡献，但第一振型起主要作用。风力中含静力和动力两种成分，动力影响在总值中又只占一部分。故工程中对于悬臂型结构一般只考虑第一振型的影响。风振其本质也是一种振动，所以等效风振力实际上就是该振型的惯性力。因此，一阶振型的风力振力为

$$P_{\mathrm{d}}(z) \approx P_{\mathrm{d1}}(z) = \zeta_1 u_1 \phi_1(z) m(z) \omega_0 \tag{7-21}$$

在脉动风压作用下，结构的风振系数定义为总风力的概率统计值 $P_{\mathrm{s}}(z)+P_{\mathrm{d}}(z)$ 与静风力统计值 $P_{\mathrm{s}}(z)$ 之比

$$\beta(z) = \frac{P_{\mathrm{s}}(z)+P_{\mathrm{d}}(z)}{P_{\mathrm{s}}(z)} = 1+\frac{P_{\mathrm{d}}(z)}{P_{\mathrm{s}}(z)} \tag{7-22}$$

$$P_{\mathrm{s}}(z) = \mu_{\mathrm{s}}(z)\mu_{\mathrm{z}}(z)W_0 L_{\mathrm{x}}(z) \tag{7-23}$$

式中 $\mu_{\mathrm{s}}(z)$，$L_{\mathrm{x}}(z)$——风压高度变化系数及塔架迎风面水平长度。

$$\beta(z) = 1+\frac{\zeta_1 u_1 \phi_1(z) m(z) \omega_0}{u_{\mathrm{s}}(z)\, u_{\mathrm{z}}(z) W_0 L_{\mathrm{x}}(z)} = 1+\zeta_1 u_1 r_1 \tag{7-24}$$

$$r_1(z) = \frac{\phi_1(z) m(z)}{u_{\mathrm{s}}(z) u_{\mathrm{z}}(z) L_x(z)} \tag{7-25}$$

式中 ζ_1——风振动力系数；

u_1——考虑风压脉动及空间相关性等影响而得到的系数，称为影响系数，又称为位置系数。

从相关文献中可知

$$\zeta = \sqrt{1+\frac{n_2^2 \dfrac{\pi}{6\zeta_1}}{(1+n_2^2)^{4/3}}} \tag{7-26}$$

从而有

$$n_2 = \pm \frac{1200 n_1}{V_{10}} \tag{7-27}$$

式中 n_1——结构的固有频率（波数）；

ζ——结构的阻尼比，对于钢结构，$\zeta=0.01$。

由风振力引起的总风力为

$$F = \beta u_{\mathrm{s}} u_{\mathrm{z}} W_0 A \tag{7-28}$$

为了使系统稳定运行，每一部件的固有频率都应远离激振频率的10%～20%。测试一台风力机的振动特性，需要应变片和加速度计进行分析。

处理风力发电机动态稳定性问题的另一个重要手段是借助于对塔顶、风轮叶片、风轮轴承、变速箱等零部件实际振动频率响应的测试，并做出频谱分析。

出现风力发电机系统或某些部件振动过大、动态稳定性差的问题时，在振动模态分析、振动测试频谱分析的基础上，应该有针对性地对叶片刚度与质量分布、风轮旋转质量的平衡、轴承刚度、风轮轴心与增速箱轴心的对中、塔架刚度与质量分布、塔架与基础的固定等做出改进。

7.1.3 塔架基础

风力发电机组的基础用于安装、支承风力发电机组。平衡风力发电机组在运行过程中所产生的各种载荷，以保证机组安全、稳定地运行。因此，在设计风力发电机组基础之前，必

须对机组的安装现场进行工程地质勘察。

7.1.3.1　基础的地质条件

地质勘探基础设计前，必须做整个风电场工程地质和水文地质条件详细踏勘，对风力机基础进行重点的地质勘探工作。

(1) 在岩石地基上，应查明基础覆盖层厚度、地层岩性、地质构造、岩石单轴抗压强度及其允许承载能力。

(2) 在砂壤土或黏土地基上，应查明土层厚度、土壤的级配、干容重、砂壤土的内摩擦角、黏土的黏结力、地下水埋藏深度、允许承载能力等。

(3) 在海相沉积的海涂、湖泊、沙滩等地下水位高、结构松散的软土地基上建设风电场，由于软土具有强度低、压缩性大等不利的工程特性，故对这种地基土质进行详细的地质勘探工作尤为重要。一般应查明土层埋深、含水量、容重、空隙比、液限、塑限、塑性指数、渗透系数、压缩系数、黏结力、摩擦角等。

应选择适宜的基础形式，作细致的地基计算，并在建筑物施工时采取相应的工程措施。

7.1.3.2　基础结构形式的确定

根据基础不同的地质条件，从结构形式上常可分为实体重力式基础和框架式基础。

实体重力式基础，即块状基础，主要适用于地质条件良好的岩石、结构密实的砂壤土和黏土地基。因其基础浅、结构简单、施工方便、质量易控制、造价低，应用最广泛。从平面上看，实体重力式基础可进一步分为四边形、六边形和圆锥形。后面两种抗震性能好，但施工难度稍大于前者，主要适用于有抗震要求的地区。

实体重力式基础，应用广泛，对基础进行动力分析时，可以忽略基础的变形，并将基础作为刚性体来处理，而仅考虑地基的变形。按其结构剖面又可分为“凹”形和“凸”形两种；前者如图 7-15 所示，基础整个为方形实体钢筋混凝土；后者如图 7-16 所示。后者与前者相比，均属实体基础，区别在于扩展的底座盘上回填土也成了基础重力的一部分，这样可节省材料降低费用。

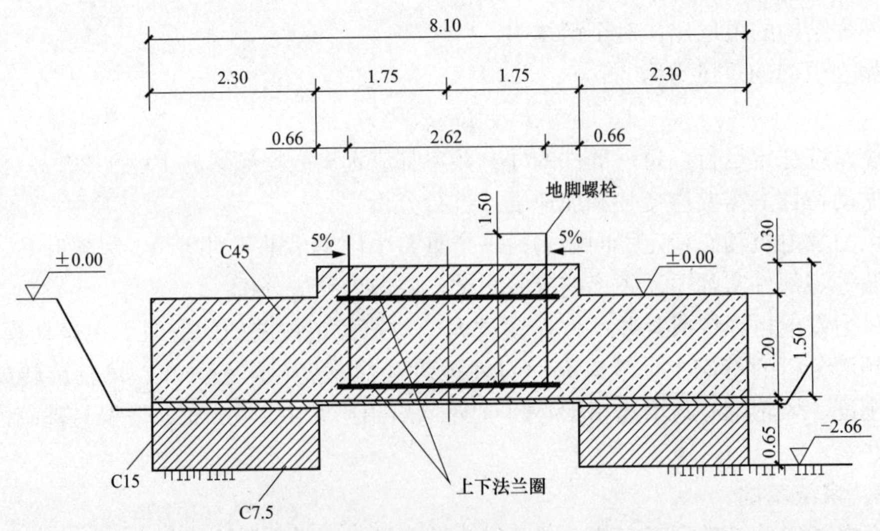

图 7-15　凹型基础结构（单位：m）

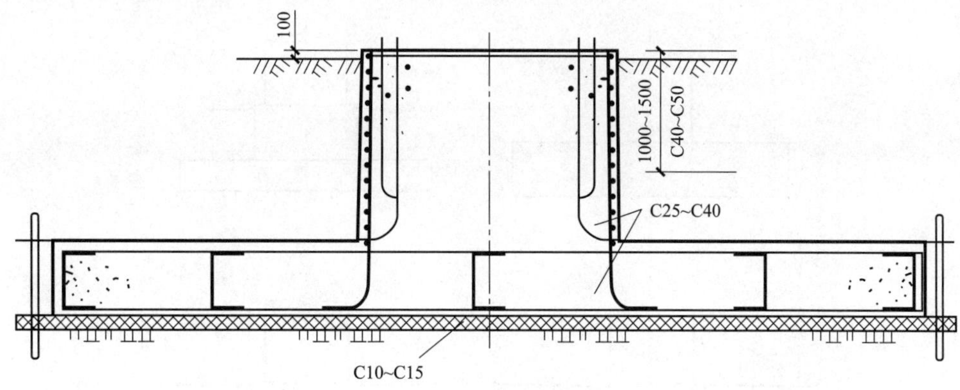

图 7-16　凸型基础结构

框架式基础由桩台和桩基群组成，主要适用于工程地质条件差、软土覆盖层很深的地基上。框架式基础按桩基在土中传力作用分为端承桩和摩擦桩。端承桩主要靠桩尖处硬土层支承，桩侧摩擦阻力很小，可以忽略不计；摩擦桩的桩端未达硬土层，桩的荷载主要靠桩身与土的摩擦力来支承。实际的桩基是既有摩擦力又有桩端支承力共同作用的半支承桩。框架式基础比实体重力式基础施工难度大、造价高、工期长，在同等风况条件下，应优先选择地质条件良好的风电场。

在陆地上建造风电场，风力机基础一般为现浇钢筋混凝土独立基础。其型式主要取决于风电场工程地质条件、风力机机型和安装高度、设计安全风速等。地基由灌入混凝土的底座和金属基础环构成。表 7-1 列出了几种风力机的基础载荷。

表 7-1　　几种风力机的基础载荷

制造厂	单机容量（kW）	转轮直径（m）	正压力（kN）	剪力（kN）	弯矩（kN·m）	扭矩（kN·m）	气动刹车方式
Bonus	300	31～33	315	207	5449		可转动叶尖
Nordtank	300	31	285	220	7300	150	可转动叶尖
Bonus	450	37	466	311	8722		可转动叶尖
Nordtank	500	37	450	298	9400	280	可转动叶尖
Vestas	500	39	510	377	10424	364	全顺桨
Nordtank	500	41	600	370	13000	570	可转动叶尖
Vestas	600	42	625	452	17921	390	全顺桨

7.1.3.3　基础的种类

1. 厚板状基础

厚板块基础用在距地表不远处就有硬性土质的情况下，可以抵制倾覆力矩和几组重力偏心力，计算板块基础承重力的方法是：假设承载面积上负载一致，基础承受的倾覆力矩应该小于 $WB/6$（W 为重力负载，B 为厚板块基础宽度），这个条件可用来粗略估计需要的基础尺寸。

四种可选板状的基础构造方法如图 7-17 中所示。图 7-17（a）显示了均匀厚度的板层，它的上表面刚好在地表面以上，这种方案在当岩床距离地表面很近的时候被选用，主要的加强体由顶部和底部钢筋网组成，可以用来抵抗板层弯曲，抗剪加固是不做要求的，所以板层应该具有足够的厚度。

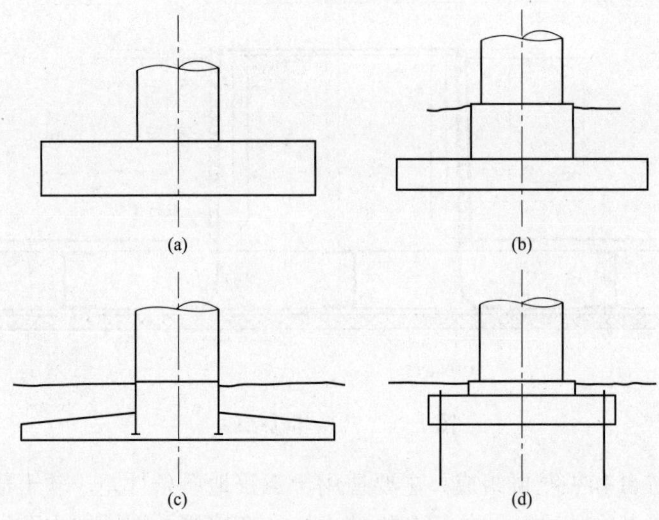

图 7-17　四种可选板层的基础安排方法

(a) 平板层；(b) 桩和覆盖层；(c) 嵌入锥形板层的桩塔；(d) 岩石锚牵引固定的板层

第二种方案如图 7-17 (b) 所示，即在板层顶部安装一个覆盖基架。这种方案应用于岩床深度大于半层厚度时的情况，以满足抵抗板层弯曲力矩和剪应力载荷的要求，下层土壤地基上的重力载荷由于载荷过重而增加，所以总板状基础的平面尺寸可以适当减小。

第三种情况如图 7-17 (c) 所示，与第二种方案很类似。但是，其加入了两个可能的修改，这些修改可以单独的应用，用一个嵌入在板状基础中的短塔段替代原来的基架，并引入了板型基础深度向的斜坡。应该在短桩段靠近板层顶部的地方穿孔，以允许对顶部的径向加强钢筋穿越它，钢筋必须包括抵抗来自塔桩底部法兰盘的冲剪载荷。板型基础深度向的斜坡具有节省材料的优点，但是实行起来较为困难。

岩石锚固装置在满足平衡目的时，消除了重力基础配量的需要，并且当轴承能力足够大的时候，可以大大减小基础的尺寸，如图 7-17 (d) 所示。但是需要专门的承包商来安装岩石锚定装置，所以这种方案只能偶尔使用。

规划中的理想的重力地基形状为圆形，但是考虑到建立圆形模板的复杂性，人们经常使用一种替代的形状，即八角形。有时候，板状基础是方形的，目的是为了简化挡板和钢筋。

2. 多桩基础

在土质比较疏松的地层情况，常选择多桩基础，如图 7-18 (a) 所示，基础采用一个桩帽安置在 8 个圆柱形桩基上，桩基圆形排列，在桩的垂直、侧向方向都要抵制倾覆力矩，侧向力主要作用在桩帽上，所以桩和桩帽都要配钢筋。桩孔采用螺旋钻孔，钢筋骨架定位后，原位置浇铸。

3. 混凝土单桩基础

混凝土单桩基础由一个大直径混凝土圆柱组成，这种桩孔利于水下打桩，可以开挖出很深的桩孔，这种结构虽然简单，但耗材大，采用中空圆柱体可以节省耗材，它独自通过调动土壤的横向截荷抵抗倾覆，如图 7-18 (b)(c) 所示。

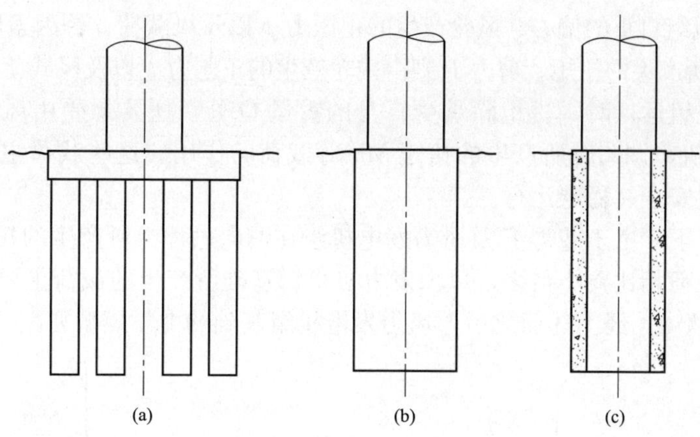

图 7-18 多桩与单桩基础

(a) 多桩基础；(b)(c) 单桩基础

4. 桁架式塔架基础

桁架式塔架的腿之间的跨距相对很大，并且还可以使它们使用各自独立的基础。在原地常常使用螺旋钻孔浇注桩，如图 7-19 所示。阻止倾倒的机械力在桩上被简单地上提和下推，但是桩也必须对水平剪应力载荷引起的弯矩进行计算。桩所受的上提力被桩表面的摩擦力所抵抗，摩擦力取决于土壤和桩之间的摩擦角度以及侧面泥土的压力。组成塔架地基的角钢，给桩灌注混凝土时被就地浇筑。一个框架可以提前进行组装，与支撑地基部分合并在一起，所以在浇筑混凝土之前腿应该被设置为正确的间隔和倾斜度。

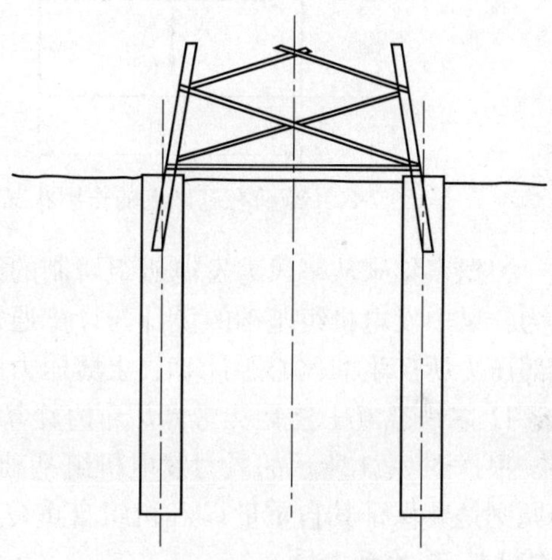

图 7-19 钢制栅格塔架的桩基础

7.1.3.4 塔筒与地基的连接

塔筒与地基的连接主要有地脚螺栓和地基环两种型式。地脚螺栓除要求塔筒底法兰螺孔有良好的精度外，要求地脚螺栓强度高，在地基中需要良好定位，并且在底法兰与地基间还要打一层膨胀水泥。而地基环则要加工一个短段塔筒并要求良好防腐放入地基，塔架低段与地基采用法兰直接对法兰连接，便于安装。

塔筒的选型原则应充分考虑外形美观、刚性好、便于维护、冬季登塔条件好等特点（特别在中国北方）。当然在特定的环境下，还要考虑运输和价格等问题。

如同建筑的基础，风力发电机组基础的主体也是埋在地面以下的，由钢筋和混凝土组成，其中嵌入了基础段。基础段露出混凝土上表面约 600mm，焊有法兰，用于与下段塔筒进行连接。

风力发电机通过自重及基础的重量和几何尺寸，平衡运行中风力产生的倾覆力矩，保持机体竖立稳固，所以基础的尺寸与质量设计主要是由风力发电机组受到的载荷决定的，受到的载荷值大，则基础的尺寸与质量也会相应增大。

7.1.3.5 风力发电机组基础的设计与计算

图 7-20 显示了上述这些载荷在基础上的作用状况，图中 Q 和 G 分别为机组及基础的自重，

倾覆力矩 M 是由机组自重的偏心、风轮产生的正压力 p 以及风载荷 q 等因素所引起的合力矩，Mn 为机组调向时所产生的扭矩，剪力 F 则由内轮产生的正压力 p 以及风载荷 q 所引起。

当风力发电机组运行时，机组除承受自身的重量 Q 处，还要承受由风轮产生的正压力 p、风载荷 q 以及机组调向时所产生的扭矩 Mn 等载荷的作用。这些载荷主要是靠基础予以平衡，以确保机组安全、稳定运行。

但在一般情况下，由于剪力 F 及风力发电机组在调向过程中所产生的扭矩 Mn 一般都不很大，且与其他载荷相比要小得多，风力发电机组对基础所产生的载荷主要应考虑机组自重 Q 与倾覆力矩 M 两项。经上述简化后，风力发电机组基础的力学模型如图 7-21 所示。

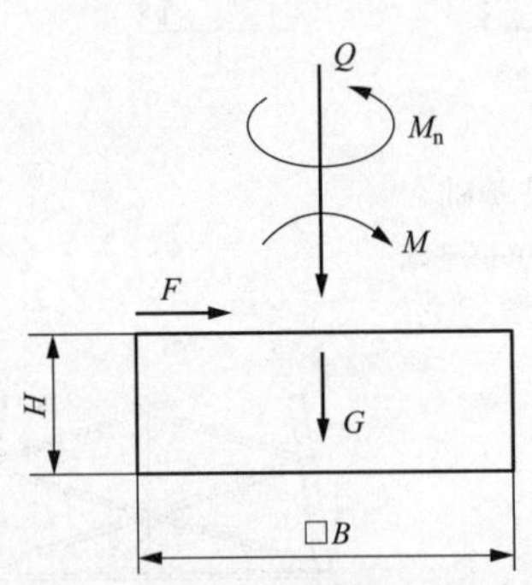

图 7-20　载荷在基础上的作用状况

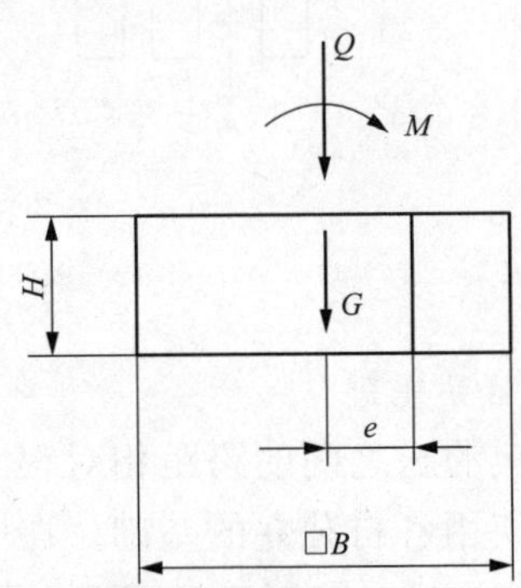

图 7-21　风力发电机组基础的力学模型

根据多年来从事风力发电机组研制的经验，在参考土建设计的有关标准和规范的基础上认为：风力发电机组基础的设计与计算通常应包括基础混凝土重量及几何尺寸的计算、基础底部压力所产生的偏心距计算、土壤压力的计算、设计配筋、抗冲切强度校核。

1. 基础混凝土重量及几何尺寸的计算

根据图 7-21 所示的风力发电机组基础的力学模型可知：确定基础混凝土重量及几何尺寸的原则是要保证其自重量 G 和机组自重 Q 所产生的稳定力矩应大于机组运行时所产生的倾覆力矩 M。其关系式为

$$\frac{(G+Q)B}{2} \geqslant KM_{\max} \tag{7-29}$$

式中　B——基础的底边尺寸；

K——安全系数，根据经验一般取 2 为宜。

注意：由于式（7-29）中 G 和 B 均为未知，因此，在应用式（7-29）计算基础混凝土重量 G 及几何尺寸 B 时，需首先查找安装现场地基持力层土壤的容许承载力［P］。然后根据式（7-29）估算出较为合理的混凝土重量 G 及其底边尺寸 B。

2. 基础底部压力所产生的偏心距计算

对于风力发电机组这类偏心受压的基础，为确保机组能安全、稳定地运行，所有载荷对基础底部压力所产生的偏心距 e 不宜过大，以保证基础不致发生过大的倾斜。因此对于风力发电机组这类动力机械而言，其基础底部压力所产生的偏心距 e 一般宜控制在 $B/6$ 的范围内。其公式为

$$e = M/G+Q \leqslant B/6 \tag{7-30}$$

3. 土壤压力的计算

风力发电机组在不同工况下运行时所产生的载荷是通过基础传递给地基，于是基础与地

基之间便产生了接触压力，同时又是地基反作用于基础的基底压力。因此，在按弹性地基计算基础对地基土壤的作用力时，一般应考虑基础自重 G、风力发电机组自重 Q 以及倾覆力矩 M_{max} 对地基的影响，分别求出它们对地基所产生的压力，然后叠加。求得基础度面土壤的最大压力。当基础底部压力所产生的偏心距 $e<B/6$ 时，基础底面土壤压力的分布呈梯形，如图 7-22 所示。

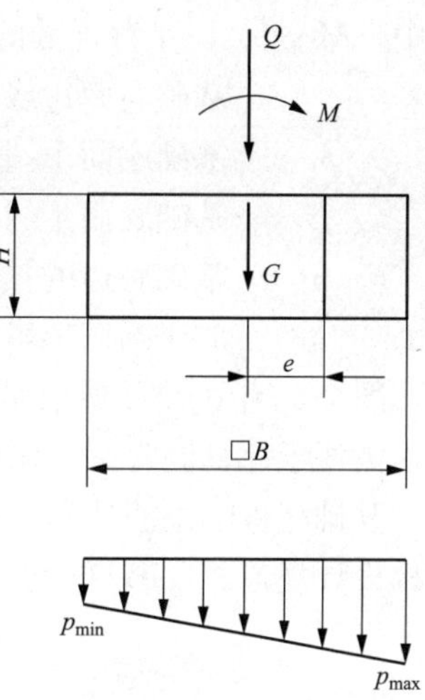

图 7-22　基础底土壤压力分布

为确保风力发电机组组能安全、稳定地运行。基础底面土壤的最大压力不得超过土壤的允许承载力［p］。其公式为

$$p_{max}=(G+Q)/B^2+M_{max}/W\leqslant[P] \tag{7-31}$$

其中

$$W=B^2H/6$$

式中　W——基础底面土壤的抗弯截面模量。

此时基础底面土壤的最小压力 p_{min} 应

$$p_{min}=(G+Q)/B^2-M_{max}/W\geqslant 0 \tag{7-32}$$

设计配筋：风力发电机组基础在承受上述载荷以后，可以理解为如同一块平板那样，此时基础的底板为双向弯曲板，沿基础四周产生弯曲。当弯曲应力超过基础的抗弯强度时，基础底板将发生弯曲破坏。在配筋设计中，最危险的截面一般取塔架与基础交界处的Ⅰ-Ⅰ截面，如图 7-23（a）所示。截面Ⅰ-Ⅰ处的弯矩可以看作将地基按对角线划分，其值大小应等于图 7-23（a）所示的梯形基底面积（阴影线部分）上地基净反力的合力与该面积形心到截面的距离相乘之积。

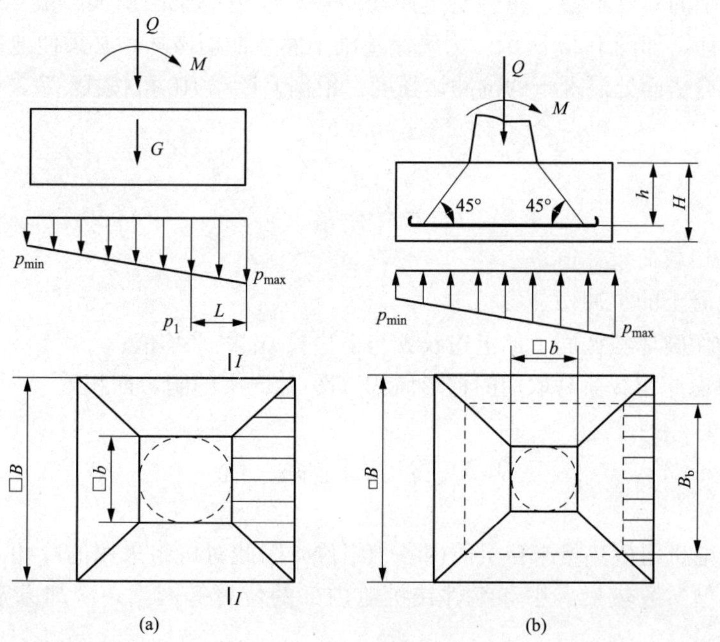

图 7-23　基础受力图

因此，Ⅰ-Ⅰ截面处的弯矩 M_f 为

$$M_f=L^2(2B+b)(p_{max}+p_1)/12 \tag{7-33}$$

式中 M_f——Ⅰ-Ⅰ截面处的弯矩；

p_{max}——基础底面边缘的最大压力；

$p_Ⅰ$——基础底面Ⅰ-Ⅰ截面处的压力；

L——基础底面Ⅰ-Ⅰ截面到基础边缘的距离；

B——基础底边的长度；

b——对于圆筒形塔架为塔架的直径，对于桁架式塔架为塔架的边长。

图 7-23 中的虚线圆表示风力发电机组圆筒形塔架的直径，正方形表示桁架式塔架的边长，为便于计算同时又考虑到误差不大的情况下，在计算配筋时，均按矩形塔架来考虑。

基础底板的配筋计算，根据底板的受力，各计算截面所需的钢筋面积 A_s，根据《混凝土结构设计规范》(GB 50010—2010) 按式 (7-34) 计算

$$A_s = \frac{KM}{0.9R_g h} \tag{7-34}$$

式中 K——构件强度设计安全系数，一般取 1.4；

M——计算配筋截面处的设计弯矩；

R_g——钢筋的抗拉强度设计值；

h——基础冲切破坏锥体的有效高度 (见图 7-23)。

4. 抗冲切强度校核

因为风力发电机组基础是钢筋混凝土刚性基础，其抗剪强度一般均能满足要求，故在此只需进行抗冲切强度校核。

由于基础的抗冲切强度是由基础的高度来确定的，因此当基础在受到风力发电机组传来的载荷时，如基础的高度不够，将会发生冲切破坏，即沿塔架四周大致成 45°方向的斜面拉裂，而形成角锥体，如图 7-23 所示。为确保基础不发生冲切破坏，必须使地基反力产生的冲切力小于或等于冲切面处混凝土的抗冲切强度。根据 GB 50010 可按式 (7-35) 计算

$$F_L \leqslant 0.6F_t b_m h \tag{7-35}$$

$$F_L = p_{max} A \tag{7-36}$$

其中

$$b_m = (b + B_b)/2 \tag{7-37}$$

式中 F_L——冲切载荷设计值；

F_t——混凝土的抗冲切强度；

b_m——冲切破坏斜截面上的上边长 b 与下边长 B_b 的平均值；

A——考虑冲切载荷时取用的梯形面积 (图 7-23 中的阴影面积)。

7.2 冷却系统

由于风力发电机组散热量来自机舱内各个组件，因此对机组采用的冷却方案取决于机组所选用的设备类型、散热量大小和组件在机舱内部的位置等因素，冷却方案设计具有灵活性、多样性。

7.2.1 空冷方式

空冷方式是指利用空气与风力发电机设备直接进行热交换达到冷却效果，包括自然通风冷却和强制风冷两种方式。

自然通风是指发电机组不设置任何冷却设备，机组暴露在空气中，由空气自然流通将热量带走。早期的风机发电功率和散热量都较小，只需通过自然通风即可满足冷却需求。

强制风冷是指在自然通风无法满足冷却需求时，通过在风力发电机内部设置风扇，当机舱内的空气温度超过某一值时，控制系统将机舱与外界相连的片状阀开启，并使用风扇对风机内各部件进行强制鼓风从而达到冷却效果。

风冷系统具有结构简单、初投资与运行费用都较低、利于管理与维护等优点，然而其制冷效果受气温影响较大，制冷量较小，同时由于机舱要保持通风，导致风沙和雨水侵蚀机舱内部件，不利于机组的正常运行。随着机组功率的不断增加，采用强制风冷已难以满足系统冷却要求，液冷系统应运而生。

7.2.2 液冷方式

对于MW级的风力发电机系统而言，其齿轮箱与发电机的发热量较大，通常需采用液冷方式进行冷却。图7-24所示是采用液冷方式的冷却系统示意。

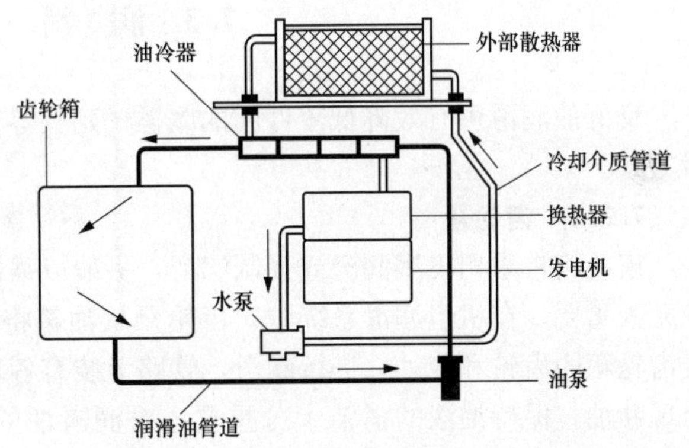

图7-24 采用液冷方式的冷却系统示意

冷却介质先流经油冷器，与高温的齿轮箱润滑油进行热交换，带走齿轮箱所产生的热量，然后流入设置在发电机定子绕组周围的换热器，吸收发电机产生的热量，最后由水泵送至外部散热器进行冷却，再继续进行下一轮循环热交换。在通常情况下冷却水泵始终保持工作，循环将系统内部热量带至外部散热器进行散热。而润滑油泵可由齿轮箱箱体内的温度传感器控制，当油温高于额定温度时，润滑油泵起动，油被送到齿轮箱外的油冷器进行冷却。当油温低于额定温度时，润滑油回路切断，停止冷却。由于各风力发电机组采用的控制变频器不同，其功能与散热量也有所差异。当控制变频器的散热量较小时，可在机舱内部设置风扇，对控制变频器与其他散热部件进行强制空冷；当控制变频器的散热量较大时，可在控制变频器外部设置换热器，由冷却介质将产生的热量带走，从而达到对控制变频器的温度控制。

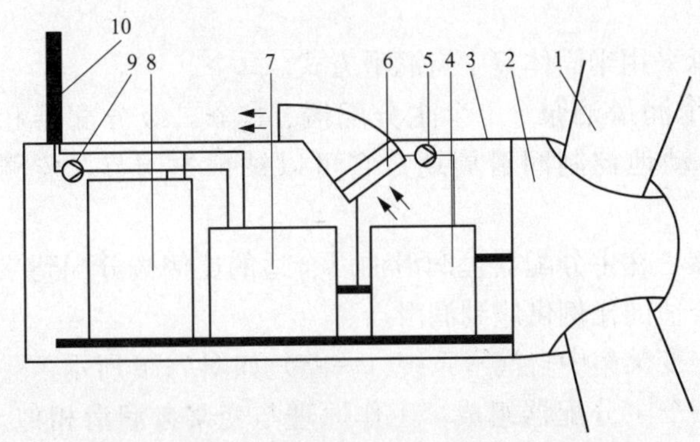

图7-25 某1.5MW风力发电机冷却系统示意

1—桨叶；2—轮毂；3—机舱盖；4—齿轮箱；5—油泵；6—润滑油冷却装置；7—发电机；8—控制变频器；9—水泵；10—外部散热器

对于发电功率更大的兆瓦级风力发电机系统，齿轮箱、发电机与控制变频器的散热量都比较大，对系统的冷却可采用对发电机和控制变频器进行液冷与对齿轮箱润滑油进行强制空冷相结合的冷却方式。图7-25所示即为采用此冷却方式的某1.5MW风力发电机冷却系统。机组的冷却系统包括油冷与水冷系统两部分，其中油冷系统负责齿轮箱的冷却，水冷系统则负责发电机与控制变频器的冷却。在油冷系统中，润滑油对齿轮箱进行润滑，温度升高后的润滑油被送至机舱中部上方的润滑油冷却装置进行强制空冷，冷却后的润滑油再回到齿轮箱进行下一轮的润滑。水冷系统则是由乙二醇水溶液-空气换热器、水泵、阀门以及温度、压力、流量控制器等部件组成的闭合回路，回路中的冷却介质流经发电机和控制变频器换热器将它们产生的热量带走，温度升高后进入机舱尾部上方的外部散热器进行冷却，温度降低后回到发电机和控制变频器进行下一轮冷却循环。

与采用风冷冷却的风力发电机相比，采用液冷系统的风力发电机结构更为紧凑，虽增加了换热器与冷却介质的费用，却大大提高了发电机的冷却效果，从而提高发电机的工作效率。同时，由于机舱可以设计成密封型，避免了舱内风沙雨水的侵入，给机组创造了有利的工作环境，还延长了设备的使用寿命。

7.3 润 滑 系 统

良好的润滑可有效降低零件间的摩擦，延长零件运行寿命。对不同的部位采用不同的润滑方式。

7.3.1 齿轮箱

齿轮箱常采用飞溅润滑或强制润滑，一般以强制润滑为多见。因此，配备可靠的润滑系统尤为重要。在机组润滑系统中，齿轮泵从油箱将油液经滤油器输送到齿轮箱的润滑系统，对齿轮箱的齿轮和传动件进行润滑，管路上装有各种监控装置，确保齿轮箱在运转当中不会出现断油。保持油液的清洁十分重要，对润滑油的要求应考虑能够起齿轮和轴承的保护作用。此外，还应具备如下性能：①减小摩擦和磨损，具有高的承载能力，防止胶合；②吸收冲击和振动；③防止疲劳点蚀；④冷却，防锈，抗腐蚀。风力发电齿轮箱属于闭式齿轮传动类型，其主要的失效形式是胶合与点蚀，故在选择润滑油时，重点是保证有足够的油膜厚度和边界膜强度。

润滑油系统中的散热器常用风冷式的，由系统中的温度传感器控制，在必要时通过电控旁路阀自动打开冷却回路，使油液先流经散热器散热，再进入齿轮箱。

7.3.2 轴承

(1) 变桨轴承、主轴轴承、发电机轴承采用半固体集中自润滑方式。

1) 变桨润滑采用集中系统，它由 1 个润滑油泵、1 个主分配器、3 个二级分配器和 3 个润滑小齿轮组成。集成控制器可以自动地控制润滑周期，它可以被预先调节，监测油位。

当泵工作时，润滑油被输送进主分配器，在主分配器里润滑油以合适的比例被分配到二级分配器，然后二级分配器再把润滑油以合适的比例供应到润滑点。

系统由一个带回油装置的安全阀保护。变桨集中自润滑系统（一路）如图 7-26 所示。

2) 主轴润滑由一个集中润滑油泵、一个主分配器组成，工作原理与变桨自润滑相似。主轴集中自润滑系统如图 7-27 所示。

3) 发电机润滑采用的润滑方式与主轴承的润滑方式类似。

(2) 偏航轴承采用半固体润滑方式。由于偏航动作发生的频率较低，无须采用集中自润滑系统，故采用手动定期加注润滑油脂的方式进行润滑。

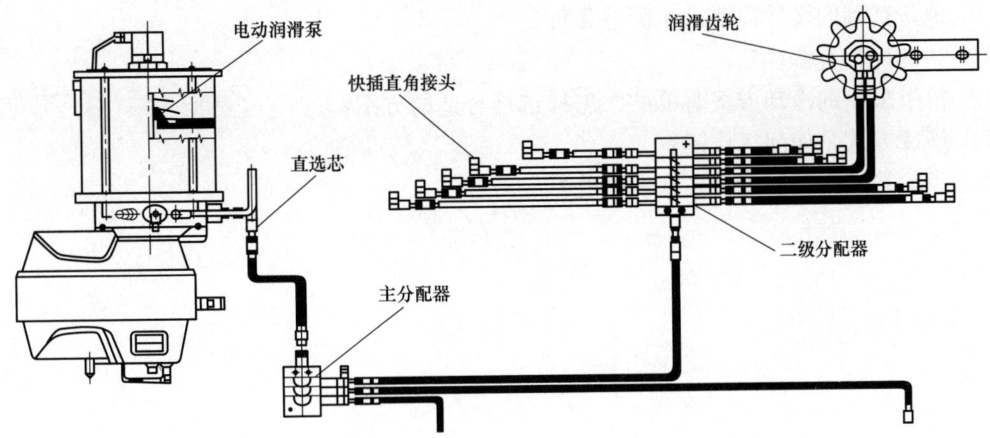

图 7-26 变桨集中自润滑系统（一路）

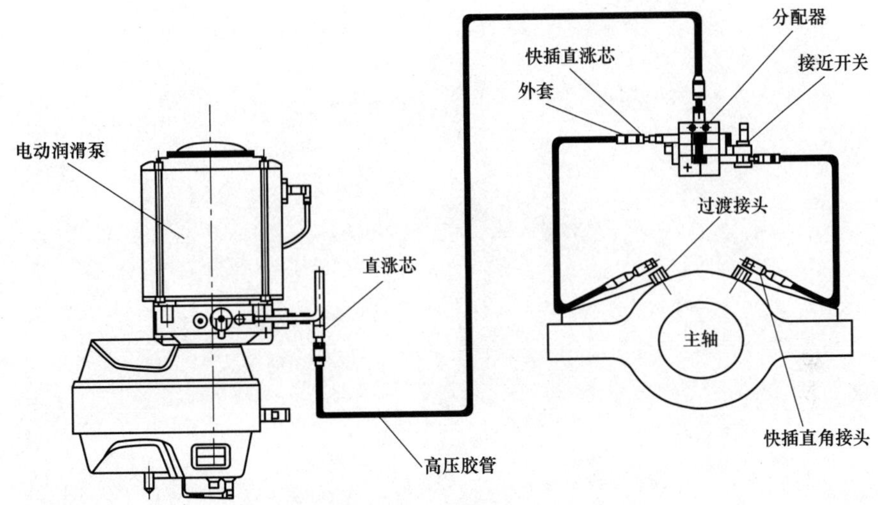

图 7-27 主轴集中自润滑系统

1. 风力发电机组的支撑结构由几部分组成?
2. 简述下设计机舱的要求。
3. 机舱底盘有什么作用?
4. 简述下塔架的功能。
5. 拉索式塔架有什么特点?
6. 锥筒式塔架有哪几类? 各有什么特点?
7. 锥筒形塔架有什么优点?
8. 钢制塔架有哪几部分组成?
9. 塔架的固有频率是如何计算的?

10. 地基基础的设计需要满足哪些条件？
11. 基础种类有哪些？
12. 机组采用的冷却方案有哪些？怎样选择合适的方案？
13. 液冷方式是如何工作的？
14. 齿轮箱采用液体润滑方式有哪些？

8 风力发电系统的并网

在并网运行风力发电机组中，发电系统把机械能变成电能，并输送给电网。本章主要介绍风力发电系统并网的一些相关知识，包括并网原因、并网要求，以及发电机并网方法等。

8.1 并 网 原 因

风能的价值取决于应用风能和利用其他能源来完成同一任务所要付出代价的差异。从经济效益角度来理解，这个价值可被定义为利用风能时所节省的燃料费、容量费和排放费。从社会效益角度来考虑，这个价值相当于所节省的纯社会费用。

1. 节省燃料

当风能加入到某一发电系统中后，由于风力发电提供的电能，发电系统中其他发电装置则可少发一些电，这样就可以节省燃料。节省矿物燃料的多少和矿物燃料的种类，取决于发电设备的构成成分，也取决于发电装置的性能，特别是发电装置的热耗率。不利的是，风能的引入将有可能使燃烧矿物性燃料的发电设备在低负荷状态下运行，从而导致热耗较高，甚至有可能导致某些设备在近乎它的最低负荷点运行。节省燃料的多少还取决于风力发电的普及水平。

2. 容量的节省

鉴于风速的多变性，因此风力发电常被认为是一种无容量价值的能源。但实际上风力发电对整个发电系统可靠性的贡献并不是零，现实生活中存在着这样的可能，即有时得不到常规发电设备，但却有可能得到风力发电系统。当然，得到风力发电装置的可能性小于得到常规发电装置的可能性，但它表明风力发电有一定的容量储备。这种容量储备可以被计算出来，方法是利用统计学方法分析整个系统的可靠性和计算出有风机和没有风机的发电系统的最小的必需的常规发电能力。

3. 减少废物排放

风机正常工作时，不会向空气、土壤排放废物。矿物性燃料的燃烧过程则要产生大量的废气和废物，因此几乎所有的以矿物燃料为动力的发电系统，都要产生大量的排放物。

4. 节省的燃料、容量、运转、维修和排放费用

根据节省的燃料、容量和排放物的多少，可以计算出利用风能所节省的费用，由此便给出了风能的利用价值指标。一般情况下，往往只分析节省的燃料费和能力费用，但减少的排放物也可以转换成节省的费用。

8.2 并 网 的 要 求

风力发电是在其输出逆变器后的输出端通过并网的断路器与电网连接的，功率的流向取

决于断路器处的电压。对于与电网连接处电压的要求如下：

(1) 电压的大小与相位必须等于所需潮流的大小与方向所要求的值。电压可以通过调节变压器的分接头或通过闭环控制系统控制电力电子变流器的触发延迟角来控制。

(2) 频率必须与电网的频率精确相等，否则系统将不能工作。为了满足精确的频率要求，有效的办法只有一个，即将公用电网频率作为逆变器开关频率的参考值。

(3) 在风力发电系统中，电网中提供基本负荷的同步发电机为异步发电机提供励磁。

接入系统方案设计应从全网出发，合理布局，消除薄弱环节，加强受端主干网络，增强抗事故干扰能力，简化网络结构，降低损耗，并满足以下基本要求：

1) 网络结构应该满足风力发电场规划容量送出的需求，同时兼顾地区电力负荷发展的需要。

2) 电能质量应能够满足风力发电场运行的基本标准。

3) 节省投资和年运行费用，使年计算费用最小，并考虑分期建设和过渡的方便。

(4) 网络的输电容量必须满足各种正常运行方式并兼顾事故运行方式的需要。事故运行方式是在正常运行方式的基础上，综合考虑线路、变压器等设备的单一故障。

(5) 选择电压等级应符合国家电压标准，电压损失符合规程要求。

(6) 根据场区现场条件和风力机布局来确定集电线路方案，在条件允许时应对接线方案在以下方面进行比较论证：

1) 运行可靠性；

2) 运行方式灵活度；

3) 维护工作量；

4) 经济性。

(7) 在设计风力发电场接线上应该满足以下要求：

1) 配电变压器应该能够与电网完全隔离，满足设备的检修需要。

2) 如果是架空线网络，应考虑防雷设施。

3) 接地系统应满足设备和安全的要求。

(8) 升压站主接线方式：

1) 根据风力发电场的规划容量和区域电网接线方式的要求进行升压站主接线的设计，应该进行多个方案的经济技术比较、分析论证，最终确定升压站电气主接线。

2) 选定风力发电场场用电源的接线方式。

3) 根据风力发电场的规模和电网要求选定无功补偿方式及无功容量。

4) 符合其他相关的国家或行业标准的要求。

5) 对于分期建设的风力发电场，说明风力发电场分期建设和过渡方案，以适应分期过渡的要求，同时提出可行的技术方案和措施。

6) 对于已有和扩建升压站应校验原有电气设备，并提出改造措施。

8.3 异步风力发电机的并网

异步发电机具有结构简单、价格低廉、可靠性高、并网容易等优点，在风力发电系统中应用广泛。

8.3.1　并网方式

风力异步发电机组的并网方式主要有直接并网、降压并网和通过晶闸管软并网三种。

1. 直接并网

风力异步发电机组直接并网的条件有两个：一是发电机转子的转向与旋转磁场的方向一致，即发电机的相序与电网的相序相同；二是发电机的转速尽可能地接近于同步转速。其中第一个条件必须严格遵守，否则并网后，发电机将处于电磁制动状态，在接线时应调整好相序。第二个条件的要求不是很严格，但并网时发电机的转速与同步转速之间的误差越小，并网时产生的冲击电流越小，衰减的时间越短。

风力异步发电机组与电网的直接并联如图 8-1 所示。当风力发电机在风的驱动下起动后，通过增速齿轮箱将异步发电机的转子带到同步转速附近（一般为 98%～100%）时，测速装置给出自动并网信号，通过断路器完成合闸并网过程。由于并网前发电机本身无电压，并网过程中会产生5～6 倍额定电流的冲击电流，引起电网电压下降。因此这种并网方式只能用于异步发电机容量在百千瓦级以下，且电网的容量较大的场合。中国最早引进的 55kW 风力发电机组及自行研制的 50kW 风力发电机组都是采用这种方法并网的。

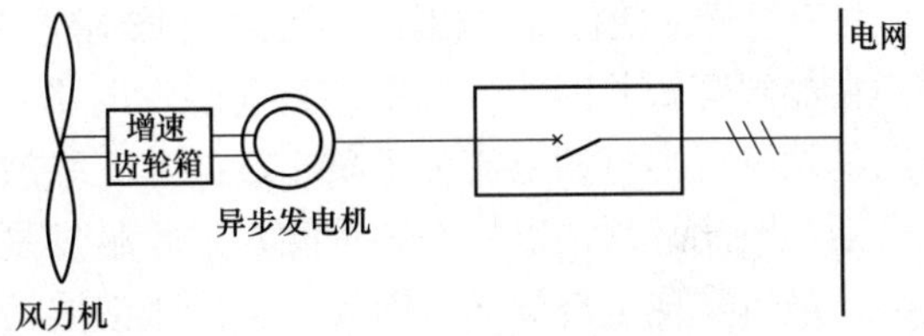

图 8-1　风力异步发电机直接并网

2. 降压并网

降压并网是在发电机与电网之间串接电阻或电抗器，或者接入自耦变压器，以降低并网时的冲击电流和电网电压下降的幅度。发电机稳定运行时，将接入的电阻等元件迅速地从电路中切除，以免消耗功率。这种并网方式的经济性较差，适用于百千瓦级以上，容量较大的机组。因为电阻、电抗器等元件要消耗功率，在发电机并入电网以后，进入稳定运行状态时，必须将其迅速切除。

3. 晶闸管软并网

晶闸管软并网是在异步发电机的定子和电网之间每相串入一个双向晶闸管，通过控制晶闸管的导通角来控制并网时的冲击电流，从而得到一个平滑的并网暂态过程，如图 8-2 所示。

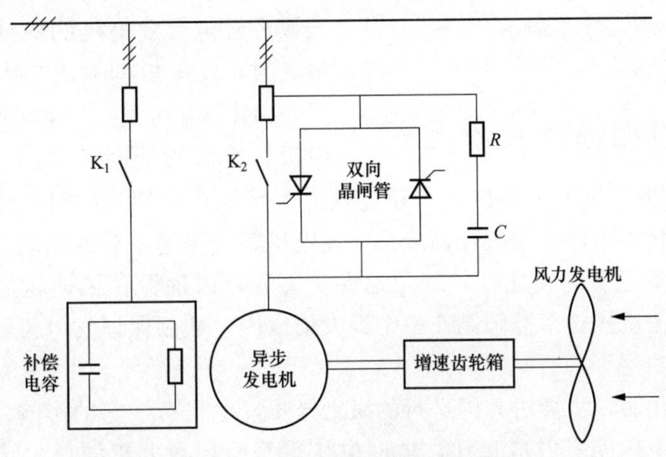

图 8-2　风力异步发电机经晶闸管软并网

其并网过程如下：当风力发电机将发电机带到同步转速附近时，在检查发电机的相序和电网的相序相同后，发电机输出端的断路器闭合，发电机经一组双向晶闸管与电网相连，在微机的控制下，双向晶闸管的触发延迟角由 180°～0°逐渐打开，双向晶闸管的导通角则由 0°～180°逐渐增大，通过电流反馈对双向晶闸管的导通角实现闭环控制，将并网时的冲击电流限制在允许的范围内，从而使异步发电机通过晶闸管平稳地并入电网。并网的瞬态过程结束后，当发电机的转速与同步转速相同时，控制器发出信号，利用一组断路器将晶闸管短接，异步发电机的输出电流将不经过双向晶闸管，而是通过已闭合的断路器流入电网。但在发电机并入电网后，应立即在发电机端并入功率因数补偿装置，将发电机的功率因数提高到 0.95 以上。

晶闸管软并网对晶闸管器件和相应的触发电路提出了严格的要求，即要求器件本身的特性要一致、稳定；触发电路工作可靠，控制极触发电压和触发电流一致；开通后晶闸管压降相同。只有这样才能保证每相晶闸管按控制要求逐渐开通，发电机的三相电流才能保证平衡。

在晶闸管软并网的方式中，目前触发电路有移相触发和过零触发两种。其中移相触发的缺点是发电机中每相电流为正负半波的非正弦波，含有较多的奇次谐波分量，对电网造成谐波污染，因此必须加以限制和消除；过零触发是在设定的周期内，逐步改变晶闸管导通的周波数，最后实现全部导通，因此不会产生谐波污染，但电流波动较大。

通过晶闸管软并网法将风力驱动的异步发电机并入电网是目前国内外中型及大型风力发电机组中普遍采用的，中国引进和自行开发研制生产的百千瓦级、兆瓦级的并网型异步风力发电机组，都是采用这种并网技术。

8.3.2 异步发电机的并网运行

1. 异步发电机并网运行时的功率输出

异步发电机的转矩-转速特性曲线如图 8-3 所示，并网后，发电机运行在曲线上的直线段，即发电机的稳定运行区域。发电机输出的电流大小及功率因数决定于转差率 s 和发电机的参数，对于已制成的发电机，其参数不变，而转差率大小由发电机的负载决定。当风力机传给发电机的机械功率和机械转矩增大时，发电机的输出功率及转矩也随之增大，由图 8-3 可见，发电机的转速将增大，发电机从原来的平衡点 A_1 过渡到新的平衡点 A_2 继续稳定运行。但当发电机输出功率超过其最大转矩对应的功率时，随着输入功率的增大，发电机的制动转矩不但不增大反而减小，发电机转速迅速上升而出现飞车现象，十分危险。因此，必须配备可靠的失速叶片或限速保护装置，以确保在风速超过额定风速及阵风时，从风力机输入的机械功率被限制在一个最大值以内，从而保证发电机输出的功不超过其最大转矩所对应的功率。

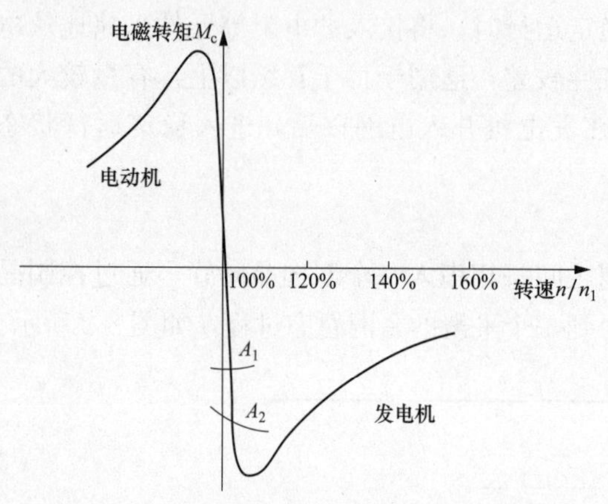

图 8-3 异步发电机的转矩-转速特性曲线

当电网电压变化时，将会对并网运行的风力异步发电机有一定的影响。因为异步发电机的最大转矩与电网电压的平方成正比，电网电压下降会导致电机的最大转矩成平方关系下降。如果电网电压严重下降，会引起转子飞车；相反，如果电网电压上升过高，会导致发电机励磁电流增加，功率因数下降，并有可能造成电机过载运行。所以，对于小容量电网应该配备可靠的过电压和欠电压保护装置，还要求选用过载能力强的发电机。

2. 异步发电机无功功率及其补偿

风力异步发电机在向电网输出有功功率的同时，还必须从电网中吸收滞后的无功功率来建立磁场和满足漏磁的需要。一般大中型异步发电机的励磁电流约为其额定电流的20%～30%，如此大的无功电流的吸收，将加重电网无功功率的负担，使电网的功率因数下降，同时引起电网电压下降和线路损耗增大，影响电网的稳定性。因此，并网运行的风力异步发电机必须进行无功功率的补偿，以提高功率因数及设备利用率，改善电网电能的质量和输电效率。目前，调节无功的装置主要有同步调相机、有源静止无功补偿器、并联补偿电容器等。其中以并联电容器应用的最多，因为前两种装置的价格较高，结构、控制比较复杂，而并联电容器的结构简单、经济、控制和维护方便、运行可靠。并网运行的异步发电机并联电容器后，它所需要的无功电流由电容器提供，从而减轻电网的负担。

在无功功率的补偿过程中，发电机的有功功率和无功功率随时在变化，普通的无功功率补偿装置难以根据发电机无功电流的变化及时地调整电容器的数值，因此补偿效果受到一定的影响。为了实现无功功率及时和准确补偿，必须随时计算出有功功率、无功功率，并计算出需要投入的电容值来控制电容器的投入数量，而这些大量和快速的计算及适时的控制，可通过DSP和计算机来实现。

3. 转子电流受控的异步风力发电机与电网并联运行

具有转子电流控制器的滑差可调异步发电机与变桨距风力机配合时的控制原理如图8-4所示。

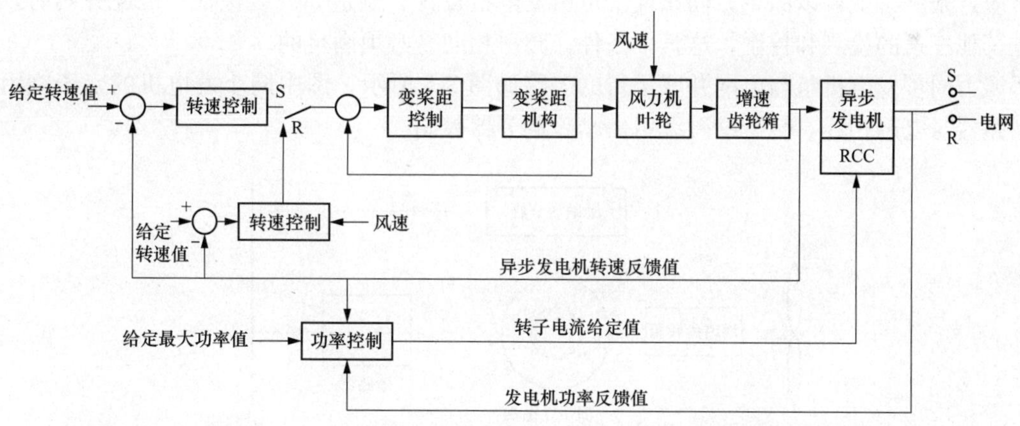

图8-4　滑差可调异步发电机与变桨距风力机配合时的控制原理

变桨距风力机-滑差可调异步发电机的启动并网及并网后的运行状况如下：

(1) 图中S代表机组启动并网前的控制方式，属于转速反馈控制，当风速达到启动风速时，风力机开始启动，随着转速的升高，风力机的叶片桨距角连续变化，使发电机的转速上升到给定转速值（同步转速），继之发电机并入电网。

(2) 图中R代表发电机并网后的控制方式，即功率控制方式。当发电机并网后，发电机的转速由于受到电网频率的牵制，转速的变化表现在发电机的滑差率上，风速较低时，发电机的滑差率较小，当风速低于额定风速时，通过转速控制环节、功率控制环节及RCC控制环节将发电机的滑差调到最小，滑差率在 1%（即发电机的转速大于同步转速 1%），同时通过变桨距机构将叶片攻角调至零，并保持在零附近，以便最有效地吸收风能。

（3）当风速达到额定风速时，发电机的输出功率达到额定值。

（4）当风速超过额定风速时，如果风速持续增加，风力机吸收的风能不断增大，风力机轴上的机械功率输出大于发电机输出的电功率，则发电机的转速上升，反馈到转速控制环节后，转速控制输出将使变桨距机构动作，改变风力机叶片攻角，以保证发电机为额定输出功率不变，维持发电机在额定功率下运行。

（5）当风速在额定风速以上，风速处于不断的短时上升和下降的情况时，发电机输出功率的控制状况如下：当风速上升时，发电机的输出功率上升，大于额定功率，则功率控制单元改变转子电流给定值，使异步发电机转子电流控制环节动作，调节发电机转子回路电阻（增大），增大异步发电机的滑差（绝对值），发电机的转速上升，发电机转子的电流将保持不变，发电机输出功率也将维持不变，由于风力机的变桨距机构有滞后效应，叶片攻角通常来不及变化。反之亦然。

8.4 同步风力发电机的并网

8.4.1 并网条件

风力同步发电机组并联到电网时，为了防止过大的电流冲击和转矩冲击，风力发电机输出的各相端电压的瞬时值要与电网端对应相电压的瞬时值完全一致，具体有 5 个条件：①波形相同；②幅值相同；③频率相同；④相序相同；⑤相位相同。

在并网时，因风力发电机旋转方向不变，只要使发电机的各相绕组输出端与电网各相互相对应，条件④就可以满足；而条件①可由发电机设计、制造和安装保证；因此并网时，主要是其他三条的检测和控制，这其中条件③频率相同是必须满足的。

风力同步发电机组与电网并联运行的电路如图 8-5 所示，图中同步发电机的定子绕组通过断路器与电网相连，转子励磁绕组由励磁调节器控制。

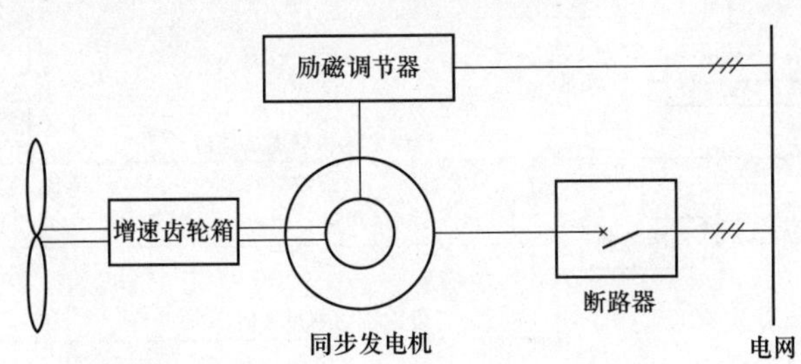

图 8-5 风力同步发电机组与电网并联运行的电路

8.4.2 自同步并网

自同步并网就是同步风力发电机在转子未加励磁，励磁绕组经限流电阻短路的情况下，由风力机拖动，待同步发电机转子转速升高到接近同步转速（为 80%～90%同步转速）时，将发电机投入电网，再立即投入励磁，靠定子与转子之间电磁力的作用，发电机自动牵入同步运行。

自同步并网方法的优点为：不需要复杂的并网装置，并网操作简单，并网过程迅速。

自同步并网方法的缺点为：合闸后有电流冲击（通常冲击电流不会超过同步发电机输出

端二相突然短路时的电流）；电网电压会出现短时间的下降。当电网出现故障并恢复正常后，需要把发电机迅速投入并联运行时，经常采用自同步并网方法。

自同步过程中应该注意：如果发电机是在非常接近同步转速时投入电网，则应迅速加上励磁，以保证发电机能迅速被拉入同步，而且励磁增长的速率越大，自同步过程也就结束得越快；在同步发电机转速距同步转速较大时投入电网，应避免立即迅速投入励磁，否则会产生较大的同步力矩，并导致自同步过程中出现较大的振荡电流及力矩。

当同步发电机并网后正常运行时，其转矩-转速特性曲线如图 8-6 所示。

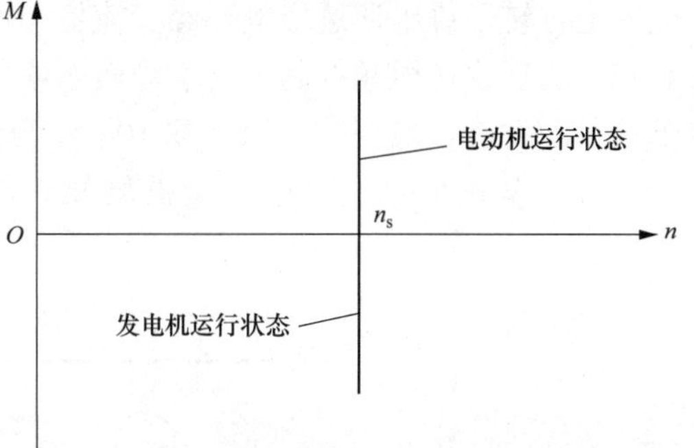

图 8-6　并网运行的同步电机的转矩-转速特性曲线

图中 n_s 为同步转速，从图 8-6 可以看出，发电机的电磁转矩对风力机来讲是制动转矩性质，因此不论电磁转矩如何变化，发电机的转速应维持不变（即维持为同步转速 n_s），以便维持发电机的频率与电网的频率相同，否则发电机将与电网解裂。这就要求风力机有精确的调速机构，当风速变化时，能维持发电机的转速不变，等于同步转速，这种风力发电系统的运行方式，称为恒速恒频方式。

8.4.3　准同步并网

把同步发电机通过准同步并网方法连接到电网上必须满足以下四个条件：

（1）发电机的电压等于电网的电压，并且电压波形相同。

（2）发电机的电压相序与电网的电压相序相同。

（3）发电机频率与电网的频率相同。

（4）并联合闸瞬间发电机的电压相角与电网电压的相角一致。

启动和并网过程如下：风向传感器测出风向，并使偏航系统动作，使风力发电机组对准风向；当风速超过切入风速时，桨距控制器调节叶片桨距角，使风力机启动。当发电机被风力机带到接近同步转速时，励磁调节器动作，向发电机供给励磁，并调节励磁电流使发电机的端电压接近于电网电压。在发电机被加速，几乎达到同步转速时，发电机的电动势或端电压的幅值将大致与电网电压相同。它们频率之间的很小差别将使发电机的端电压和电网电压之间的相位差在 0°～360°的范围内缓慢地变化。检测出断路器两侧的电位差，当其为零或非常小时，就可使断路器合闸并网。由于自整步的作用，合闸后只要转子转速接近同步转速就可以将发电机牵入同步，使发电机与电网的频率保持完全相同。以上过程可以通过微机自动检测和操作。

准同步并网时，不会产生冲击电流及电网电压的下降，风力发电机组和电网受到的冲击最小，也不会到对发电机定子绕组及其他机械部件造成损坏。但是要求风力发电机组调速器调节转速，使发电机频率与电网频率的偏差达到允许值时方可并网，因此对调速器的要求较高。如果并网时刻控制不当，则有可能产生较大的冲击电流，甚至并网失败。另外，实现上述准同步并网所需要的控制系统，一般不是很便宜的，将占小型风力发电机组整个成本相当大的部分。由于这个原因，准同步发电机一般用于较大型的风力发电机组。

8.5 双馈风力发电机的并网

8.5.1 并网过程

双馈异步发电机应用在变速恒频风力发电系统中，发电机与电网之间的连接是柔性连接。用双馈异步发电机组成的变速恒频风力发电系统如图 8-7 所示。发电机的定子直接连接在电网上，转子绕组通过集电环经变流器与电网相连，通过控制转子电流的频率、幅值、相位和相序实现变速恒频控制。为实现转子中能量的双向流动，应采用双向变流器。随着电力电子技术的发展，最新应用的是双 PWM 变流器，通过 SPWM 控制技术，可以获得正弦波转子电流，以减小发电机中的谐波转矩，同时实现功率因数的调节，变流器一般用微机控制。

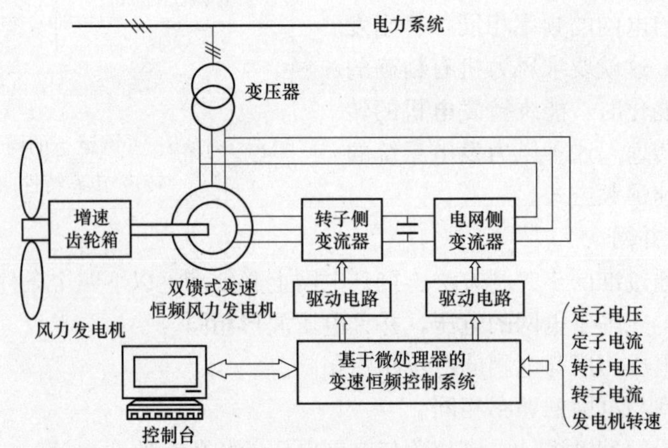

图 8-7 双馈异步发电机组成的变速恒频风力发电系统

双馈异步发电机的并网过程是：风力机起动后带动发电机至接近同步转速时，由转子回路中的变流器通过对转子电流的控制实现电压匹配、同步和相位的控制，以便迅速地并入电网，并网时基本上无电流冲击。

双馈异步发电机可通过励磁电流的频率、幅值和相位的调节，实现变速运行下的恒频及功率调节。当风力发电机的转速随风速及负载的变化而变化时，通过励磁电流频率的调节实现输出电能频率的稳定；改变励磁电流的幅值和相位，可以改变发电机定子电动势和电网电压之间的相位角，即改变了发电机的功率角，从而实现有功功率和无功功率的调节。

由于这种变速恒频方案是在转子电路中实现的，流过转子电路中的功率为转差功率，一般只为发电机额定功率的 1/4～1/3，因此变流器的容量可以较小，大大降低了变流器的成本和控制难度；定子直接连接在电网上，使得系统具有很强的抗干扰性和稳定性。缺点是发电机仍有电刷和集电环，工作可靠性受到影响。

应用双馈异步发电机组成的风力发电机结构如图 8-8 所示。转子电路中的变压器通常也置于机舱或塔筒内。

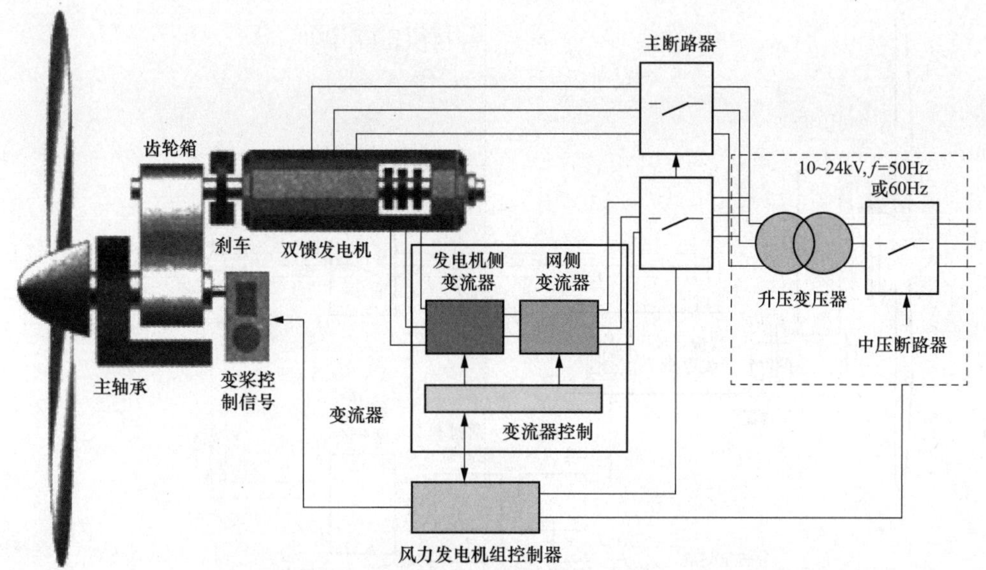

图 8-8 双馈异步发电机组成的风力发电机结构

8.5.2 双馈异步发电机运行时的功率分析

双馈风力发电机的运行方式有三种：

(1) 超同步运行（转子旋转磁场方向与机械旋转方向相反，n_2 为负）。定子向电网馈送电力外，转子也向电网馈送一部分电力。

(2) 亚同步速运行（转子旋转磁场方向与机械旋转方向相同，n_2 为正）。在定子向电网馈送电力的同时，需要向转子馈入部分电力。

(3) 同步运行。此种状态下，$n_r = n_1$，滑差频率 $f_2 = 0$，这表明此时通入转子绕组的电流的频率为 0，也即是直流电流，与普通同步发电机一样。

双馈异步发电机运行时的功率特性与其他发电机不同。若不计定子、转子的铜损耗，风力发电机中的轴上输入的机械功率为 P_2，从转子传送到定子上的电磁功率为 P_{em}，定子输出的电功率为 $(1-s)P_{em}$，转子输入的电功率为 sP_{em}，有

$$P_2 = P_{em} = (1-s)P_{em} + sP_{em} \tag{8-1}$$

从式 (8-1) 可见：亚同步运行状态时，转差率 $s>0$，$sP_{em}>0$ 需要向转子绕组馈入电功率，由原动机转化过来并由定子输出的电能只有 $(1-s)P_{em}$，比转子传送到定子上的电磁功率 P_{em} 小；超同步运行状态时，转差率 $s<0$，转子输入的电功率 sP_{em} 为负值，定子、转子同时发电，转子发出的电能经双向变流器馈入电网，总输出的电能为 $(1+|s|)P_{em}$，大于 P_{em}，这是双馈异步发电机的一个重要特性。不同状态时的功率流向如图 6-5 所示。

8.5.3 变速风力机驱动双馈异步发电机与电网并联运行

图 8-9 所示为变速风力机驱动双馈异步发电机系统与电网的连接图。

1. 频率的控制

当风速降低时，风力机转速降低，异步发电机转子转速也降低，转子绕组电流产生的旋转磁场转速将低于异步电机的同步转速 n_s，定子绕组感应电动势的频率，低于 f_1(50Hz)，同时测速装置立即将转速降低的信息反馈到控制转子电流频率的电路，使转子电流的频率增高，则转子旋转磁场的转速又回升到同步转速 n_s，使定子绕组感应电势的频率厂又恢复到额定频率 f_1(50Hz)。

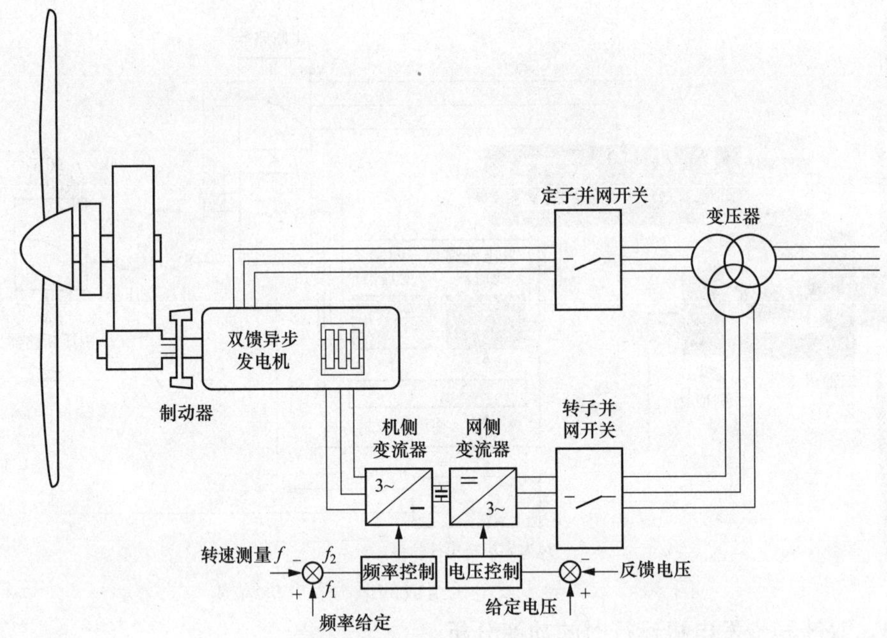

图 8-9 变速风力机驱动双馈异步发电机系统与电网的连接图

同理，当风速增高时，则使转子电流的频率降低，使定子绕组的感应电动势频率重新恢复到频率 f_1(50Hz)。

当异步电机转子转速等于同步转速时，此时转子电流的频率应为零，即转子电流为直流电流，此时双馈异步发电机变为普通同步发电机运行。

2. 电压的控制

当发电机的负载增加时，发电机输出端电压降低，此信息由电压检测获得，并反馈到控制转子电流大小的电路，也即通过控制三相半控或全控整流桥的晶闸管导通角，使导通角增大，从而使发电机转子电流增加，定子绕组的感应电动势增高，发电机输出端电压恢复到额定电压。

反之，当发电机负载减小时，使转子电流减小，定子绕组输出端电压降回至额定电压。

3. 变频器及控制方式

在双馈异步发电机组成的变速恒频风力发电机系统中，异步发电机转子回路中可采用不同类型的循环变流器作为变频器：

(1) 采用交-直-交电压型强迫换流变频器。

(2) 采用交-交变频器。

(3) 采用脉宽调制（PWM）控制的由 IGBT 组成的变频器。

8.5.4 无刷双馈异步风力发电机的空载并网

图 8-10 所示为无刷双馈异步风力发电机系统的控制原理图，它根据风力机转速的变化相应地控制转子励磁电流的频率，使无刷双馈发电机输出的电压频率与电网保持一致。在这控制系统当中，它采用 DSP 进行信号的快速处理。它根据所要求的控制策略，由测量电机的参数，如主副绕组电压和电流、变频器直流侧电压及电机转速，计算对控制绕组双向变频器应当施加的控制信号，通过 PWM 驱动电路控制变频器的输出。该变频器能够实现能量的双向流动，其容量仅为电机容量的几分之一，较传统交-直-交的变频器更加紧凑，便于与电机

集成在一起，另外，通过适当的调制，可使变频器的输入电流波形接近正弦波，减小对电网的谐波污染，提高输出的电能质量。

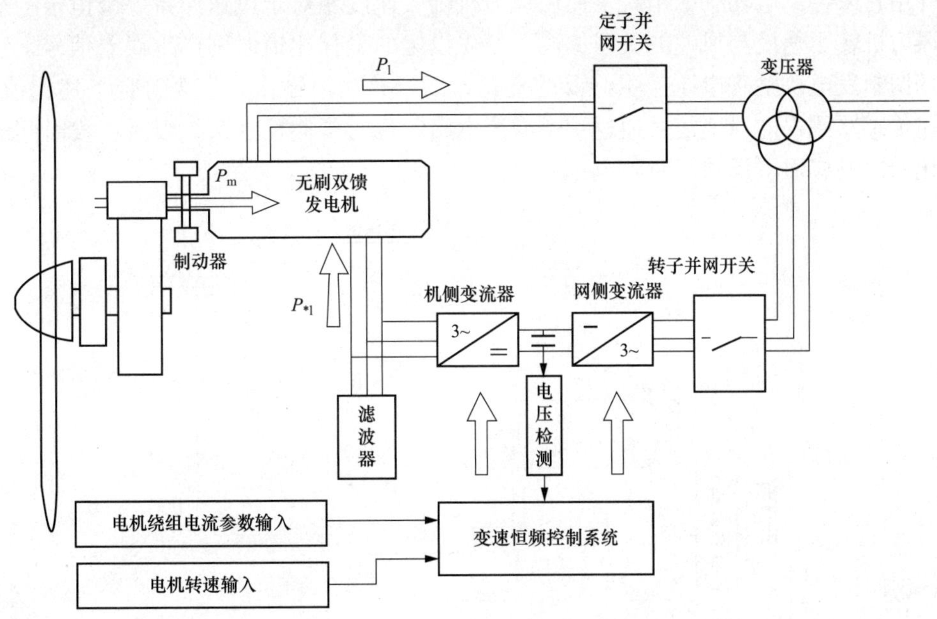

图 8-10 无刷双馈异步风力发电机系统的控制原理图

无刷双馈异步风力发电机可通过对转子励磁电流的调节，实现软并网，避免并网时发生的电流冲击和过大的电压波动。无刷双馈异步风力发电机空载并网控制的实质是根据电网的信息来调节发电机的励磁，使发电机输出电压符合并网的要求。

在并网前用电压传感器分别检测出电网和发电机功率绕组电压的频率、幅值、相位和相序，并通过双向变流器调节控制绕组的励磁电流，使功率绕组输出的电压与电网相应电压频率、幅值和相位一致，满足了并网的条件时自动并网运行。

(1) 低风速运行时，$n_1>n_R$，此时主发电机定子绕组输出的电功率 P_1 为电机轴上输入机械功率 P_m 与由变频器输入的电功率 P_{el}之和，即

$$P_1 = P_m + P_{el} \tag{8-2}$$

(2) 高风速运行时，$n_R>n_1$，发电机轴上输入机械功率 P_m 分别转换为由主发电机定子绕组输出的电功率 P_1 和由励磁机定子绕组转变为电功率经变频器馈入电网的电功率 P_{el}之和，即

$$P_1 = P_m - P_{el} \tag{8-3}$$

8.6 其他发电机的并网运行

8.6.1 磁场调制发电机的并网运行

磁场调制的风力发电机系统可以使风力发电机组在很大风速范围内按最佳效率运行，可实现最大功率输出控制。磁场调制发电机系统输出电压的频率和相位取决于励磁电流的频率和相位，而与发电机轴的转速及位置无关，这种特点非常适合用于与电网并联运行的风力发

电系统。

图 8-11 所示为采用磁场调制发电机的风力发电系统的一种控制方案。它的控制原理是测出风速并用它来控制电功率输出，从而使风力机叶尖速度相对于风速保持一个恒定的最佳速比。当风力机转子速度与风速的关系偏离了原先设定的最佳比值时则产生误差信号，这个信号使磁场调制发电机励磁电压产生必要的变化，以调整功率输出，直至符合上述比值为止。图中风速传感器测得的风速信号通过一个滤波电路，目的是使控制系统仅对一段时间的平均风速变化做出响应而不反映短时阵风。

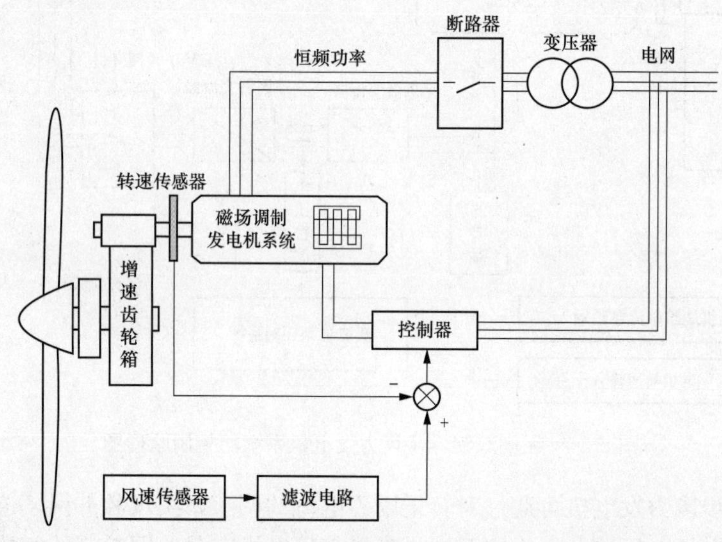

图 8-11 以风速为控制信号的磁场调制发电机系统控制原理

图 8-12 所示为另一种控制方案，其控制原理是以发电机的转速信号代替风速信号（因风力机在最佳运行状态时，其转速与风速成正比关系，故两种信号具有等价性），并以转速信号的 3 次方作为系统的控制信号，而以电功率信号作为反馈信号，构成闭环控制系统，实现功率的自动调节。

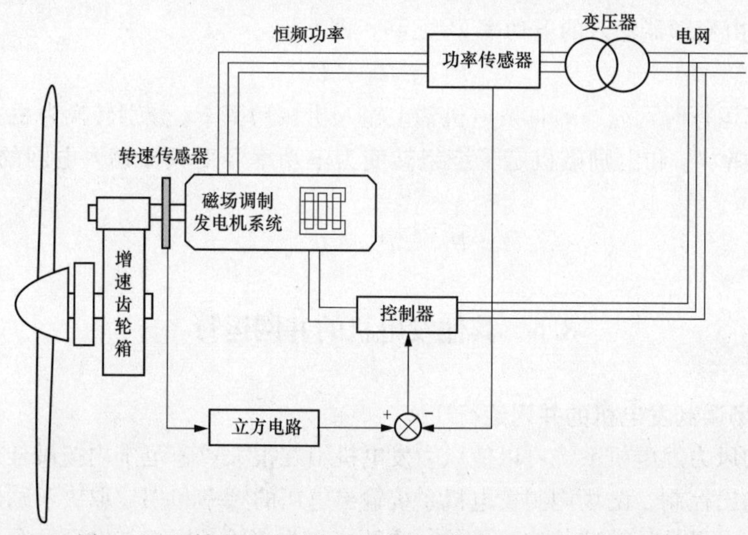

图 8-12 以转速为控制信号的磁场调制发电机系统控制原理

由于磁场调制发电机系统的输出功率随转速而变化，从简化控制系统和提高可靠性出发，也可以采用励磁电压固定不变的开环系统。如果对发电机进行针对性设计，也能得到接近最佳运行状态的结果。

8.6.2　变速风力机驱动交流发电机经整流-逆变装置的并网

如图 8-13 所示，该风力发电系统中，风力机为变速运行，因而交流发电机发出的为变频交流电，经整流-逆变装置（交-直-交）转换后获得恒频交流电输出，再与电网并联，因此这种风力发电系统也是属于变速恒频风力发电系统。

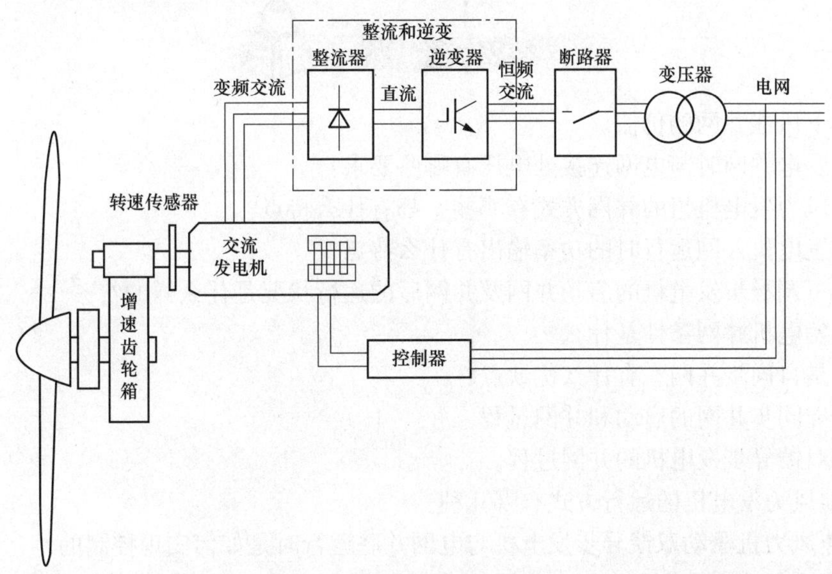

图 8-13　变速风力机驱动交流发电机经整流-逆变装置与电网连接

8.6.3　直驱式低速交流发电机经变频器的并网

无齿轮箱直接驱动型变速恒频风力发电系统采用了低速（多极）交流发电机，不需要安装升速齿轮箱，为无齿轮箱的直接驱动型，如图 8-14 所示。

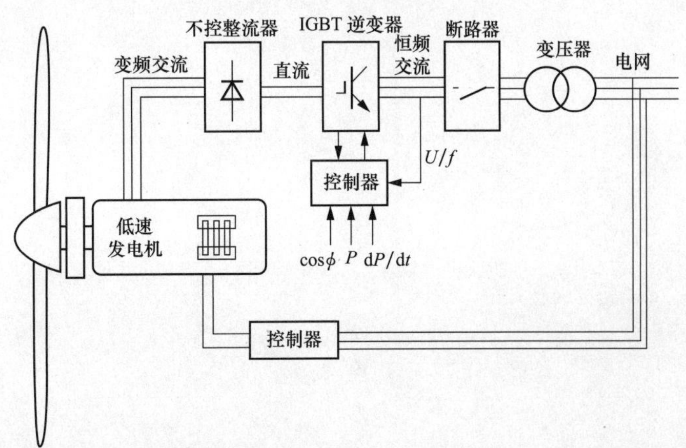

图 8-14　无齿轮箱直接驱动型变速恒频风力发电系统与电网连接

其优点如下：

(1) 不采用齿轮箱，大大减小了机组水平轴向长度，缩短了机械传动路径，避免了因齿轮箱旋转而产生的损耗、噪声以及材料的磨损甚至漏油等问题，延长机组的工作寿命。

(2) 避免了齿轮箱部件的维修及更换，不需要齿轮箱润滑油以及对油温的监控，因而提高了投资的有效性。

(3) 发电机具有大的表面，散热条件更有利，可以使发电机运行时的温升降低，减小发电机温升的起伏。

1. 简述下风能并网的价值。
2. 风力发电并网时与电网连接处电压有哪些要求？
3. 异步风力发电机组的并网方式有哪些？都有什么特点？
4. 异步发电机并网运行时的功率输出有什么特点？
5. 滑差可调异步发电机的启动并网及并网后的运行状况是什么样的？
6. 同步发电机并网条件是什么？
7. 什么是自同步并网？有什么优缺点？
8. 简述准同步并网的启动和并网过程。
9. 简述双馈异步发电机的并网过程。
10. 双馈风力发电机的运行方式有哪几种？
11. 变速风力机驱动双馈异步发电机与电网并联运行时是如何实现控制的？
12. 直驱式低速交流发电机经变频器的并网有什么优点？

9　风力发电机组的保护系统

安全生产是我国风电场管理的一项基本原则。而风电场则主要是由风力发电机组组成，所以风力发电机组的运行安全是风电场以至电力行业的大事，造成电力生产的不安全，将直接影响国民经济的发展和社会的正常生活秩序。特别是在社会和电气化设施不断向高消费型发展的时代，停电或用电质量低下，造成生产产品质量下降，甚至会造成社会不安。

9.1　风力发电机组的安全系统

9.1.1　运行管理和安全保护

风力发电机组的控制系统具有两种基本功能，一个是运行管理功能，另一个是安全保护功能。二者的关系如图 9-1 所示。

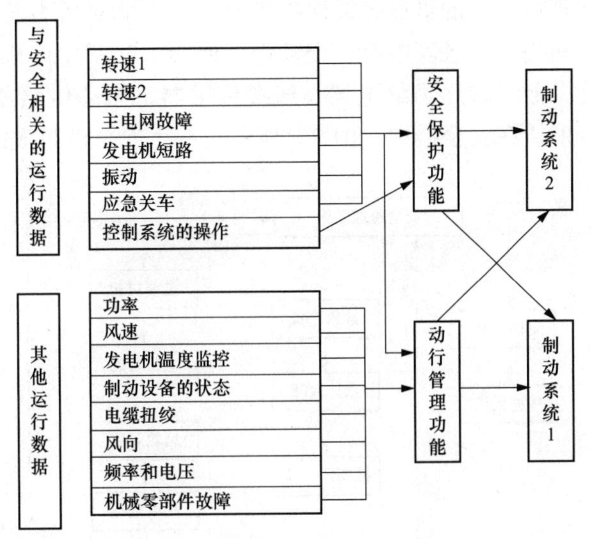

图 9-1　运行管理和安全保护

9.1.2　安全保护的内容

1. 超速保护

(1) 当转速传感器检测到发电机或风轮转速超过额定转速的 110%时，控制器将给出正常停机指令。

(2) 防止风轮超速，采取硬件设置超速上限，此上限高于软件设置的超速上限，一般在低速轴处设置风轮转速传感器，一旦超出检测上限，就引发安全保护系统动作。对于定桨距风力发电机组，风轮超速时，液压缸中的压力迅速升高，达到设定值时，突开阀被打开，压力油泄回油箱，叶尖扰流器旋转 90°成为阻尼板，使机组在控制系统或检测系统以及电磁阀失效的情况下得以安全停机。

2. 电网失电保护

风力发电机组离开电网的支持是无法工作的。一旦失电，空气动力制动和机械制动系统动作，相当于执行紧急停机程序。这时舱内和塔架内的照明可以维持 15～20min。对由于电网原因引起的停机，控制系统将在电网恢复正常供电 10min 后，自动恢复正常运行。

3. 电气保护

(1) 过电压保护。控制器对通过电缆传入控制柜的瞬时冲击，具有自我保护能力。控制柜内设有瞬时冲击保护系统。控制器内还设有绝缘屏障，以释放剩余的电压。

(2) 感应瞬态保护。包括晶闸管的瞬时过电压屏蔽，计算机的瞬时过电压屏蔽；所有传感器输入信号的隔离；通信电缆的隔离。

4. 机械装置保护

振动传感器跳闸，表明出现了重大的机械故障，此时执行安全保护功能。

5. 控制器保护

主控制器看门狗定时器溢出信号，如果看门狗定时器在一定时间间隔内没有收到控制器给出的复位信号，则表明控制器出现故障，无法正确实施控制功能，此时执行安全保护功能。

6. 安全链

安全链是独立于计算机系统的最后一级保护措施。将可能对风力发电机组造成致命伤害的故障节点串联成一个回路，一旦其中有一个动作，便会引起紧急停机反应。一般将紧急停机按钮、控制器看门狗、液压缸压力继电器、组缆传感器、振动传感器、控制器 DC24V 电源失电等传感器的信号串接在安全链中。图 9-2 所示是一个安全链组成的例子。

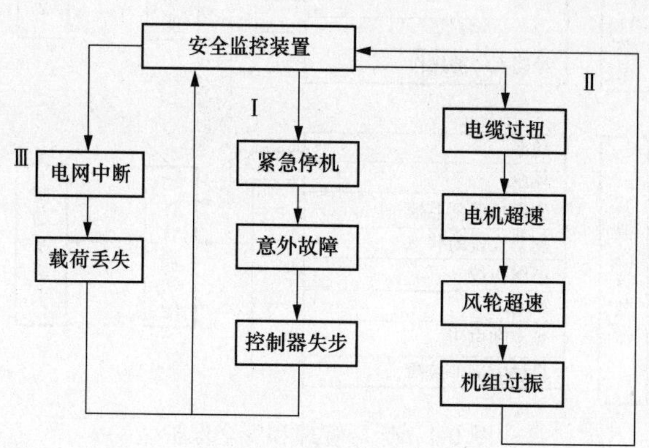

图 9-2 安全链组成

此外，如果控制计算机发生死机，风轮过转速或发电机过转速，也起动安全链。紧急停机后，如果所有安全链相关的故障均已排除（安全链已经闭合），只有手动复位后才能重新起动。

9.1.3 机组运行安全保护系统

1. 大风保护

安全系统机组设计有切入风速 v_g，停机风速 v_t，一般取 10min，25m/s 的风速为停机风速；由于此时风的能量很大，系统必须采取保护措施，在停机前对失速型风力发电机组；风轮叶片自动降低风能的捕获，风力发电机组的功率输出仍然保持在额定功率左右，而对于变桨距风力发电机组必须调节叶片变距角，实现功率输出的调节，限制最大功率的输出，保证发电机运行安全。当大风停机时，机组必须按照安全程序停机。停机后，风力发电机组必须90°对风控制。

2. 参数越限保护

风力发电机组运行中，有许多参数需要监控，不同机组运行的现场，规定越限参数值不同，温度参数由计算机采样值和实际工况计算确定上下限控制，压力参数的极限，采用压力继电器，根据工况要求，确定和调整越限设定值，继电器输入触点开关信号给计算机系统，控制系统自动辨别处理。电压和电流参数由电量传感器转换送入计算机控制系统，根据工况要求和安全技术要求确定越限电流电压控制的参数。

3. 电压保护

电压保护指对电气装置元件遭到的瞬间高压冲击所进行的保护，通常对控制系统交流电源进行隔离稳压保护，同时装置加高压瞬态吸收元件，提高控制系统的耐高压能力。

4. 电流保护

控制系统所有的电器电路（除安全链外）都必须加过电流保护器，如熔丝、空气开关。

5. 振动保护

机组设有三级振动频率保护，振动球开关、振动频率上限 1、振动频率极限 2，当开关动作时，系统将分级进行处理。

6. 开机保护

设计机组开机正常顺序控制，对于定桨距失速异步风力发电机组采取软切控制限制并网时对电网的电冲击；对于同步风力发电机，采取同步、同相、同压并网控制，限制并网时的电流冲击。

7. 关机保护

风力发电机组在小风、大风及故障时需要安全停机，停机的顺序应先空气气动制动，然后软切除脱网停机。软脱网的顺序控制与软并网的控制基本一致。

8. 紧急停机安全链保护

紧急停机是机组安全保护的有效屏障，当振动开关动作、转速超转速、电网中断、机组部件突然损坏或火灾时，风力发电机组紧急停机，系统的安全链动作，将有效的保护系统各环节工况安全，控制系统在 3s 左右，将机组平稳停止。

9.1.4 控制系统的抗干扰保护系统

1. 抗干扰保护系统的组成

抗干扰的基本原则，为了使微机控制系统或控制装置，既不因外界电磁干扰的影响而误动作或丧失功能，也不向外界发送过大的噪声干扰，以免影响其他系统或装置正常工作，所以设计时主要遵循下列原则：

(1) 抑制噪声源，直接消除干扰产生的原因；

(2) 切断电磁干扰的传递途径，或提高传递途径对电磁干扰的衰减作用，以消除噪声源和受扰设备之间的噪声耦合；

(3) 加强受扰设备抵抗电磁干扰的能力，降低其噪声灵感度。

微机控制器抗干扰系统组成框图，如图 9-3 所示。

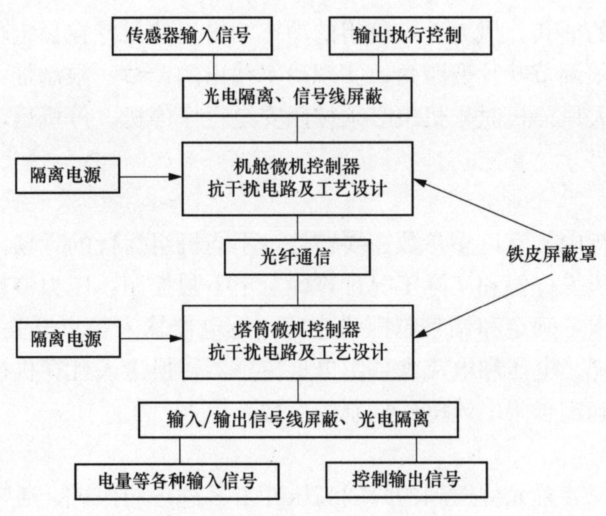

图 9-3 微机控制器抗干扰系统组成

2. 抗干扰措施

(1) 进入微控制器所有输入信号和输出信号均采用光隔离器，实现微机控制系统内部与外界完全的电器隔离；

(2) 控制系统数字地和模拟地完全分开；

(3) 控制器各功能板所有电源均采用 DC-DC 隔离电源；

(4) 输入输出的信号线均采用带护套的抗干扰屏蔽线；

(5) 微机控制器的系统电路板由带有屏蔽作用的铁盒封装，以防外界的电磁干扰；

(6) 设计较好的接地系统。

3. 信号传输过程中的抗干扰

在信号传输过程中，我们希望将信号传送而尽可能消除或减少干扰的影响。若采用单端接收信号，则串模和共模两种干扰会全部进入输入部件。若采用差分输入，利用两端输入，则可以大大减小共模干扰的影响。由于传输线上有一定电阻，共模影响不可能完全消除。

(1) 减少串模的影响。可以采取以下措施消除或减小串模干扰的影响：

1) 串模干扰是在信号传输线上耦合产生的，可以采取屏蔽等措施切断耦合的途径。

2) 在接收端加上滤波器，用滤波器滤除串模干扰而不明显影响有用信号。

3) 降低传输线的电阻及电抗，减小干扰在其上耦合产生的影响。

4) 将有用信号在传输前进行放大，在接收端再衰减。

(2) 减少共模的影响。在许多现场，共模干扰电压有时高达上千伏。共模干扰必须认真加以抑制，主要采取如下一些措施：

1) 采用差分方式传输和接收。由于有现成的集成电路可以选用，实现起来并不困难。

2) 采用电流环传输。在传送信号时，将信号转换成相应的电流进行传送，可以大大减小共模电压的影响。因为传送的电流基本上只与信号比和所采用的电源电压有关，而与共模电压无关。

3) 简单的单端隔离措施。可以采用简单的单端（发送端或接收端）隔离，抑制共模干扰的影响。采用的隔离方法可以是光耦合器、变压器耦合器、继电器隔离器或专用的集成电路芯片隔离器。

4）双端隔离。在一些简单的情况下，可以采用单端隔离措施，如微机系统中的状态显示灯、继电器的控制输出和状态输入、控制台面板上的开关、按键等。但在一些复杂的情况下，如双机通信系统中，经常采用信号发送端与接收端都采用隔离措施。具体电路这里就不再介绍。

5）隔离加电流环。由于电流环受共模干扰的影响小，一般在采取隔离措施时，常同时采用电流环。尤其当采用光电隔离技术时，实现起来非常容易。

6）用强信号传输。如前所述，在发送端先将信号进行放大，提高信噪比之后再进行传送。

7）光纤传输。信号传输线路利用光纤，可以克服电气通信传输中的许多缺点，使抗干扰能力有了突破性的进展。光纤传输容量大、速率高、抗干扰性能好，是理想的传送方式，只是造价要高一些。

8）在信号传送过程中保持双线的平衡。只有双线平衡时，才能将共模电压减到最小，否则，共模干扰会转化成串模干扰而造成影响。

9）注意传输线的长度。一般来说，传输线长度越长，越容易受到干扰。传输线的长度还与传输线的种类、结构、电路等有关。但无论什么情况，都有最大长度限制，在使用中应予以注意。

4. 印制板的抗干扰措施

风力发电机组控制系统由许多印制电路板组成。实践证明，印制电路板的制作与设计对系统的抗干扰性能有着很大的关系。

（1）引线阻抗印制电路板的印制线具有一定的电阻，当信号是脉冲或频率较高时，其电抗也将产生影响。在设计印制电路板时，要尽可能地加粗并缩短引线，以便减小引线阻抗的影响。尤其是流过电流大的引线，如电源线、地线等要更加注意，要尽可能地减小其引线阻抗。

（2）仔细设计地线。

1）地线上的公共电阻（抗）能产生干扰。在设计印制电路板时，要特别注意地线的安排。

2）在设计多层印制电路板时，可以把其中一层或几层平面整个作为地线。这种大面积接地可以使地电阻减到最小。同时，利用平面接地，还可以起到层间的屏蔽作用。因此，在多层电路板设计中，这种方法经常被采用。

3）在单面或双面电路板时，可以将地线设计成网格状。这种结构可以减少电流的环流面积，降低接地电位差。如印制板正面水平走地线，反面垂直走地线，它们的交叉点用金属化孔相连接，形成网相结构。当然，在设计中还要考虑到能否实现，可适当简化。

4）在设计接口电路板时，数字与模拟应分开，并采用一点相接，以减少相互干扰。

（3）滤波。印制电路中，要安装许多集成电路，尤其是高速数字电路，在其工作中会产生较大的干扰。为此，在设计印制电路板时，要注意滤除。通常在电源进入印制电路板后，要用多个电容进行滤波，以便本电路板不干扰其他电路板。在跨接电容时，要尽量靠近芯片，引线尽可能短。

（4）抑制引线间的串扰。由于印制电路板内，引线密度大，线间距离近，这就增加了引线间的干扰。为了减小串扰，在布线时，要尽量避免线与线长距离并行走线；尽可能加大线与线之间的距离，对干扰特别敏感的信号引线，可在其两边设置地线以屏蔽干扰。

总之，减小串扰主要是减小引线间的分布电容，同时，也可以考虑采用屏蔽干扰源的措施。

(5) 注意抑制反射干扰。信号在印制电路板内传播，也会存在因终端阻抗不匹配而造成的反射干扰。为消除或减少反射干扰的影响，可用加终端匹配网络的方法，在设计印制电路板时加以应用。

5. 电源电路的抗干扰措施

在风力发电机组控制系统中，许多干扰是由电源供电线路产生或引入的，是系统的主要干扰源。许多文献认为，电源电路的抗干扰措施完善了，电子线路的抗干扰问题也就解决了一大半，这足以说明这个问题的重要性。在实际工作中，确实也有这样的体会，这就是把电源问题作为一个重要问题提出讨论的理由。

(1) 电源中的干扰来源。电源中的干扰来源大致有如下几种：

1) 在电网直接受到雷击或因雷电感应所产生的极高的浪涌电压。这种因雷电所产生的浪涌电压一般均达几千伏，直接雷击的浪涌电压甚至高达几十万伏，会给系统造成极大的危害。

2) 各种电器设备的接通或断开所引起的电网浪涌电压。如大变压器、大功率交流电动机的起动或断开，都会使电网产生数倍于常现电压的浪涌。

3) 电网上连接的电气设备接地或接地断开时所引起的浪涌电压。

4) 各种电气设备工作时产生的干扰馈送到电网上，使电网电压中带有干扰。例如，邻近大功率晶闸管工作时，会在电网电压中造成很高的尖脉冲干扰。

5) 电源电路本身产生的干扰。系统电源电路会产生波纹，产生自激，在采用晶闸管时会产生脉冲干扰，开关电源也会产生脉冲干扰等。

(2) 抗干扰措施。人们已经研究了许多抑制电源干扰的措施，在实际应用系统中，可以选择适合自己所设计的电源系统的抗干扰手段。

1) 电源变压器的一次侧屏蔽。电源变压器的一次与二次绕组之间存在着分布电容。由于一次与二次绕组是绕在一起的，因此它们之间的分布电容可以大到数百皮法。由于电容的存在，变压器一次侧电网中的干扰可以通过电容的耦合而出现在变压器的二次侧。

为了减小变压器一次与二次侧间的分布电容，可以在它们之间加静电屏蔽。在一次绕组与二次绕组之间加屏蔽，并将屏蔽层接地，就可以大大减小一次与二次绕组间的分布电容。

2) 利用一次平衡式绕制电源变压器。即将一次绕组分成两部分同时绕制，再将它们串联在一起，从而抑制共模干扰。

3) 采用防雷电变压器。防雷电变压器除了能够抑制因雷击或雷电感应所产生的浪涌电压外，它对抑制电网中的其他干扰也具有良好的性能。

4) 减少电源变压器的泄漏磁通。因为电源变压器的泄漏磁通本身就是一种干扰，必须采取措施尽可能地减少泄漏发生。通常可采用并联平衡绕制法；采用泄漏小的铁芯；在变压器铁芯上加短路环；改变变压器的安装位置等措施来抑制磁通的泄漏。

5) 采用噪声隔离变压器。这种变压器是近年来为抗干扰而专门研制的一种电源变压器，它的性能比屏蔽变压器更好。

噪声隔离变压器的铁芯材料与一般变压器不同，其磁导率在高频时会急剧下降；同时，这种变压器在其绕组和变压器外部采用了多层电磁屏蔽措施。这些特性，使它在抗共模及差模干抗性能上更加优越。

6) 采用电源滤波器。这是目前在风力发电机组控制系统的电源系统中广泛采用的一种抗干扰措施。

选择不同的电源滤波器的电感和电容参数，可滤除不同频段上的干扰。当选择的参数大时，可以滤除频率低的干扰；反之，可以滤除频率高的干扰。前者体积、重量都较大；后者则较小。

电源滤波器还可以用来滤除直流电源中的噪声干扰。在开关电源的直流输出端串上电源滤波器，可以有效地滤除直流电源中的噪声干扰，其效果十分明显。再由直流到直流进行变换后的直流输出端接电源滤波器，抑制噪声的效果也很好。

7）采用性能好的稳压电源。目前，最常采用串联调整稳压的电源或开关式稳压电源。无论采用哪一种，都必须消除自激，减小波纹，抑制在稳压电源中可能出现的噪声，使它既不能引入外来的干扰又保证自身不产生干扰。

对于电源电路的抗干扰问题，可以采取的一些电源抗干扰措施视电网干扰的实际情况，可以全用，也可以只用其中某一些措施。三相变压可消除零线的干扰；交流稳压器对 220V 进行交流稳压；电源滤波器可以采用高、低频滤波器串联使用；在直流稳压的变压器中，以及在前面三相变压器中均可采用防雷、消除涌浪电压的措施。并且，在稳压源中，加大滤波电容，串接电源滤波器，消除它们产生的干扰。

9.2　风力发电机组的接地系统

接地是保障风电机组和风电场电气安全与人身安全的必要措施，在风电系统的电气设计中占有重要地位。从防雷的角度来看，无论是避雷针、避雷器还是电涌保护器，总是需要通过接地把雷电流传导入地。没有良好的接地装置，机组各部分加装的防雷设施就不能发挥其应有的保护作用，接地装置的性能将直接决定着机组的防雷可靠性。

9.2.1　接地系统原理

所有的风电场都要求大面积地接地，其目的在于：

（1）减少对人和动物的触电事故；

（2）为接地故障电流提供一个低阻抗通路，满足运行保护要求；

（3）防止雷击，使残留电压维持在合理的范围内；

（4）防止对人员和设备可能造成潜在威胁的大电势建立。

风电场接地系统要求在电网电流频率为 50/60Hz 和雷击浪涌电流上升时间小于 10μs 的情况下都有效。尽管 50/60Hz 电流和雷击浪涌电流使用相同的物理接地网络是很传统的方法，但是接地系统对雷击浪涌电流中的高频部分的响应与在 50Hz 时的响应是完全不同的。

通过图 9-4 可以很好地理解风电场接地系统的性能。

每个风力机在围绕地基深度为 1m 的地下放置一个环形导体来提供一个本地接地（有时被称作平衡地），并通过竖直的棒插入地下。把风力机地基钢筋连接到这个本地地线网上是很常见的。本地大地用以提供等电位连接，以避免雷击和电网故障对电流的影响，同时提供整个风电场接地系统的一个基础。不同的标准，本地地线阻值也不同。由于风力机接地网络由一个直径为 15m 的环和本地打入的棒组成，因此可以将其看作是纯阻性的。

然而，连接风力机与其相邻风力机的长水平电极具有更复杂的特性（类似于传输线），如图 9-4 中所示，被描述成 π 形等效电路。对地电阻用 R_{shunt} 表示，而串联阻抗由 R_{series} 和 L_{series} 组成。R_{series} 主要来自地线电阻，而 L_{series} 来自地电路自感。在大型风电场的这条长的接地网络上，串联阻抗是不能被忽略的。很容易看到，对于作用在风力机上的雷击电流中的高

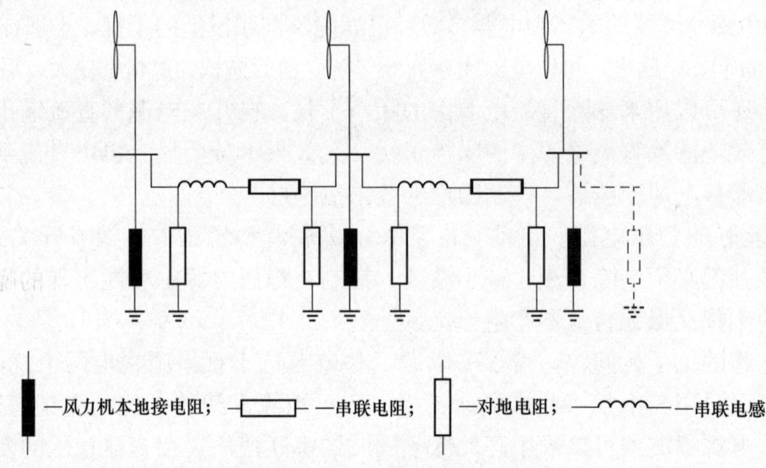

图 9-4 风电场接地系统原理图

频分量来说，串联阻抗能将其有效地减小在本地风力机的接地上。即使有 50Hz 的故障电流，串联阻抗也会产生比期望的小型接地系统更高的接地阻抗，其中小型接地系统的串联阻抗可以被忽略。

9.2.2 接地装置与接地电阻

1. 接地装置

将电子、电气及电力系统的某些部分与大地相连接称为接地。接地是通过设置接地装置来实现的，接地装置是接地体与接地连线的总称。在接地装置中，接地体是埋入地中并直接与大地接触的导体（多为金属体），分为自然接地体和人工接地体两类。自然接地体是指兼做接地体用的直接与大地接触的各种金属构件、金属管道和构筑物的钢筋混凝土基础等；人工接地体是指专门为接地而设，埋入地下的导体，包括垂直接地体、水平接地体、倾斜接地体和接地网等。

接地连线就是将设备或系统的接地端与接地体相连接用的金属导体。对于风电机组的接地装置来说，其自然接地体为机组在地下的钢筋混凝土基础，其人工接地体通常是专门埋设在地下的水平和垂直导体。典型的机组人工接地体为一个围绕着机组钢筋混凝土基础的水平接地环，该接地环可以是圆形，也可以是正多边形，在接地环的周边上加设不少于两根的垂直接地棒，如图 9-5 所示。为了节省接地造价投资和改善接地效果，作为机组人工接地体的接地环还需要有不少于两处与基础钢筋相连接，通过两者的相互连接来构成机组统一的接地装置。

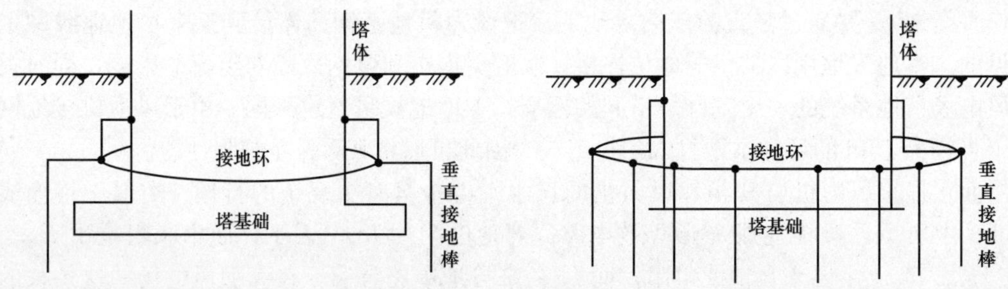

图 9-5 风电机组的典型接地装置

2. 接地分类

从接地的用途划分，接地可以分为多个种类，但对于风电机组而言，比较重要的有以下 3 种。

(1) 防雷接地。避雷针、避雷线、避雷器和雷电电涌保护器等都需要接地，以便把雷电流泄放入大地，这就是防雷接地。图 9-6 所示为风电场气象仪支撑杆避雷针接地装置泄流作用的示意，在避雷针受雷击接闪后，接地体向土壤泄散的是高幅值的快速雷电冲击电流，其散流状况直接决定着由雷击产生的暂态地电位的抬高水平，良好的散流条件是防雷可靠性和雷电安全性对接地装置的基本要求。

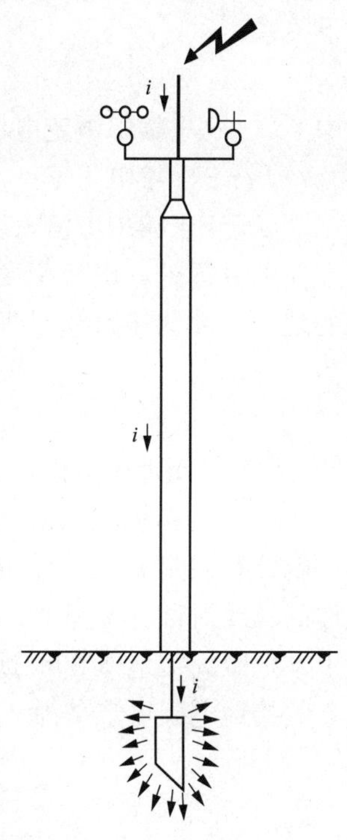

图 9-6　避雷针接地装置泄雷电流示意图

(2) 工作接地。由于电力系统正常运行方式的需要而设置的接地称为工作接地。如三相输电系统的中性点接地，如图 9-7 所示，其目的是稳定系统的对地电压，降低电气设备的对地绝缘水平，并有利于实现继电保护等。

(3) 安全接地。为了保证人身安全而将电气设备的金属外壳接地，可以保证将金属外壳近似固定为地电位，一旦设备内绝缘损坏而使其外壳带电时，不致在外壳上出现危险的电位升高而造成人员触电伤亡事故。这种接地称为安全接地，也称为保护接地，如图 9-8 所示。

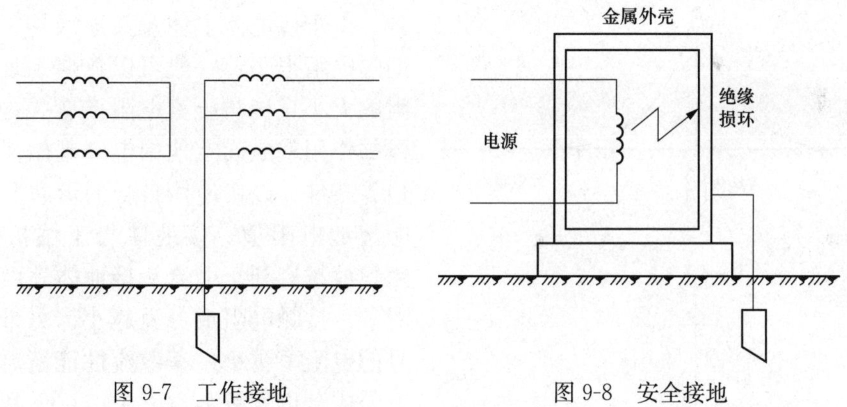

图 9-7　工作接地　　图 9-8　安全接地

3. 接地电阻

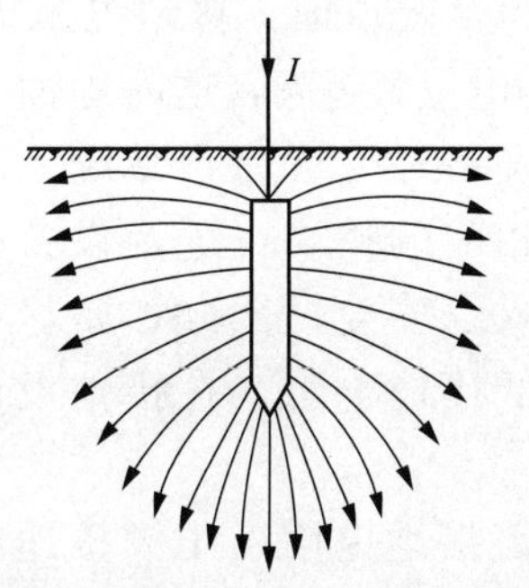

图 9-9　接地体向土壤泄散电流

作为表征接地体向大地泄散电流的一个基本电路参数，接地电阻在接地设计中占有十分重要的地位。为了说明接地电阻的概念，考虑一简单的接地体，如图 9-9 所示，电流经接地体入地，从接地体周围向地层远处扩散。由于大地为非理想导体，土壤具有一定的电阻率，在泄散电流过程中，电流将在土壤中建立起恒定电场，土壤中的电流密度在接地体附近很大，随着离开接地体距离的增大，电流密度逐渐减小。根据恒定电场理论，土壤中的电流密度、电场强度和土壤电阻率之间满足

以下关系

$$E = \rho J \tag{9-1}$$

式中 E——土壤中恒定电场强度；

J——土壤电阻率；

ρ——土壤中电流密度。

在无穷远处，电流密度为零，按式（9-1），则电场强度 E 亦为零，也就是说在无穷远处的地电位才为零，这是理论上的零电位。相对于这个理论零电位点，接地体的电位可表示为

$$U = i_0^{\infty} E \mathrm{d} r_0 \tag{9-2}$$

式中 U——接地体电位；

r_0——接地体半径。

电位 U 随距离 r_0 变化的曲线如图 9-10 所示，它们是两条随距离衰减的曲线，且关于接地体的轴线对称。实际上，在距接地体 20m 及以外的地方，电位已衰减接近于零，所以，工程上常把距离接地体 20m 远的地方定义为零电位点，即工程上的零电位点。根据接地体的电位，其接地电阻可定义为

$$R_g = \frac{U}{I} \tag{9-3}$$

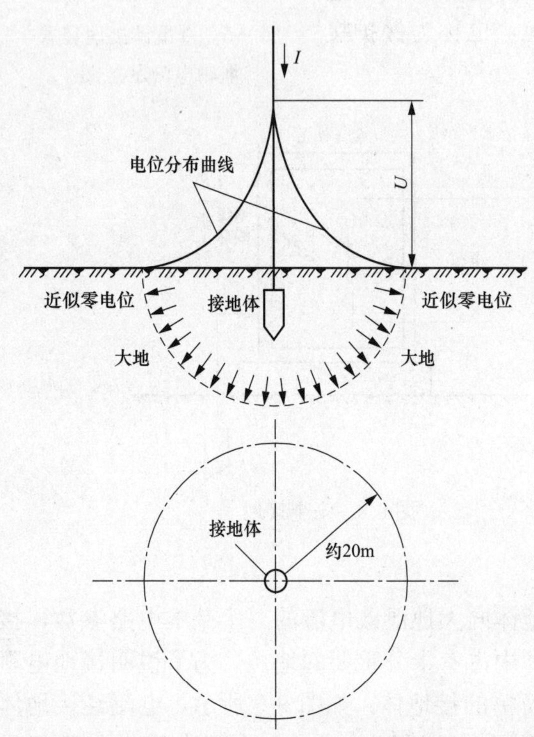

图 9-10 接地周围的电位分布

接地电阻是大地电阻效应的总和，它包括接地体本体及其连线的电阻、接地体表面与土壤的接触电阻和土壤的散流电阻 3 个成分。由于接地体本体及其连线均为导体，它们的电阻很小，一般可以忽略不计。接地电阻的大小直接与土壤电阻率有关，埋设接地体的作用就是确定地中电流起始泄散的几何边界条件，以接地体自身的形状和尺寸来影响接地电阻值。接地体与土壤接触得越紧密，就越有利于电流从接地体表面向土壤中泄散，接触电阻成分就越小。另外，土壤自身的电阻率越小，其散流性能就越好，散流电阻成分也就越小。由式（9-3）可知，当注入接地体的电流为给定值时，接地电阻 R_g 越大，则接地体的电位就越高，这时地面上与接地体相连的设备外壳或防雷系统上的暂态电位也出现相应的抬高，危及设备的安全可靠运行和人身安全。因此，要尽可能采取措施来降低接地电阻，在接地设计中，降低接地电阻一直是一个备受关注的问题。

从接地体向大地泄放的电流种类来看，接地电阻可分为直流接地电阻、工频接地电阻和冲击接地电阻。一般情况下，直流接地电阻与工频接地电阻无原则上的区别，而工

频接地电阻与冲击接地电阻则有较大的差异。在工作接地和安全接地中所涉及的是工频接地电阻（工作接地也可能涉及直流接地电阻），而在防雷接地中所涉及的则是冲击接地电阻。

4. 单个接地体的接地电阻

（1）垂直接地体。垂直接地体如图 9-11 所示，其中图（a）所示为顶端贴地埋设，这是最容易实现的一种接地体，图（b）所示的接地体顶端埋入地下并距地面有一个深度 t。这两种垂直接地体的接地电阻计算公式分别为

$$\left.\begin{aligned} R_{gv1} &= \frac{\rho}{2\pi l}\left(\ln\frac{4l}{r_0}-1\right) \\ R_{gv2} &= \frac{\rho}{2\pi l}\ln\frac{\rho+t+\sqrt{r_0^2+(l+t)^2}}{t+\sqrt{r_0^2+t^2}} \end{aligned}\right\} \tag{9-4}$$

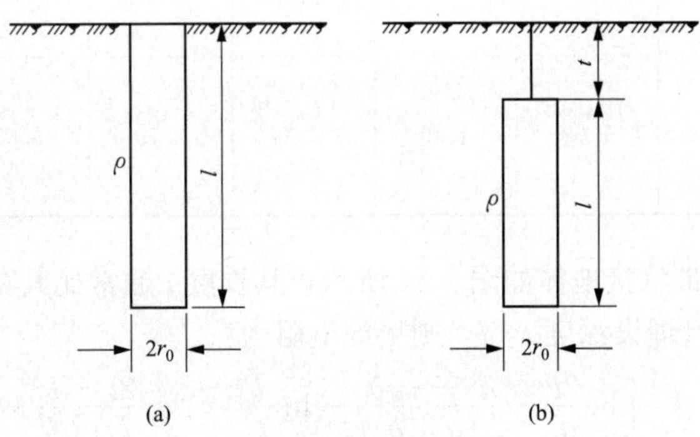

图 9-11　垂直接地体
（a）顶端贴地埋设；（b）顶端埋入地下

如果所用的接地体不是圆钢或圆导体，而是扁钢或角钢（这些形状的钢材在实际场合是比较常用的），则应按图 9-12 所示折算出等值半径作为式（9-4）中的 r_0，再代入式（9-4）计算出其接地电阻。

（2）水平直线形接地体。水平直线形接地体如图 9-13 所示，其接地电阻为

$$R_{gh} = \frac{\rho}{2\pi l}\left(\ln\frac{l^2}{td}-0.61\right) \tag{9-5}$$

（3）水平非直线形接地体。当水平接地体的形状为非直线形时，如环形或放射形，其接地电阻计算可以在式（9-5）的基础上进行修正。引入一个反映不同形状影响的屏蔽系数 A，即可以通过式（9-6）来获得其接地电阻

$$R_{ghs} = \frac{\rho}{2\pi l}\left(\ln\frac{l^2}{td}-0.61+A\right) \tag{9-6}$$

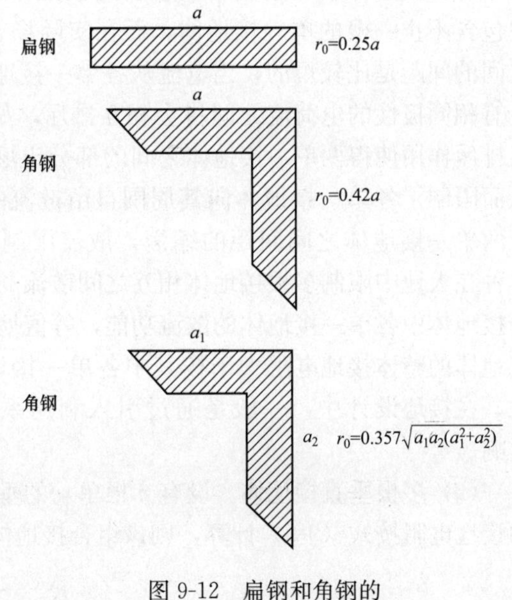

图 9-12　扁钢和角钢的等值半径

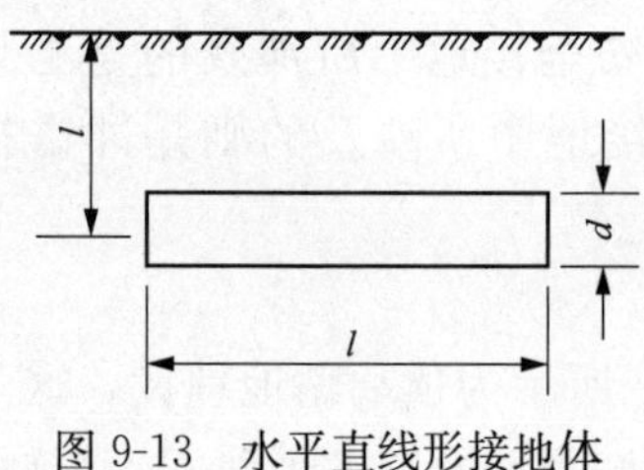

图 9-13 水平直线形接地体

式中 l——水平接地体总长度；

A——屏蔽系数，见表 9-1。

当水平接地体为直线形时，$A=0$。由式（9-6）不难看出，在总长度 Z 相等的前提下，圆环的接地电阻比直线形的大，放射形的接地电阻比圆形的大，且随着放射边数的增加，相应的接地电阻会进一步增大。

表 9-1 **水平非直线形接地体的屏蔽系数**

序号	1	2	3	4	5	6	7	8	9
水平接地体的形状									
屏蔽系数 A	0.42	0.60	1.08	1.49	1.60	2.79	3.63	5.31	6.25

（4）带状接地体。带状接地体如图 9-14 所示，其长度 l 通常比其宽 a 和厚 b 大得多，如果 b 为 l 的 1/8 以下，且埋设深度 $t \ll l$，则接地电阻为

$$R_{gb}=\frac{\rho}{2\pi l}\left[\ln\frac{2l}{a}+\frac{a^2-\pi ab}{2(a+b)^2}+\ln\frac{l}{t}-1+\frac{2t}{l}-\frac{t^2}{l^2}+\frac{t^4}{2l^4}\right] \tag{9-7}$$

5. 组合接地体的接地电阻

（1）屏蔽效应。出于获得较低接地电阻的目的，工程上常采用多根接地体相互连接来组成组合接地体。由于组合接地体中包含不止一根的单一接地体，而在实际场合下各单一接地体之间的间距是比较短的，当电流从各单一接地体向大地泄散时，具有相同极性的电荷流之间将会相互排斥，如图 9-15 所示。相互排斥作用使得两单一接地体之间的部分土壤中不能泄散电流，从而限制了各单一接地体向其周围自由散流的土壤范围，且随着两单一接地体之间间距的缩短，散流限制作用将趋于增强，这种在大地中限制多根接地体相互之间散流的现象称为屏蔽效应。屏蔽效应的存在减弱了组合接地体中各单一接地体的散流功能，等值地增大了它们各自的接地电阻，于是就导致组合接地体的整体接地电阻大于按其中各单一接地体串并联电路组合计算出的接地电阻值。为此，在接地设计中，一般是通过引入利用系数来考虑屏蔽效应对组合接地体接地电阻的影响。

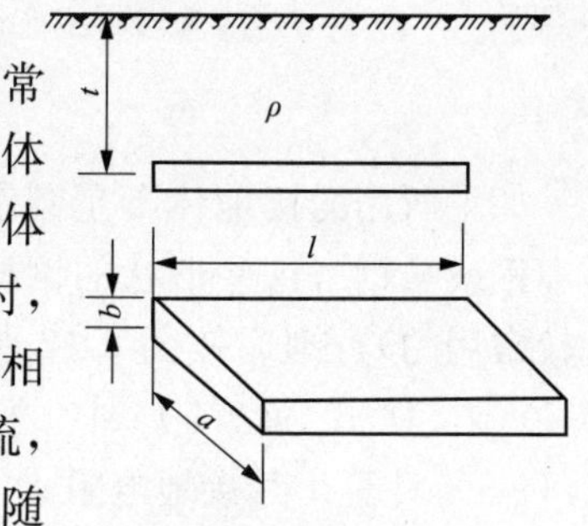

图 9-14 带状接地体

（2）多根垂直接地体。设有 n 根单一的垂直接地体贴地面埋设，其中每一根垂直接地体的接地电阻按式（9-8）计算，则该组合接地体的接地电阻可表示为

$$R_{gn}=\frac{R_{gv}}{n}\frac{1}{\eta_V} \tag{9-8}$$

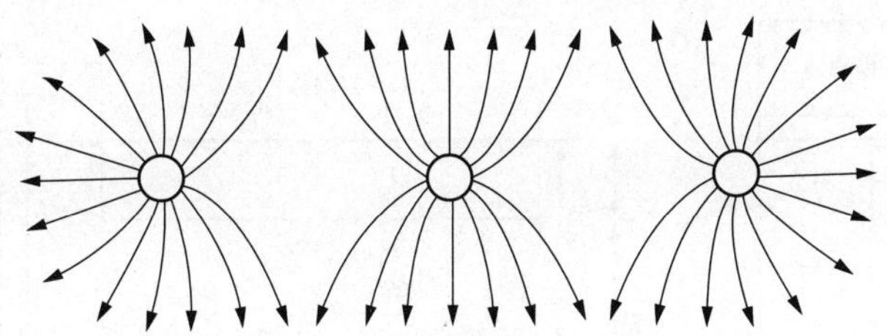

图 9-15　接地体之间限制散流的屏蔽效应示意

式中　R_{gv}——单根垂直接地体的接地电阻；

η_V——n 根垂直接地体的利用系数。

n 根垂直接地体在大地中的几何排列一般有直线形、圆形和方形等 3 种规则结构。在这 3 种排列结构中，接地体之间的屏蔽效应是不一样的，相应地，它们的利用系数也不一样。

9.2.3　降低接地电阻的措施

1. 更换土壤

接地电阻与接地体所在土壤的电阻率是密切相关的。因此，在接地体周围用电阻率低的土壤人为去替换此处原本电阻率高的土壤，可以起到降低接地电阻的作用，实际应用表明，这是一种经济而实用的降阻措施。在进行换土施工时，需要事先确定接地体周围应当换土的范围，为了定性地分析这一问题，现考虑一个最简单的半球接地体，如图 9-16 所示。

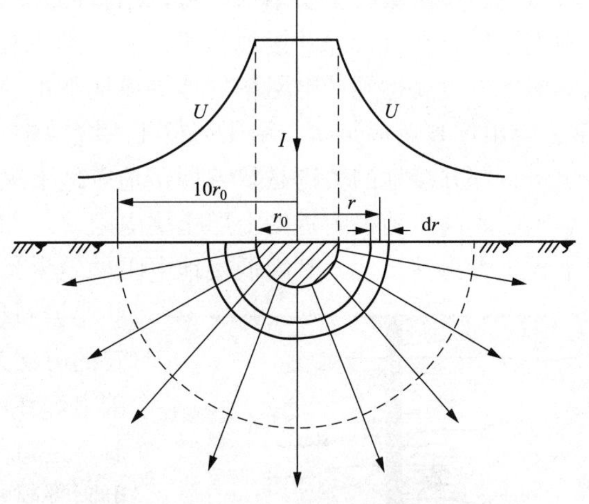

图 9-16　半球接地体

如果将半球周围的土壤分为无穷多个厚度为 dr 的半球壳，则半球的接地电阻可以看成这无穷多个半球壳土壤电阻的串联体，直接采用电阻公式可得

$$R_{gs}=\int_{r_0}^{\infty}\frac{\rho}{2\pi r^2}\mathrm{d}r=\frac{\rho}{2\pi r_0} \tag{9-9}$$

r_0 到 r 之间的电阻为

$$R_{gp}=\int_{0}^{r}\frac{\rho}{2\pi r^2}\mathrm{d}r=\frac{\rho}{2\pi r_0}\left(1-\frac{r_0}{r}\right)=R_{gs}\left(1-\frac{r_0}{r}\right) \tag{9-10}$$

取 $r=10r_0$ 代入式（9-10），有

$$R_{gp}=0.9R_{gs} \tag{9-11}$$

式（9-11）表明，从接地体表面算起，在距离为 10 倍接地体尺寸范围内的土壤对接地电阻的贡献很大，占接地电阻的 90%，这一范围虽然是从半球接地体得出的，但它对其他形状的接地体仍具有参考价值，可以参考这一范围并考虑接地体的具体形状进行换土施工设计。图 9-17 给出了垂直和水平两种典型接地体的换土坑结构。

2. 深井接地

土壤电阻率沿纵向分布是不均匀的，实际上沿横向分布也是不均匀的。就纵向分布而言，不同深度土壤的电阻率是不同的，通常在接近地面几米以内的土壤电阻率不稳定，随地

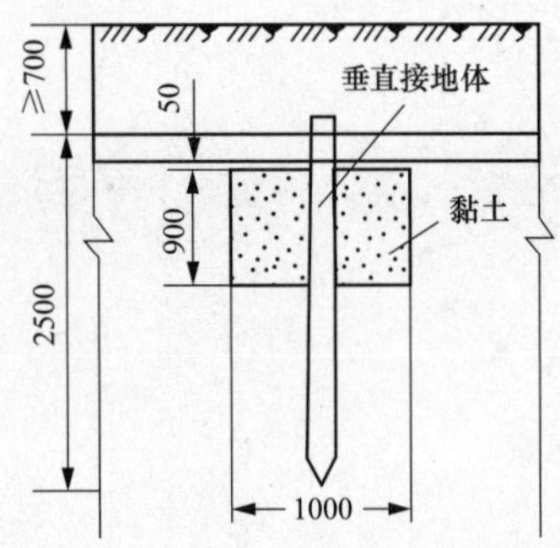

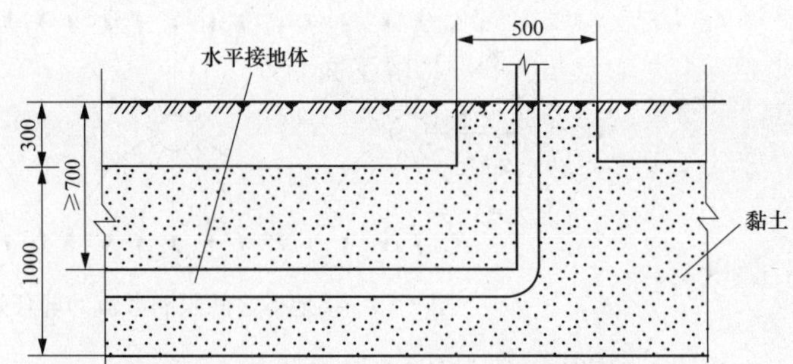

图 9-17 两种典型接地体的换土坑结构

面上季节气候的变化而变化，土壤所处的地层越深，其电阻率就越稳定。对在地下较深处存在较低电阻率土壤的土质结构，可以用打深井的人工方法来设置接地体，以获得符合要求的接地电阻值。在进行深井接地施工时，一般采用钻孔机，在地中垂直钻出一定直径的井孔，孔的深度一直要达到低电阻率的地层或地下水层，在孔中插入接地体，然后将低电阻率材料（常为降阻剂）调成浆状，用压力机压入缝隙中。

进行深井接地的关键是要掌握接地点地下纵向的土壤电阻率分布情况，如果地下下层的土壤电阻率高于地表附近的上层土壤电阻率，如在山区，上层为泥土，下层为岩石，在此情况下再进行深井接地，其降低接地电阻的效果是很小的，反而会增加接地的造价投资。在一些厚岩石层的高土壤电阻率地区，可以采用深井加爆破的方法来进行接地施工。这种方法是在打深井的基础上，在所打出井孔的整个深度上每隔一定距离处安放一定量炸药，进行爆破，然后用压力机将浆状的低电阻率材料压入孔中及爆破产生的裂纹缝隙中，使得低电阻率材料在地下较大范围的岩石内部贯通并加强接地体与岩石（土壤）的接触。在压入低电阻率材料后，这种材料呈树枝状分布在爆破产生的裂纹缝隙中，填实的裂纹缝隙向外延伸很远，如图 9-18 所示，从而能较大幅度地降低接地电阻。垂直打出的井孔深度一般在 30～120m，其造价是比较大的。

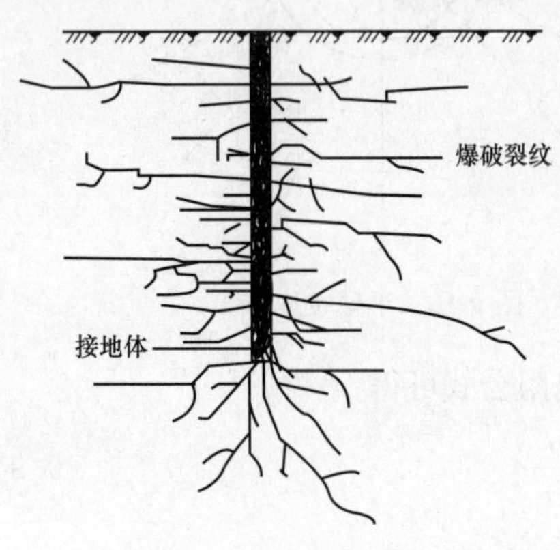

图 9-18 深井爆破形成的裂缝

3. 伸长和外延接地

在一些高土壤电阻率地区，为了减小接地电阻，有时需要加大接地体的尺寸，其中主要是增加水平接地体的长度。例如，在风电机组的接地装置中，通过增设水平放射状伸长的接地体来降低其工频接地电阻。另外，当机组附近存在低土壤电阻率地方时，可以在这些地方埋设接地体，用外引的水平连接扁钢将这些接地体与机组的主接地体进行电气连接，这样也可以有效地降低机组的工频接地电阻。虽然伸长和外延接地可以降低工频接地电阻，但对于冲击接地电阻来说，就需要特别关注水平伸长或外延连接接地体的长度，不能无限制地增加，否则收效甚微，且会耗费过高的接地投资费用。

由于雷电流的等值频率甚高，长接地体的单位长度电感、电容和对地电导将会随长度的增加而加大对散流过程的影响，使接地体表现出分布参数特征，此时接地体不能再用一个单纯的冲击接地电阻来描述，而需要用一个冲击接地阻抗来表征。同时，土壤放电效应还会使对地电导随雷电流幅值和波形的不同而发生变化。因此，雷电流在伸长和外延接地体上的泄散是一个复杂的流动波过程，对此工程上一般是在简化条件下通过计算分析做出定性的处理，并结合现场实测和实验数据加以校验。

如图 9-19 所示为伸长接地体的冲击接地阻抗随其长度变化的特性，其中雷电流的等值波头时间为 $3\mu s$，土壤的临界击穿场强为 14kV/cm，Z 为冲击接地阻抗，R 为不计分布参数效应的冲击接地电阻。由图 9-19 可见，伸长接地体只是在 40～60m 长度范围内才具有降阻效果，超出了这一个范围接地阻抗基本上不再变化。伸长和外延接地体的有效长度选择，可参考表 9-2。在一些风电场中，出于改善机组接地状况的考虑，常将多台机组接地装置通过电缆屏蔽层或水平扁钢进行相互之间的电气连接，这对于降低机组的工频接地电阻是有效果的，但对改善机组的冲击接地状况则不一定有明显作用，需要从有效长度的角度加以评估。

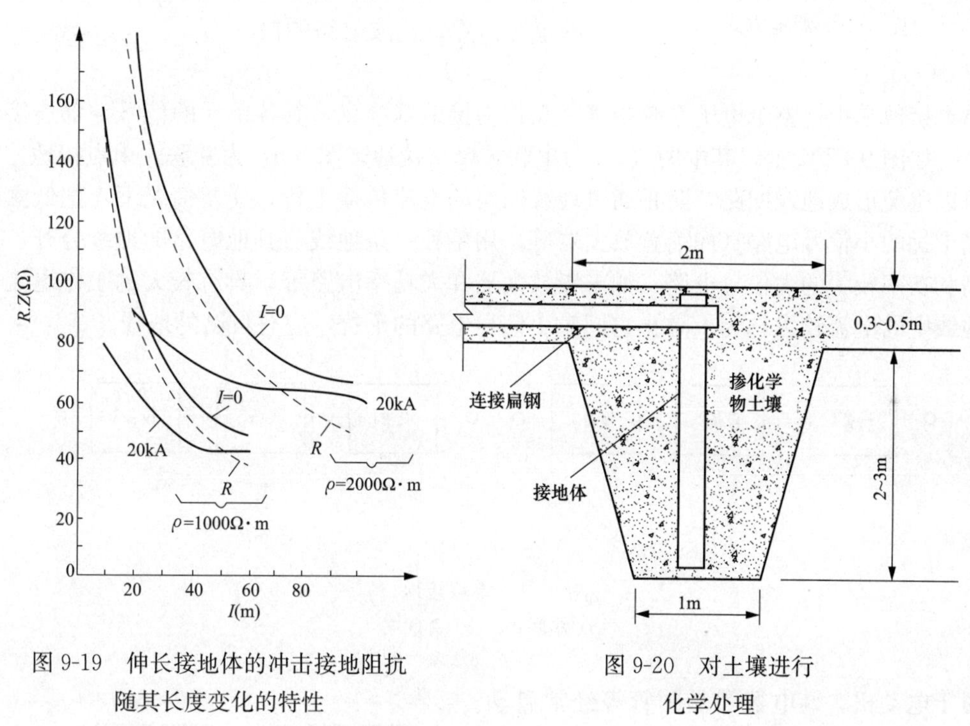

图 9-19　伸长接地体的冲击接地阻抗随其长度变化的特性

图 9-20　对土壤进行化学处理

表 9-2　接地体的有效长度

土壤电阻率（Ω·m）	500	1000	2000
接地体长度（m）	30～40	45～55	60～80

4. 对土壤进行化学处理

对于临时使用的接地体，当接地体所在地点的土壤电阻率高时（$\rho>5\times10^4\Omega\cdot m$），可对接地体周围的土壤进行化学处理，在接地体周围的土壤中掺入炉渣、煤粉、氮肥渣、电石渣、石灰、木炭或食盐等，将这类化学物与土壤混合后填入坑内夯实，如图 9-20 所示。由于这种方法所使用的化学物大多具有腐蚀性，且易于流失，因此在永久性的工程中不宜使用，只能作为不得已情况下的临时措施。

9.2.4　接地形式

1. 浮地

电子、电气设备的工作接地主要是为整个工作电路准备一个公共的零电位基准面，并为高频干扰信号提供低阻抗的通路，以便屏蔽措施能发挥良好的效能。

电子、电气设备的浮地是指设备的地线在电气上与接大地的系统保持绝缘，两者之间的绝缘电阻一般应在 50MΩ 以上，这样接地系统中的电磁干扰就不能传播到设备上去，地电位的变化对设备也就无影响，这一点对于一些敏感电子设备来说是至关重要的。在许多情况下，为了防止电子、电气设备上的干扰电流直接耦合到设备内部的电路上，常将设备的外壳接地，而将其内部电路悬浮起来，即浮地，如图 9-21 所示。浮地的优点是抗干扰能力强；缺点是容易产生静电积累，当雷电感应等作用较强时，设备外壳与内部电路之间可能会出现过高的暂态电压，将两者之间的绝缘击穿，造成电路的损坏。

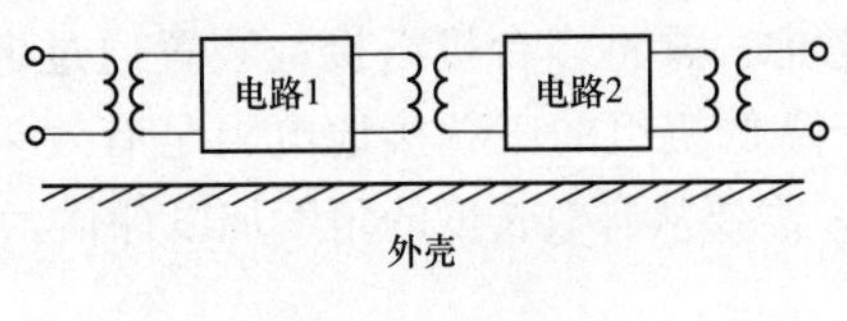

图 9-21　浮地方式

2. 单点接地

单点接地是指把整个电子系统中某一点作为接地基准点，其各单元的信号地都连接到这一点上，如图 9-22 所示，其中图（a）为串联式单点接地，图（b）为并联式单点接地。单点接地可以避免形成地线回路，防止通过地线回路的电流传播干扰。通常情况下，把低幅度的且易受干扰的小信号电路（如前置放大器等）用单独一条地线与其他电路的地线分开，而幅度较高和功率较大的大信号电路（如末级放大器和大功率电路等）具有较大的工作电流，其流过地线中的电流较大，为了防止它们对小信号电路的干扰，应有自己的地线。

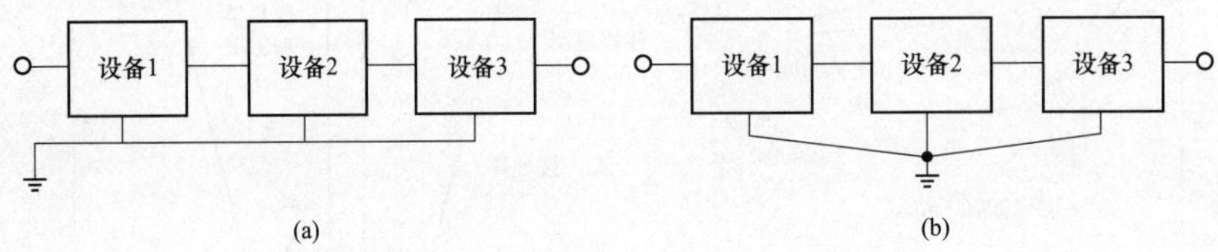

图 9-22　单点接地

（a）串联式；（b）并联式

对于电动机、继电器和晶闸管等经常启动或动作的设备和器件，由于其在启动或动作时会产生干扰，除了需要对其采取屏蔽和隔离措施外，还必须有单独的地线。当采用多个电源分别供电时，每个电源都应有自己的地线，如图 9-23 所示，这些地线都直接连接到一点去接地。

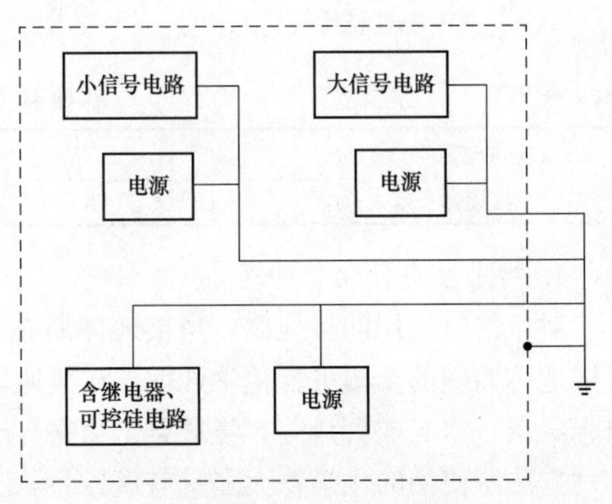

图 9-23　多分支单点接地

在许多控制系统内，电子设备的安装位置与室内接地母线之间常存在着一定的距离，采用这种单点接地往往会使接地连线具有较长的长度，由于每条地线均有阻抗，当流过地线中的电流频率足够高时，其波长就会与地线长度可比，此时的地线应看做是分布参数传输线，如果地线长度达到 1/4 电流波长的奇数倍时，地线的入端阻抗趋于无穷大，相当于开路。因此，单点接地一般只适用于 0.1MHz 以下的低频电路。

3. 多点接地

多点接地是指设备或系统中的各接地点都直接接到距离各自最近的接地平面上，如图 9-24 所示，这样可以使接地连线的长度得以缩短。这里所说的接地平面是指贯通整个电子系统的金属（具有高电导率）带，可以是设备的底板和结构框架等，也可以是机舱内接地母线或机组接地体。多点接地的突出优点是可以就近接地，与单点接地相比，它能缩短接地连线的长度，减小其寄生电感，这对于雷电防护来说是有利的。但是，在采用多点接地后，设备或系统内部可能会产生很多地线回路，大信号电路可以通过地线回路电流影响小信号电路，造成干扰，有时可能会使电子电路不能正常工作。

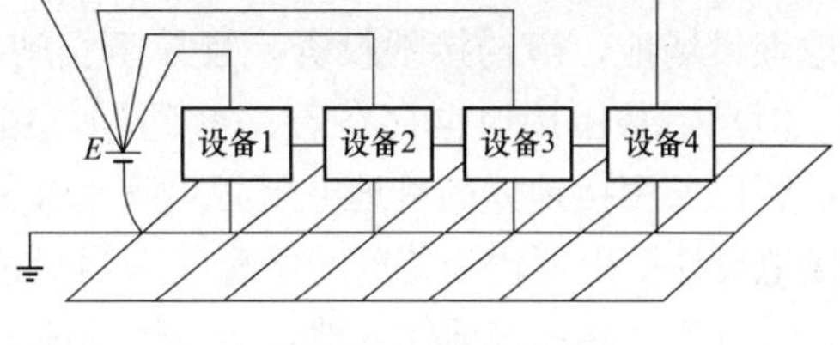

图 9-24　多点接地

4. 混合接地

在一些电子设备或控制单元内，常常既具有低频电路，又具有高频电路，这时低频电路和电源部分宜采用单点接地，而高频电路部分则需采用多点接地，这种接地形式称为混合接地。混合接地既包含了单点接地的特性，也包含了多点接地的特性。在混合接地中，可以利用电抗元件来使接地系统在低频和高频时呈现出不同的特性，这在宽频带敏感电路中是必要的。如图 9-25 所示，一条较长电缆的外屏蔽层通过电容器连接到机壳上，避免射频驻波的产生。电容器对直流呈现开路特性，对低频具有高阻抗，所以能避免两个电路模块之间形成地环路。在使用电容器作为接地系统的部件时，要注意防止电缆的电感与电容之间发生谐振，因为谐振一旦发生，在谐振频率下的电缆外屏蔽层将没有接地。

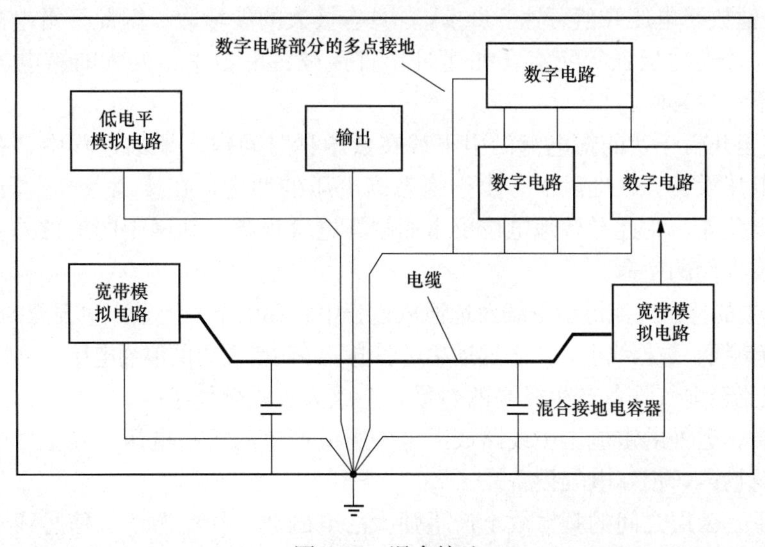

图 9-25　混合接地

5. 共用接地

在需要接地的系统中，将不同种类的接地统一采用一个接地装置，这就是共用接地。具体来说，就是将系统中的工作地、保护地和防雷地等连接起来，接到共同的接地体上去。

采用共用接地很容易起到电位均衡作用，可以在发生雷击时使系统中不同种类的接地部分大致保持相等的电位，相互之间不会出现过大的电位差，能有效地防止雷电反击，防止不同金属部体之间发生闪络，同时也能降低接触电压和跨步电压。此外，共用接地也可以节省接地埋设场地，节约接地投资，且易于实施，目前它被广泛应用于接地设计。

但是，共用接地也存在着一些问题，由于这种接地方式是将不同种类的地统统接在一起，所以共用接地体的接地电阻必须满足各种接地中接地电阻的最小值要求，这在一定程度上对接地设计提出了较为苛刻的指标，应尽可能将接地电阻限制在 1Ω 以下。在发生短路或雷击时，大电流经共用接地体入地，会在接地体上产生高电位，相应地，与接地体相连的所有部分的电位也会上升到很高的水平，这种共同电位抬高无论是对设备运行还是对人身安全，都具有危害性。采用共用接地也可能为干扰提供传播路径，大功率设备产生的干扰可以通过共用接地路径传播到共地的微电子设备上去。在一些电磁干扰严重或雷击发生概率高的场合，往往需要把微电子设备的逻辑地与其他地分开连接，以阻断干扰传播路径或防止共同电位抬高。

9.3 风力发电机组的防雷保护

雷电是一种非常壮观的自然现象，它具有极大的破坏力，对人类的生命、财产安全造成巨大的危害。风力发电机组安装在旷野比较高的塔上，在雷电活动地区极易遭雷击，因此风力发电机组的防雷尤其重要。

9.3.1 防雷保护的必要性

1. 雷电的破坏表现

雷电造成的破坏主要表现为以下几种形式：

（1）直击雷。直击雷蕴含极大的能量，当直击雷对地放电时，在 8μs 左右达到峰值，并在 40μs 内完全泄放，电压峰值可达 5000kV，具有极大的破坏力。因此，雷电流具有幅值极高、频率极高、冲击力极强等特点。如建筑物直接被雷电击中，巨大的雷电流沿引下线入地，会造成以下三种影响：

1）几十甚至几百千伏的雷电流沿引下线在数微秒时间内入地的过程中，有可能直接击穿空气，损毁低压设备。在地网中，由于瞬态高电压的冲击，在接地点产生局部电位升高，在地网间出现电位差，由此导致地电位反击而损坏电气设备。地网中的电位差还会产生跨步电压，直接危及人们的生命。

2）雷击产生的冲击电流沿引下线对地泄放过程中，在引下线上会产生强烈的电磁场，耦合到供电线路或音频线、数据线上，产生远远超过弱电设备耐受能力的浪涌电压，击毁弱电设备。

3）雷电流流经电气设备产生极高的热量，造成火灾或爆炸事故。

（2）传导雷。远处的雷电击中线路或因电磁感应产生的极高电压，由室外电源线路和通信线路传至建筑物内，损坏电气设备。

（3）感应雷。云层之间的频繁放电产生强大的电磁波，在电源线和信号线上感应极高的脉冲电压，峰值可达 50kV。

2. 开关过电压

在电力系统的内部，由于断路器的操作，负荷的投入和切除系统故障系统内部状态变化，而使系统参数发生变化，从而引起的电力系统内部电磁能量转化或传输过渡过程，将在系统中出现过电压，这种过电压称为开关过电压。

这种供电系统内部的过电压，都能在电源线路上产生高压脉冲，其脉冲电压可达到线电压的3.5倍，从而损坏设备。破坏效果与雷击类似。

(1) 在用电网络中引起内部过电压的原因大致可分为：

1) 电力重负荷的投入和切除（电梯、大功率空调节器机、冷冻机和医疗设备以及大功率的其他设备）；

2) 感性负荷的投入和切除（电梯或继电器的线圈、带负荷的变压器）；

3) 功率因数补偿电容器的投入和切除；

4) 断路器或保险装置的操作；

5) 短路故障。

(2) 过电压对电子设备的破坏主要有以下几个方面：

1) 损坏元器件。

a. 过高的过电压击穿半导体结，造成永久性损坏；

b. 较低而更为频繁的过电压虽在元器件的耐压范围之内，亦使器件的工作寿命大大缩短；

c. 电能转化为热能，毁坏触点、导线及印刷电路板，甚至造成火灾。

2) 设备误动作及破坏数据文件。对电子设备和系统损坏事件的统计表明，约25%的电子设备和系统的损坏事故是电网中的过电压所造成成为该类设备损坏的主要原因之一。

3. 风力发电机的防雷特殊性

风力发电机的防雷不同于普通的建筑物，它具有一定的特殊性，具体表现为下面的几个特点：

(1) 所处的环境恶劣。风力发电特点是：风机分散安置在旷野、山顶或沿海区域，大型风机叶片高点（轮毂高度加风轮半径）达60～100m，遭受雷击概率高；风力发电机组的电气绝缘低（发电机电压690V，大量使用自动化控制和通信元件）。因此，就防雷来说，其环境远比常规发电机组的环境恶劣。

(2) 风力发电机成本高。风力发电机组是风电场的贵重设备，价格占风电工程投资60%以上。若其遭受雷击（特别是叶片和发电机贵重部件遭受雷击），除了损失修复期间应该发电所得之外，还要负担受损部件的拆装和更新的巨大费用。雷击风机常常引起机电系统的过电压，造成风机自动化控制和通信元件的烧毁、发电机击穿、电气设备损坏等事故。所以，雷害是威胁风机安全经济运行的严重问题。

(3) 停工期损失。风力发电机在正常发电运行期间，如遭受雷击带来的不仅仅是设备的损坏，还会造成大量的停工时间。国际标准IEC TR 61400—24《风力涡轮发电机系统防雷标准》中的统计表明，由于雷击造成的风力发电机停工时间（这个停工时间主要是由电气系统的检修期、配件的定购期和运输期等造成的），是风力发电机各种故障中停工期最长的故障。停工期会造成大量发电量的损失，从而也会带来相应的经济损失。

9.3.2 风电机组防雷保护措施

1. 为雷电流开辟通道

在遭受雷击时，出于减小雷电流危害作用的目的，总是希望雷电流从桨叶上的防雷装置或机舱尾部避雷针经电刷、机舱底板和偏航系统滑环等环节导入塔筒，再经机组的接地体散入大地，如图9-26所示。如果能维持这条路径顺畅地传导雷电流入地，则雷击所造成的危害程度就可以显著降低，从而取得好的防雷保护效果。

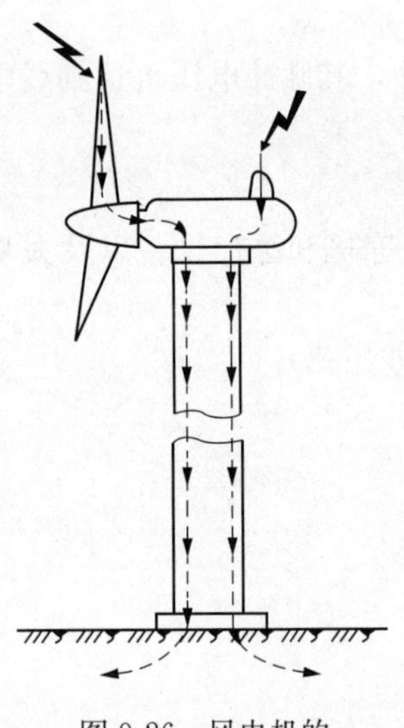

图 9-26 风电机的雷电流路径

2. 叶片防雷

由于大型风力发电机整体高度在 70m 以上，并且安装在旷野、山地、海边等处，极易遭受雷击，而叶片的叶尖部分又处于整个风力发电机的最高点，因此是最易遭受雷击的部件。通常叶片的生产厂家已在叶片的结构上采取防雷措施。

例如：

(1) 无叶尖阻尼器的叶片。在叶尖部分将铜网布或金属导体，预制于叶尖部分玻璃纤维聚酯层表面，形成接闪器通过埋置于叶片中的 $50mm^2$ 铜导线与叶根处金属法兰相连接。

(2) 有叶尖阻尼器结构的叶片。设置了叶尖阻尼器的叶片，整个叶片分成了两段，叶尖部分玻璃纤维聚酯层预制铸铝芯作为接闪器，通过采用碳纤维材料制成的阻尼器轴，与连接轮毂的叶尖阻尼器启动钢丝相连接，这种用于叶片的防雷保护系统，通过了 AEA 雷电实验室的实验，试验结果表明，电流达到 200kA 时叶片无任何损坏。

如上所述，包含接闪器和敷设在叶片内腔连接到叶片根部的导引线，叶片的铝质根部连接到轮毂，引至机舱主机架，一直引入大地。叶片防雷系统的主要目标是避免雷电直击叶片本体，而导致叶片本身发热膨胀、迸裂损害。

3. 机舱防雷

在叶片上采取了防雷措施后，实际上也能对机舱提供一定程度的防雷保护。通常，设置在叶片上的接闪器和引下导体，可以有效地拦截来自机舱前方和上方的雷电下行先导，但对于从机舱尾后方袭来的雷电下行先导则有可能拦截不到，因此，需要在机舱尾部设立避雷针，如图 9-27 所示。

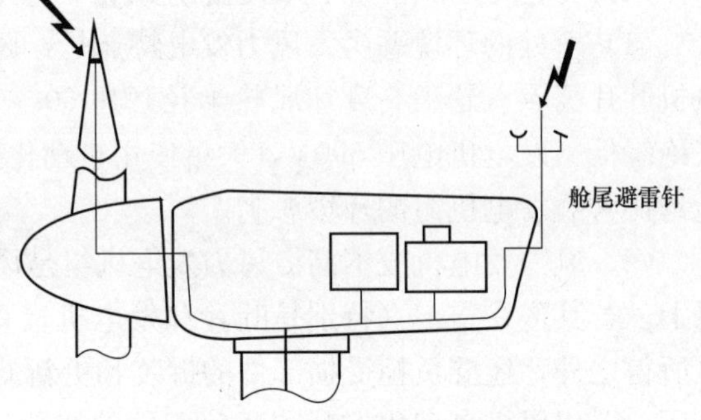

图 9-27 机舱尾部设立避雷针

机舱尾部避雷针一方面可以有效地保护舱尾的风速风向仪，另一方面可以保护尾部机舱罩免受直接雷击。如果桨叶上没有采取防雷措施，则需要在机舱的前端和尾端同时设立避雷针，必要时在舱罩表面布置金属带和金属网，以增强防雷保护效果。有些机舱罩是用金属材料制成的，这相当于一个法拉第罩，可起到雷击防护和对舱内运行设备的屏蔽作用，但舱尾仍要设立避雷针，以保护风速风向仪。机舱内除了需要绝缘隔离的设备外，其余所有设备均应与机舱底板做电气连接，以实现等电位，防止各设备和各部件之间在雷击时出现过大的暂态电位差而导致反击。

机舱中的各零部件，传动系统齿轮箱和发电机等与钢架构成机舱接地的等电位体，经由接地线跨越偏航齿圈连接处，雷电流到达塔筒下引线接地。

机舱上的控制柜中电器元件有避雷保护，各接地线汇聚于箱体接地母线排上，如图 9-28 所示。

4. 轴承防雷

轴承防雷的主要途径是在轴承前端设置一条与其并行的低阻通道，对于沿轴传来的雷电流实施旁路分流，使雷电流尽可能少地流过轴承。为了达到这一目的，常用导体滑环、电刷和放电器等，制造厂商还曾使用碳刷来设置旁路分流通道，但碳刷在摩擦接触传导雷电流时会在其上产生电弧，加剧其磨损程度，使其接触电阻增大，旁路分流作用减弱，对轴承的防雷保护性能也变差。磨损也会使碳刷需要比较频繁地进行新旧更换，这对于机组的正常运行是不利的，特别是对于海上机组来说，更是难以实施。同时，摩擦产生的碳尘也会对机舱内的运行环境造成污染。

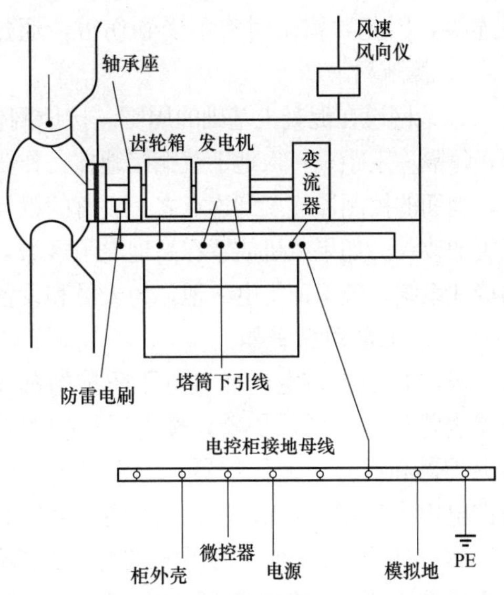

图 9-28 共同接地体的布局

为弥补这一缺陷，在一些机组中将碳刷改为耐磨性能较好的铜质电刷，采用这种铜质电刷可以在一定程度上改善磨损和导流状况，但相应的造价也会有所提高。如果单纯地采用这种电刷进行旁路分流，由于其接触电阻维持在可观的数值，往往只能旁路分流走一部分雷电流，仍会有一部分雷电流通过轴承。为此，可采用旁路分流和阻断隔离相结合的方式加以综合治理，如图 9-29 所示。在主轴承齿轮箱与机舱底板之间加装绝缘垫层以阻断雷电流从这些路径流过，并在齿轮箱与发电机之间加装绝缘联轴器，以阻断雷电流从高速轴进入发电机，这样就可以在很大程度上迫使雷电流从最前端的滑环旁路分流导入机舱底板和塔筒。应当注意，在受到雷击或机舱内发生电气故障时，这样的绝缘方式会在被绝缘的设备与机舱底板之间产生高的电位差，即暂态过电压，它对于维护人员的人身安全和设备的可靠运行都是具有危害性的，需要在这些部位采取附加的过电压抑制措施。

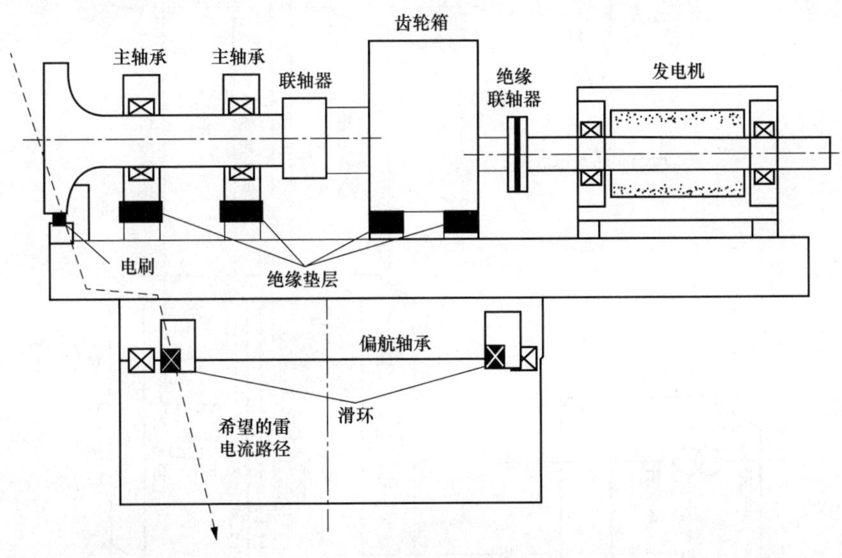

图 9-29 分流与绝缘阻断措施

5. 塔架及引下线防雷

专设的引下线连接机舱和塔架，减轻电压降，跨越偏航环，机舱和偏航刹车盘通过接地线连接，因此，雷击时将不受到伤害，通过引下线将雷电顺利地引入大地。

6. 接地网防雷

接地网设在混凝土基础的周围。接地网包括 1 个 $50mm^2$ 铜环导体，置在离基础 1m 地下 1m 处；每隔一定距离打入地下镀铜接地棒，作为铜导电环的补充；铜导电环连接到塔架 2 个相反位置，地面的控制器连接到连点之一。有的设计在铜环导体与塔基中间加上两个环导体，使跨步电压更加改善。如果风机放置在高地电阻区域，地网将要延伸保证地电阻达到规范要求。一个有效的接地系统，应保证雷电入地，为人员和设备提供最大限度的安全，以及保护风机部件不受损坏。

7. 设置电涌保护器

风电机组中雷电电涌过电压防护的基本措施之一，是在机组中设置电涌保护器。电涌保护器也常称为浪涌保护器，按电涌保护器对电气和电子设备的保护功能划分，可分为电源电涌保护器和信号电涌保护器，分别设置在电力（供电）线路和信号（通信）线路上，用于防止雷电电涌过电压沿线路侵害所接的电气和电子设备。

图 9-30 给出了在一台风电机组中各部位设置电涌保护器的典型接线图。此外，为了在机组变压器高压出线端进行雷电电涌防护，防止电涌过电压从高压线路上侵入变压器，尚需要在高压出线端设置电涌保护器，如图 9-30 所示，这种电涌保护器常称为避雷器。无论是电源

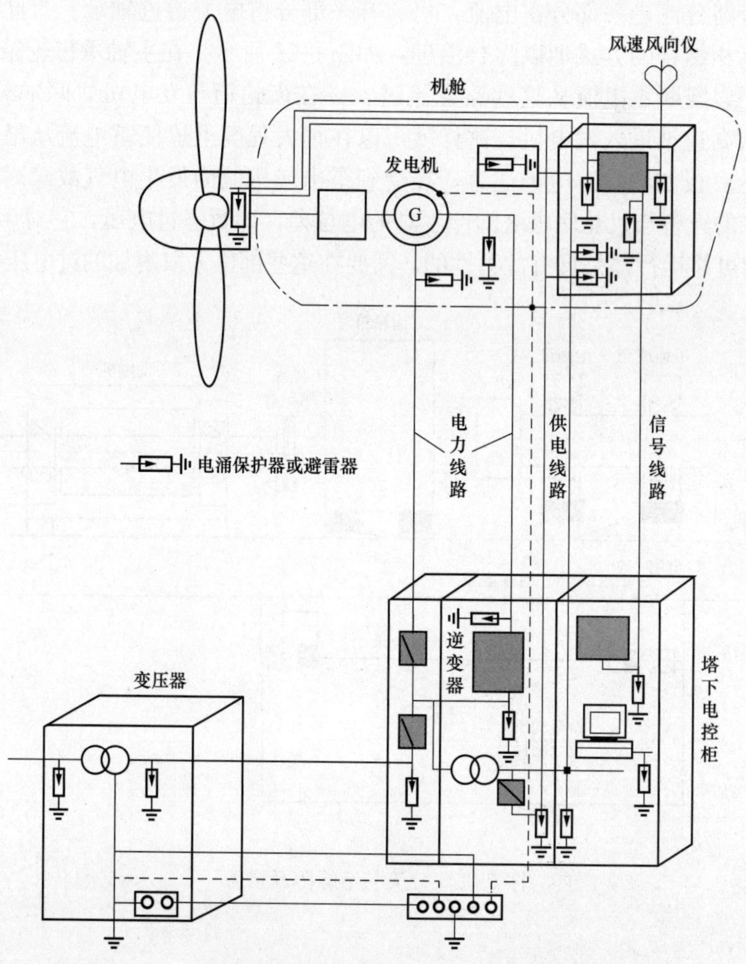

图 9-30 电机组中各部位设置电涌保护器的典型接线图

电涌保护器、避雷器还是信号电涌保护器，它们在结构上可能相差很大，但均应至少含有一个非线性电压限制元件，且各自的保护机理是相同的。如图 9-31 所示，当雷电电涌过电压沿电力线路或信号线路袭来时，设置在线路上的电涌保护器开始动作限压和分流，对电涌过电压进行抑制，将其幅值降低到保护器输出残余电压水平，将所出现的电涌电流对地旁路泄放掉，从而使后续的电气或电子设备得以保护。

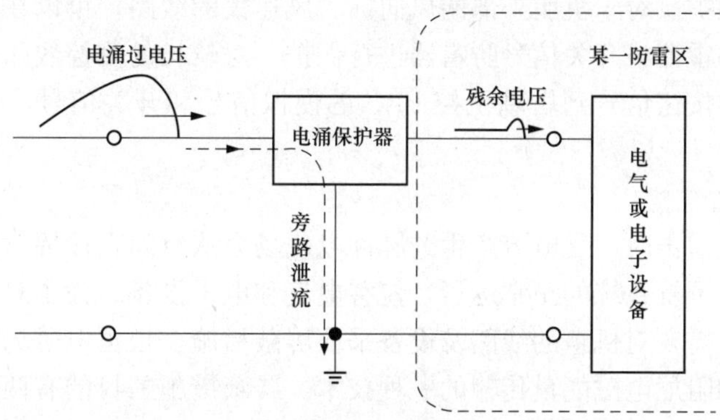

图 9-31 电涌保护器的保护机理示意

8. 电气设备防雷

根据相关规定，在不同的保护区交界处，通过 SPD（防雷击浪涌保护器）对有源线路（包括电源线、测控线、数据线）进行等电位连接，以便保护风电机组内部电器电子设备的安全。

(1) 电源系统的保护。如果采用 690V/400V 的风力发电机供电线路，为防止沿低压电源侵入的浪涌过电压损坏用电设备，供电回路应采用 TN-S 供电方式，保护线 PE 与电源中性线 N 分离。整个供电系统可采用三级保护原理，第一级使用防雷击浪涌保护器，第二级使用浪涌保护器，第三级使用终端设备保护器。由于各级保护器的响应时间和放电能力不同，需相互配合使用，如图 9-32 所示。

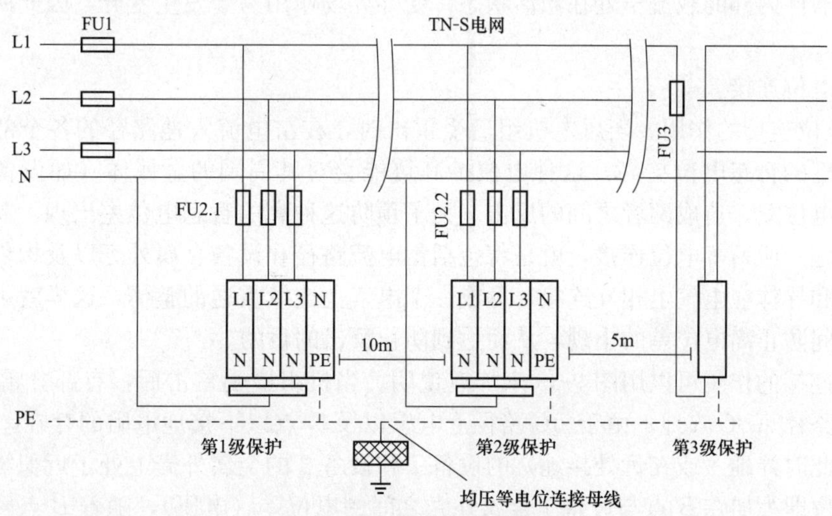

图 9-32 供电电源系统的保护

防雷击浪涌保护器与浪涌保护器之间需要约 10m 长导线而浪涌保护器与终端设备保护器之间需 5m 长导线进行退耦。

(2) 控制柜内主控器的电源保护。PLC 是控制系统的核心，且对浪涌的抗击能力较弱，可在其变压器输出端并联加装防雷器。塔筒内开关电源和 PLC 的保护，在 PLC 前端加装终端保护，所有通信线路均采用光纤通信。

(3) 测控线的保护。对于机舱外部的风向标、风速仪的线路，可以在塔基柜内的变送器前端加装模拟信号防雷器或开关信号防雷器进行保护。对较长的测控线路，可根据其重要性加装防雷器。如塔顶按钮信号到塔基主控 PLC 的模拟信号和开关信号，可分别加装防雷器进行保护。

9. 屏蔽和等电位连接

(1) 屏蔽。发生雷击时，雷电流产生的脉冲电磁场会从空间直接辐射到风电机组中的电气和控制系统中去，干扰系统的正常运行，侵害电气和电子设备。为了对这种脉冲电磁场的辐射危害进行防护，需要对机组的线路及设备采取屏蔽措施。根据电磁场理论，屏蔽措施是利用屏蔽体来衰减和阻尼电磁能量传输的一种技术。屏蔽措施的目的有两个：一是防止外来的电磁能量进入某一区域，避免这里的设备受到干扰和侵害；二是限制内部辐射的电磁能量泄露出该内部区域，避免电磁干扰影响周围环境。前者属于被动式屏蔽，后者属于主动式屏蔽，用于机组线路及设备的屏蔽措施属于前者。屏蔽作用是通过将指定区域封闭起来的壳体，即屏蔽体来实现的，这种壳体可以制成板式、网状式以及金属编织带式等形式，其材料可以是导电的、导磁的，也可以是带有金属吸收填料的。

在风电机组中，对于那些起关键作用的电子仪器或设备群，应考虑放于屏蔽柜内。对于重要的计算机系统，也应加强其屏蔽措施，可根据实际需要采取单个设备屏蔽和整个单元屏蔽的方式。运行经验表明，虽然目前使用的计算机具有较好屏蔽性能的机壳，但当空间脉冲电磁场强度达到一定数值后，仍会发生误算、死机现象，其原因在于电磁干扰仍可通过键盘、电源线、通信线、主机与显示器连线等途径侵入机壳内。同时，脉冲电磁场对通电运行状态下的计算机等电子设备的危害，要比断电停机状态下更为严重，这是因为在通电运行状态下，电子器件内部的载流子处在激活状态，受外界场作用易于发生变异，因此所造成的危害更为严重。

(2) 等电位连接。

1) 等电位连接的作用。当风电机组遭受雷击时，在雷电流入地路径的各个部位上将会出现不同程度的暂态电位抬高，这种电位抬高可能会对其周围的金属体（如设备外壳和构件）形成高电位差，造成两者之间的反击。为了预防这种高的暂态电位差出现，需要采取等电位连接措施。所谓等电位连接，就是将包括雷电流路径和设备金属外壳以及构件在内的各种金属物体和导体在电气上相互连接，形成一个电气上连续贯通的整体，这样就可以在不同金属物体之间防止高电位差的出现，从而达到防止反击的目的。

等电位连接的作用可以用图 9-33 来加以说明。当机组遭受雷击后，有部分雷电流 i_p 沿机组内一条路径 ABC 入地。由于 AC 路径上电感以及 C 点以下接地电阻的存在，使得 B 点电位抬高，此时浮地（或在远处接地）的设备 1 和设备 2 的金属外壳上处于近似零电位，则 B 点的高电位即为加在 B 点与设备 1 金属外壳之间的电位差（电压），随着 B 点暂态电位的升高，当这两者之间电位差超过此处空气间隙的绝缘强度时就会发生放电击穿，设备 1 受到反击后带上高电位，此高电位差加在设备 1 和设备 2 的金属外壳之间，使得设备 2 也会受到反击。在机组内，为了节省空间，各个设备的布置常常是相当紧凑的，设备之间难以隔开足够长的距离，在发生雷击时，当一个设备受到反击后，该设备又有可能向其周围的其他设备继续反击，使得设备的损坏会连锁式地发生。很明显，要防止这类反击的发生，就需要抑制暂态电位升高所引起的电位差。为此，在图 9-33 中，可以将设备 1 和设备 2 的金属外壳与雷电流路径之间事先用导体连接起来，在雷击时，它们彼此之间将保持大致相同的电位，即各金属体或导体之间的电位差近似为零，这样就能够避免反击的发生。

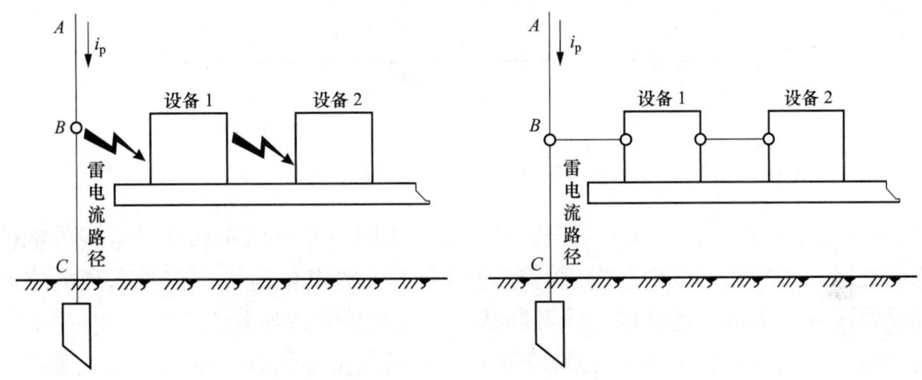

图 9-33　等电位连接原理

2）常规等电位连接。原则上讲，在塔顶机舱内的各个设备均应进行等电位连接，需要将各设备的金属外壳、线缆屏蔽层、舱盖外风向风速仪支持杆（避雷针）和其他金属构件与机舱的金属底板做可靠电气连接，再保持底板与塔筒有可靠电气连接。由于塔筒是导体，其底部与机组接地装置相连，相对于机舱而言，它可以被视为接地体的延伸。对于塔底的各设备金属外壳、线缆屏蔽层、控制机柜和金属构件等，也应进行等电位连接，将它们与机组接地体进行良好的电气连接，在允许情况下可设置专用的接地母线，供各金属体就近进行等电位连接。在机舱和塔底进行等电位连接后，使得在这些区域的各金属物体之间形成连续的电气贯通，在机组受到雷击时，各金属体之间就可以实现暂态电位均衡，从而能有效地抑制各部分之间的电位差，避免发生反击。

等电位连接分为直接连接和间接连接两种基本形式。直接连接是将两个金属体通过螺纹紧固、铆接或焊接等工艺直接进行电气连接；间接连接是采用连接带这一中间环节将两个金属体在电气上连接起来，连接带的连接紧固可以使用螺栓，也可以采用焊接来实现。间接连接的等电位效果不如直接连接的好，但对于在空间上比较分散的金属体，采用连接带或接地母线来进行等电位连接是十分方便的。连接带应采用电导率高的金属导体，应与被连接金属体取相同的材料。连接带自身的寄生电感以及它与金属体之间的接触电阻应尽可能小，因为过大的寄生电感和接触电阻在雷电流流过时，产生的暂态压降将会劣化均压效果。

图 9-34 所示为机舱内两个设备进行等电位连接的示意，采用的是间接连接方式。如果等电位连接带过长，在传导雷电流时，所产生的暂态压降将使设备 1 金属外壳上的电位高于设备 2 金属外壳上的电位，即在设备 1 和设备 2 的外壳之间形成电位差，过高的电位差将导致设备 1 和设备 2 内部电路的损坏。所以，连接带应尽可能短，宜用扁导体（如金属丝编织带），尽量少用圆导体。在连接引线时应尽量走直线，避免出现弯曲绕环，因为圆形导体弯

曲会产生较大的寄生电感。另外，连接带应具有足够的通流容量，以避免因过热熔断而失去均压作用。

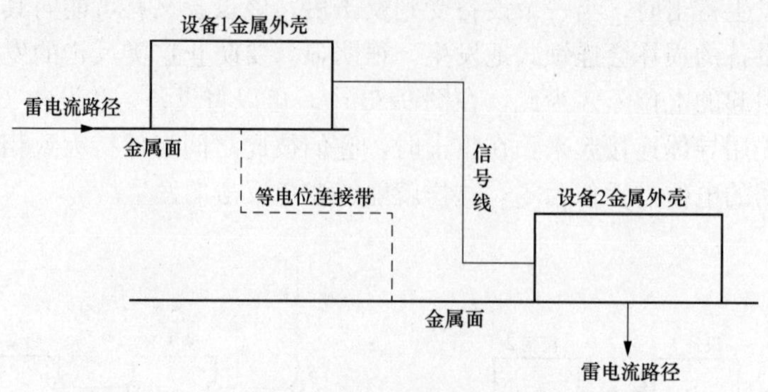

图 9-34 等电位连接带长度影响示意

3）暂态等电位。在一些特殊的场合，各金属体之间不允许做永久性的常规等电位连接，只能在它们之间出现短暂的高电位差时才能进行暂时的等电位连接，在暂态高电位消失后，彼此之间又需要恢复无电气连接的绝缘开断状态，这就是暂态等电位连接。

暂态等电位常设置在信号线和电源线进入机柜或设备金属外壳的入口处，如图 9-35 所示，它主要是针对信号芯线和电源相（中）线来设置的。

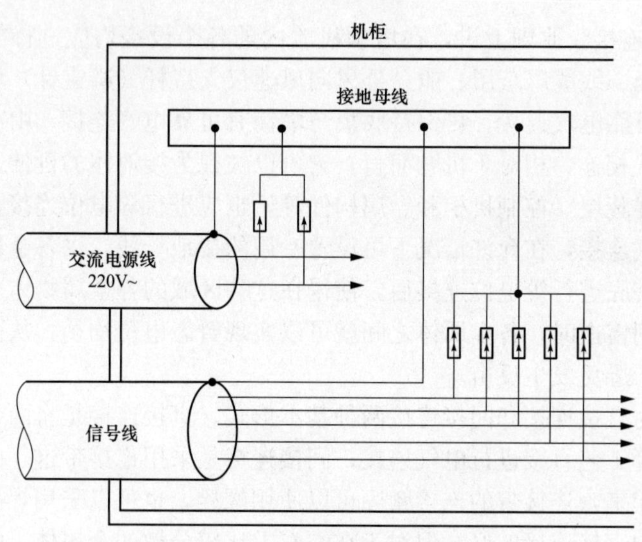

图 9-35 进线暂态等电位连接

由于信号线屏蔽层和电源线屏蔽层（包括金属管或布线槽）在入口处必须与接地母线（平面）做常规的等电位连接，当风电机组遭受雷击时，其地电位将抬高，则信号线和电源线屏蔽层的电位也将随之抬高，相对于这一抬高的电位来说，信号芯线或电源相（中）线上的工作电压是很低的，于是在屏蔽层与信号芯线或电源相（中）线之间将会出现相当高的暂态电位差。为了消除这种高电位差，可以在信号芯线或电源相（中）线与接地母线之间分别加装信号电涌保护器或电源电涌保护器，在要求不太高的情况下，也可以简单地加装相应的保护元件。在线路正常工作时，各保护器承受正常工作电压，它们呈现出高阻开断状态，不会影响线路的正常工作；在机组遭受雷击时，它们将在暂态高电位的作用下转化为接近于短路的低阻导通状态，实施暂态等电位连接，这实质上也就是通过电压抑制来实现暂态均压。

另外，在对两种不同的金属（合金）体进行等电位连接时，如果这两种金属（合金）体的电极电位相差较大，则无法用一个金属连接带将它们连接起来，因为连接带自身的电极电位很难同时与被连接的两个金属（合金）体电位相接近，而两种电极电位相差较大的金属（合金）体直接连接在一起将会产生严重的化学腐蚀。在这种情况下，可以考虑采用一个放电间隙将这两个电极电位相差较大的金属（合金）体连接起来，在正常运行时，间隙使它们相互电气隔开，只有在出现雷电暂态高电位时，间隙才能放电击穿，将它们进行短暂的等电位连接。

如果设备的金属外壳已做良好接地，则可在线路进入设备的入口处将信号电涌保护元件和电源电涌保护元件分别加装于各线与设备金属外壳之间，这样就可以在雷击引起设备金属外壳电位抬高后，在设备内实现电位均衡，如图 9-36 所示。

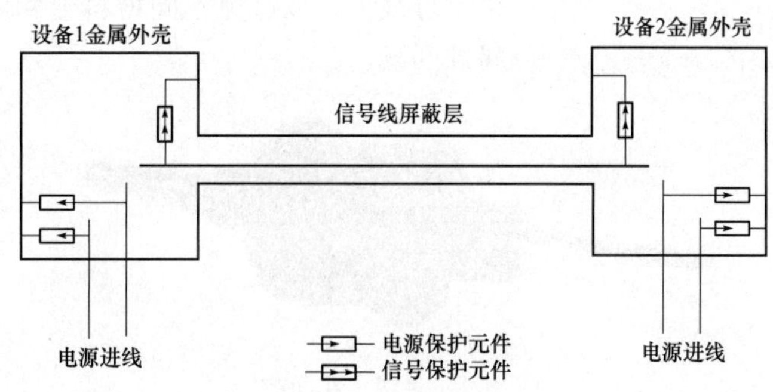

图 9-36　设备内暂态等电位连接

除了在机柜和设备进线处需要进行暂态等电位连接外，在一些接地系统中有时也需要采取暂态等电位措施。一般地说，将风电机组内电气系统和信号系统共用一个接地装置是容易实施的，而且比较经济。但是，如果不加区分地一律采用共用接地方式，则在正常运行时，电气系统中的强电设备，如大功率晶闸管，会产生较强的干扰，这些干扰就会通过共用接地装置传播到信号系统中的微电子设备中去，对微电子设备的安全可靠运行构成危害。正因为如此，有些微电子设备出于抗干扰的考虑，常要求将其接地与电气系统的接地分开，另做单独接地，即将微电子设备的接地选到距离电气系统接地装置约 20m 以外的地方。

这种分开接地的方式固然可以隔断干扰通过共用接地装置的传播，但对于雷电电涌过电压防护来说是不利的。因为在发生雷击时，这两个分离的接地装置之间将会出现暂态电位差，使得机组内（甚至可能在机柜内）的电气与电子设备之间也会出现暂态电位差，这就有可能引起反击，从而危害微电子设备的安全。为了防止这种危害，同时又兼顾正常运行时抗干扰的需要，可以在信号系统接地引线的引入处用一个放电间隙与电气系统的接地引线相连接，如图 9-37 所示。在正常运行时，由于间隙两端作用的电位差很小，不足以使间隙放电击穿，间隙处在断开状态，电气和信号系统的两个接地是完全分开的，这就能够隔断电气系统产生的干扰传播到信号系统中的电子设备上去。在机组遭到雷击之后，作用在放电间隙两端的暂态电位差将变得很大，间隙将击穿导通，将电气系统与信号系统的接地在电气上连接起来，使得这两个系统的地电位抬高并大致保持在相等的水平，彼此之间不会出现过高的暂态

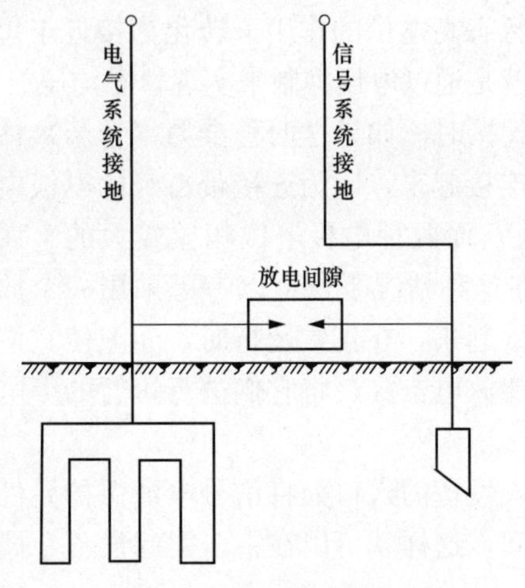

图 9-37 不同接地装置的暂态等电位连接

电位差，从而可以避免设备受到暂态高电位差的危害。当雷电暂态过程结束后，作用在间隙两端的高电位差随即消失，间隙恢复到断开状态，电气和信号两个系统的接地又分离开，这就是暂态等电位连接，也常称为暂态共地。

绝缘火花间隙是比较常用的专用的等电位连接器，如图 9-38 所示。它实际上就是用封装体封闭起来的放电间隙，主要有普通型和防爆型两种，其电气参数有标称放电电流、雷电冲击电流、工频击穿电压、100%标准冲击击穿电压、响应时间和通流容量等。

除了用于连接两个电极电位相同的金属体外，绝缘火花间隙也可用于将不同电极电位的金属体连接到接地母线上，以避免不同材料金属体连接时所带来的腐蚀问题。

图 9-38 绝缘火花间隙

思考题

1. 风力发电机组的控制系统有什么功能?
2. 安全保护的内容有哪些?
3. 如何进行安全保护?
4. 抗干扰保护系统的设计原则是什么? 有哪些组成?
5. 可采用哪些抗干扰措施?
6. 在用电网络中引起开关过电压的原因有哪些?
7. 为什么要接地?
8. 重要的接地种类有哪几种?
9. 如何降低接地电阻?
10. 接地形式有哪些? 都有什么特点?
11. 为什么要防雷? 雷是如何对风力机组造成破坏的?
12. 风力机组都有哪些防雷措施?
13. 叶片防雷系统的主要目标是什么?
14. 轴承如何防雷?
15. 电涌保护器是如何实现防雷的?

参 考 文 献

[1] 王亚荣．风力发电与机组系统．北京：化学工业出版社，2014.

[2] 姚兴佳，宋俊，等．风力发电机组原理与应用．北京：机械工业出版社，2009.

[3] 刘万琨，张志央，李银凤，赵萍．风能与风力发电技术．北京：化学工业出版社，2009.

[4] Fernando D Bianchi，Hernán De Battista，Ricardo J Mantz．风力机控制系统原理、建模及增益调度设计．刘光德，译．北京：机械工业出版社，2008.

[5] 张希良．风能开发利用．北京：化学工业出版社，2008.

[6] 本书编委会．风力发电工程施工与验收．北京：中国水利水电出版社，2009.

[7] 张日林．风能开发及利用．济南：山东科学技术出版社，2008.

[8] Mukundd R Patel．风能与太阳能发电系统—设计、分析与运行．姜齐荣，张春朋，李虹，译．北京：机械工业出版社，2009.

[9] Tony Burton，等．风能技术．武鑫，等，译．北京：科学技术出版社，2007.

[10] 郭新生．风能利用技术．北京：化学工业出版社，2007.

[11] 宋海辉．风力发电技术及工程．北京：中国水利水电出版社，2009.

[12] 张小青．风电机组防雷与接地．北京：中国电力出版社，2009

[13] 王瑞舰，等．风力发电中的变速恒频技术综述．变频器世界，2009．06，37-40.

[14] 叶杭冶，等．风力发电系统的设计、运行与维护．北京：电子工业出版社．2010.

[15] 苏少禹．风力发电机设计与运行维护．北京：中国电力出版社，2002.

[16] 廖明夫，等．风力发电技术．西安：西北工业大学出版社，2009.

[17] 李建林，许洪华，等．风力发电系统低电压运行技术．北京：机械工业出版社，2009.

[18] 熊礼剑．风力发电新技术与发电工程设计、运行、维护及标准规范实用手册．北京：中国科技文化出版社，2005.

[19] 李建林，许洪华，等．风力发电中的电力电子变流技术．北京：机械工业出版社，2008.

[20] 李立本，宋宪耕，等．风力机结构动力学．北京：北京航空航天大学出版社，1999.

[21] Martin O L Hansen．风力机空气动力学．肖劲松，译．北京：中国电力出版社，2009.

[22] 刘庆玉，李铁，谷士艳．风能工程．沈阳：辽宁民族出版社，2008.

[23] Chabot B，Saulnier B. Fair and Efficient Rates for Large-Scale Development of Wind PoWer：the NeW French Solution. Canadian Wind Energy Association Conference，OttaWa，October 2001.

[24] Belhomme R. Wind Power Developments in France. IEEE Power EngirLeering RevieW，October 2002，21-24.

[25] SlootWeg J G. Wind Power Modeling and Impact on Power System Dynamics. Ph. D. thesis in Electric Power Systems，TU Delft，The Netherlands，2003.

[26] U. S. Department of Energy. Wind Energy Programs Overview. NREL Report No. DE-95000288，March 1995.

[27] U. S. Department of Energy. International Energy Outlook 2004 With Projections to 2020. DOE Office of Integrated Analysis and Forecasting，April 2004.

[28] Rahman S. Green Power. IEEE Power and Energy，January-February 2003，30-37.

[29] Gipe P. The BTM Wind Report：World Market Update. Rene wable Energy World，July-August 2003，66-83.

[30] Rahim Y H A. Controlled Power Transfer from Wind Driven Reluctance Generators. IEEE Winter Power Meeting，Paper No. PE-230-EC-1-09，NeW York，1997.

[31] Chabot B. From costs to prices：economic analyses of photovoltaic energy and services. Progress in Photovoltaic Research and Applications，1998（6），55-68.

[32] Baring-Gould E I. Hybrid-2，The Hybrid System Simulation Model User Manual. NREL Report No. TP-440-21272，June 1996.